AF610383

UN VOYAGE
EN PALESTINE

1884

IMPRESSIONS & SOUVENIRS

PAR

l'abbé L. NERET

> La terre du Christ et la France sont sœurs.

SÉZANNE
IMPRIMERIE DU COURRIER DE SÉZANNE
A. PATOUX, Editeur.
1886

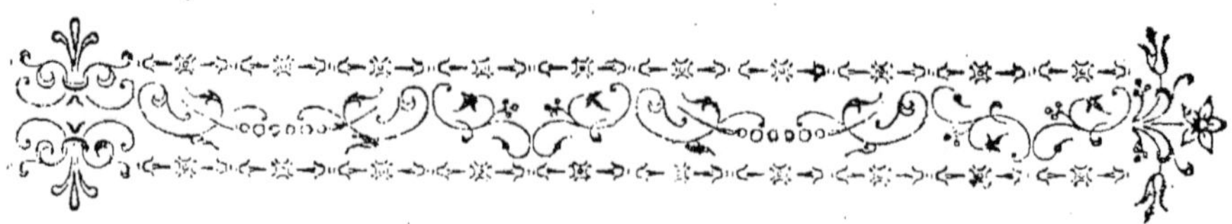

UN VOYAGE
EN PALESTINE

1884

IMPRESSIONS & SOUVENIRS

PAR

L'abbé L. NÉRET

SÉZANNE
IMPRIMERIE DU COURRIER DE SÉZANNE
A. PATOUX, Éditeur
1885

PRÉFACE

« Il est bon que, sur les mêmes questions, plusieurs « livres soient écrits par diverses personnes, en style « différent, mais avec une foi identique, afin que la « vérité parvienne à un plus grand nombre, sous des « formes variées. »

Ces paroles de St Augustin m'ont décidé à ne point garder pour moi seul les souvenirs et les impressions de mon pèlerinage en Terre Sainte. Je viens, après beaucoup d'autres, raconter ce qu'est la Palestine : Si ma plume n'est ni savante, ni poétique, elle est du moins sincère.

Quiconque lira les lignes qu'elle a tracées, reconnaîtra un témoin désireux de voir grandir en Orient le prestige de sa chère patrie.

Vitry-le-François, 1er Mars 1885.

L'abbé Léon NÉRET.

UN

VOYAGE EN PALESTINE

1884

PREMIÈRE PARTIE

DE CHALONS A JÉRUSALEM

CHAPITRE I

LES PÈLERINAGES AUX LIEUX SAINTS

Pour la quatrième fois en ce siècle, un navire français (1) va déposer sur les rivages de l'Orient plusieurs centaines de nos concitoyens ; des guides infatigables les attendent pour les conduire sur les montagnes, dans les villes et villages de Palestine, où, il y a plus de dix-huit cents ans, s'accomplirent des événements dont l'humanité a reçu le contre-coup.

L'Œuvre est grande, nous la saluons avec orgueil ! L'an dernier, il nous était donné d'être du nombre des pèlerins qui parcoururent en tous sens la Terre Sainte, du Carmel à Hébron ; les souvenirs que nous avons recueillis, les impressions que nous avons ressenties, nous les livrons aujourd'hui dans le but de mieux faire connaître, de mieux faire aimer la Religion et l'Evangile.

Et puis, *écrire un voyage, c'est voyager de nouveau* ; nous accompagnerons donc ainsi d'es-

(1) La BOURGOGNE, des transports maritimes, va cette année encore porter les Croisés de la Pénitence à Caïpha et à Jaffa. — Ce récit fut publié avant le départ du 4e pèlerinage.

prit et de cœur ceux qui en notre nom vont aller s'agenouiller au tombeau du Christ.

Les pèlerinages sont comme un besoin, et à coup sûr sont un des bonheurs de la nature humaine. « Il y a je ne sais quoi qui nous émeut, dit » Cicéron, dans les lieux qui gardent la trace de » ceux que nous aimons et que nous admirons. » Ce qui me réjouit, ce ne sont pas tant les œu» vres merveilleuses et les produits de l'art » antique, que le souvenir des grands hommes » attaché à la place qu'ils ont habitée, et ce n'est » pas sans un vif attrait que je contemple leurs » tombeaux. » *(De leg. Libr. II)*. Que n'est-il pas alors permis de dire au pèlerin des Lieux Saints ? Celui dont il a suivi le vestige, Celui dont il a contemplé le tombeau ne fut pas seulement un de ces grands hommes auxquels la faiblesse humaine ne nous permet pas même d'être longtemps fidèles ; partout où il a passé, son souvenir s'y est gravé, et son titre de Fils de Dieu s'y lit encore visiblement.

Un jour, à Sainte-Hélène, après avoir longtemps discouru sur Jésus-Christ avec le général Bertrand, Napoléon dit à celui-ci qui gardait le silence : « Si vous ne comprenez pas que Jésus-Christ est Dieu, j'ai eu tort de vous nommer général. » Plus fort que tous les arguments sont les témoignages de toute la Palestine.... ils passeront sous nos yeux dans leur simplicité ; si après cela, nous ne comprenons pas que Jésus-Christ est Dieu, nous aurons tort de nous dire raisonnables.

Quoi d'étonnant à ce que, en tout temps, la Terre Sainte soit devenue le rendez-vous des Chrétiens ! Le cœur de l'homme a besoin d'émotions, et nous le savons, « Il y a je ne sais quoi qui nous » émeut dans les lieux qui gardent la trace de » Celui que nous aimons, de Celui que nous ado» rons ». Le Père Didon a scrupuleusement ana-

lysé ce phénomène. « L'homme, dit-il, est éminem-
» ment complexe ; il s'attache à tout, il projette
» partout ses racines, il marque tout ce qu'il tou-
» che de sa propre image. Plus une individualité
» est puissante, plus ses racines sont universelles
» et vivaces, plus elle saisit et transforme son mi-
» lieu ; elle peut disparaître, mais le cadre qui
» l'enfermait, pour ainsi parler, demeure, et il est
» impossible de regarder ce cadre sans que la
» figure vivante vienne aussitôt le remplir ».
C'était donc pour évoquer et contempler la figure vivante du Christ que les fidèles accouraient en Judée.

En vain les empereurs des premiers siècles essaient-ils d'effacer les souvenirs qu'elle rappelle par les profanations dont ils se font les instigateurs au Calvaire, à Bethléem.. ; les Chrétiens indignés continuent à aimer, à vénérer secrètement les lieux où leur Sauveur naquit, vécut et mourut.

Avec le quatrième siècle s'ouvre pour la Palestine des jours de gloire et de restauration : c'est le temps où Sainte Hélène vient élever la basilique du Saint Sépulcre, où Saint Jérôme vient se retirer à Bethléem.. A la fin de ce siècle, tel devient le nombre des pèlerins que plusieurs docteurs de l'Eglise, entre autres Saint Grégoire de Nysse signalent par d'éloquentes paroles les abus et les dangers du voyage à Jérusalem. « Inutiles remon-
» trances ! dit M. Michaud, aucun pouvoir hu-
» main ne pouvait fermer aux Chrétiens la route
» du Saint Tombeau ».

Bientôt on vit arriver du fond de la Gaule de nouveaux Chrétiens qui venaient visiter le berceau de la foi qu'ils avaient embrassée. *Un itinéraire à l'usage des pèlerins* leur servait de guide, depuis les bords du Rhône et de la Dordogne jusqu'aux rives du Jourdain..

Dans les premières années du cinquième siècle,

nous voyons sur le chemin de Jérusalem l'impératrice Eudoxie, épouse de Théodose le-Jeune ; un peu après, on cite Saint Ina, roi des Saxons, un prêtre franc nommé Recule, envoyé par Sainte Radegonde, Saint Antonin dont l'*itinéraire* donne de très curieux renseignements sur l'état de la Terre Sainte à cette époque (fin du sixième siècle).

Tandis que l'Europe s'agitait au milieu des calamités de la guerre et des révolutions (Attila — Chute et fin de l'empire d'Occident — Clovis — Triste état de l'empire d'Orient), la Palestine était heureuse ; à l'ombre du Calvaire elle était devenue une seconde fois la terre de promission. Ce repos et cette prospérité ne devaient pas avoir une longue durée. (1)

Au commencement du septième siècle, l'Empire d'Orient subissait une crise. En outre, une puissance redoutable qui devait le dévorer plus tard venait de surgir à ses côtés, comme pour lui faire expier ses crimes. C'était l'*empire mahométan*.

L'Empire d'Orient succomba, le Christianisme fut poursuivi, les basiliques furent renversées ou converties en mosquées. Ainsi l'avait décidé le prophète Chamelier : sa grande loi était ainsi conçue : « Combattez jusqu'à ce que toute autre reli-
« gion soit exterminée, mettez les opposants à
« mort, ne les épargnez pas et lorsque vous les
« aurez affaiblis à force de carnage, réduisez le
« reste en servitude et écrasez-le par des tributs.
« Le glaive est la clef du ciel, une nuit passée
« sous les armes vaut mieux que deux mois de
« prières. »

Toutefois l'invasion musulmane n'arrêta point les pèlerinages ; au huitième siècle, nous trouvons à Jérusalem un évêque des Gaules, Saint Arnulphe

(1) Nous empruntons au célèbre historien des Croisades, M. Michaud, ce coup d'œil rétrospectif sur les Pèlerinages (*passim*).

dont la relation nous a été conservée. Sous Charlemagne, le nombre des pèlerins latins est incalculable : un hospice leur est ouvert (près le Saint-Sépulcre) avec la protection du grand calife Haroun-al-Raschild et vraisemblablement aux frais du grand prince des Francs. Ces fréquents pèlerinages avaient établi des rapports de fraternité entre les Chrétiens d'Orient et ceux d'Europe. Au premier signal de la persécution, dans les étreintes de la pauvreté, nous entendons les fidèles de la Palestine implorer la pitié de leurs frères. Ceux-ci pouvaient bien donner le pain qui empêche de mourir, ils ne pouvaient encore leur assurer la liberté qui fait vivre. Aussi quand les califes d'Egypte devinrent les nouveaux maîtres de la Judée, rien ne s'opposait à leur fanatisme.

Les Chroniqueurs d'alors, parlant des misères de la Terre-Sainte, nous racontent que les cérémonies de la religion furent interdites, que la plupart des églises furent changées en étable ; la basilique du Saint-Sépulcre ne put échapper à la dévastation (1010) ; les Chrétiens se virent chassés de Jérusalem. Quand on apprit en Occident la destruction du Saint Lieu, on versa des larmes. La piété chrétienne avait vu des signes de ce malheur dans les phénomènes divers : une pluie de pierres était tombée en Bourgogne ; une comète et des météores avaient paru dans le ciel. En plusieurs climats, la nature avait semblé sortir de ses lois et l'année des désastres de Jérusalem avait été pleine de tristes mystères ; mais tous ces maux ne rendaient que plus chère aux fidèles la cité du Rédempteur. Cette fin du dixième siècle est une époque d'inquiétude et de sombres préoccupations. L'Europe croyait que tout le monde allait finir et que Jésus-Christ allait descendre dans la Vallée du dernier jour pour y juger les vivants et les morts (Vallée de Josaphat, près Jérusalem). Toutes les pensées se portaient vers Jérusalem et le chemin du pèlerinage était devenu comme le chemin de l'Eternité.

Lorsque Hakem, le calife oppresseur mourut, Dhaer, son successeur, permit aux Chrétiens de rebâtir l'église du Saint-Sépulcre ; l'empereur de Constantinople ouvrit son propre trésor pour fournir aux frais de la reconstruction du temple.

Dans le XIe siècle, les exemples de pèlerinages imposés comme pénitences canoniques devinrent plus fréquents que dans le siècle précédent. Les grands pécheurs devaient quitter pour un temps leur patrie et mener une vie errante comme Caïn.

A mesure qu'on avance dans ce siècle, l'amour des pèlerinages devient un besoin, une habitude, une loi. Ce ne sont plus seulement des chrétiens isolés qu'on voit sur le chemin de Jérusalem, mais des caravanes de plusieurs milliers, tels en 1054, sous la conduite de Lietbert, évêque de Cambrai, les trois mille pèlerins de Flandre et de Picardie, et dix ans plus tard un plus grand nombre encore de pieux Allemands.

L'invasion des Turcs, *enclume qui devait peser sur toute la terre*, dit un chroniqueur, vint alors donner à l'Orient de nouveaux maîtres aux Chrétiens de la Palestine de nouveaux oppresseurs (1). L'Europe ne resta point indifférente ; en son nom, la papauté renouvela le fameux plan de guerre d'Annibal contre les Romains. Grégoire VII le conçut sans le pouvoir réaliser. C'était un simple cénobite qui devait donner le signal de la grande guerre de l'Occident contre l'Orient. On a

---

(1) Depuis son apparition jusqu'aux Croisades, le colosse Mahométan ne cessait de menacer ou de ravager. Au VIIIe siècle, il s'était jeté sur l'Afrique, sur l'Espagne et sur les Gaules ; au IXe, il attaquait de nouveau la France, la Grèce et l'Italie ; aux Xe et XIe il cherchait encore à s'abattre sur Rome et l'Italie. Ces diverses expéditions ne lui faisaient point oublier l'oppression de l'Orient. Les jours heureux furent rares mais existèrent sous certains califes.

beaucoup discouru sur les croisades et leur influence. Il n'entre point dans notre plan de faire la philosophie de ce grand et généreux mouvement. Nous continuons donc notre coup d'œil rétrospectif sur les pèlerinages en Terre-Sainte. Sur la fin du XIᵉ siècle, Pierre l'Ermite, Picard d'origine, accomplit le pèlerinage de Jérusalem ; l'aspect du Calvaire et du saint Tombeau enflamma son imagination, la vue des maux que souffraient les fidèles excita son indignation. Il pleura avec le patriarche Simon sur les malheurs de Sion, sur la servitude des disciples de Jésus-Christ ; le patriarche lui confia des lettres où il implorait les secours du pape et des princes, Pierre lui promit de ne pas oublier Jérusalem. En quittant la Palestine, il se dirige sur l'Italie, se jette aux pieds d'Urbain II et obtient son assistance pour délivrer la Terre-Sainte. Fort de la force même de Dieu, l'Ermite s'en va prêchant la guerre sainte de ville en ville, de province en province. Il parcourt ainsi la France et la plus grande partie de l'Europe. A sa voix, l'Europe entière s'ébranle. (1)

Le coup décisif devait partir de la France ; c'est dans une ville d'Auvergne qu'un pape français et champenois, Urbain II (2), soulève la multitude et la décide à partir pour la conquête des Lieux Saints (Nov. 1095). Tous, au cri de « Dieu le veut » prennent la croix rouge et jurent de courir à la délivrance de Jérusalem : l'hiver sera consacré aux préparatifs, le mois d'août les verra se mettre en marche.

Aux premiers jours du printemps de 1096, en effet, ces pèlerins d'un nouveau genre couvraient la route d'Orient. Toutes les conditions, tous les

---

(1) Alexis Comnène, empereur de Constantinople, avait aussi imploré le secours de l'Occident contre l'invasion musulmane.

(2) Urbain II naquit à Châtillon-sur-Marne (diocèse de Reims).

rangs, tous les âges, se mêlaient sous la bannière de la croix : la France, l'Allemagne, l'Angleterre, l'Italie semblaient s'être donné le mot.... On était impatient. Dans leur naïve ignorance, les enfants des villages, lorsqu'une ville ou un château se présentait à leurs yeux, demandaient si c'était là Jérusalem.

Après bien des épreuves (Nicée, Antioche), après une lutte acharnée, Jérusalem est pourtant conquise (Juillet 1099). Le Croissant est renversé, la Croix triomphe. « Il ne reste plus d'autre asile « à nos frères, naguère maîtres de la Syrie, « chantent alors les poètes de l'Islam, que le « dos de leurs chameaux et les entrailles des vau- « tours. »

Le royaume chrétien de Jérusalem était fondé, il est vrai ; son existence, sa gloire surtout devait être de courte durée. Les Musulmans reprirent peu à peu de l'audace, s'insurgèrent contre leurs vainqueurs, et, malgré les renforts (1), qui, à huit

---

Je caractérise ainsi les croisades, dont voici le tableau :

1re Croisade, de 1096 à 1099, prêchée par Pierre l'Ermite, et où brillèrent Godefroy de Bouillon, Eustache et Beaudoin, ses frères, Robert II, duc de Normandie, Raymond, comte de Toulouse, Bohémond, prince de Tarente et Tancrède, son neveu.

2e Croisade, prêchée par Saint Bernard, de 1147 à 1149, eut pour chef Louis VII, dit le jeune, et l'empereur Conrad.

3e Croisade, de 1189 à 1192, fut dirigée par Philippe Auguste, Richard Cœur-de-Lion et Frédéric Ier dit Barberousse.

4e Croisade, de 1202 à 1204, conduite par Beaudoin IX, comte de Flandre, Boniface II, marquis de Montferrat et Henri Dandolo.

5e Croisade, de 1217 à 1221, y figurent : André, roi de Hongrie, plusieurs princes allemands, Léopold, duc d'Autriche, Louis, duc de Bavière, enfin Jean de Brienne, qui prit Damiette.

6e Croisade, de 1228 à 1229, elle eut pour chef Frédéric II, sous le pontificat de Grégoire IX.

7e Croisade, de 1248 à 1254, conduite par St Louis.

8e Croisade, de 1268 à 1270, conduite par St Louis.

reprises, lui vinrent de l'Occident, l'empire latin succomba totalement. Il avait été florissant quatre vingt-huit ans.

La fatale issue des Croisades (1096-1270), refoula dans la suite le zèle et l'ardeur des populations. Pendant trois siècles, les peuples chrétiens perdirent l'habitude de regarder du côté de l'Orient ; fort rares, relalivement, sont les pèlerins qui, pendant ce temps, osèrent affronter les difficultés de ce voyage, s'exposer aux cruautés des Turcs, à la rapacité des Grecs. J'avoue, d'après un pèlerin du XVIIe siècle, dont j'ai la relation sous les yeux, que la chose n'était pas des plus commodes. Et puis au XVIe siècle, les Croisades elles-mêmes sont discutées ; c'est dire ce qu'était devenu l'enthousiasme qui les avait fait naître.

Les disciples de Luther ne furent pas étrangers à ce revirement d'opinion ; toutefois, les plus renommés d'entr'eux (Bacon, Leibnitz), déplorent cette indifférence de la chrétienté pour les guerres saintes. Avec eux et mieux qu'eux, St François de Sales, Bongars, expriment souvent le désir de voir la Terre Sainte délivrée du joug des Infidèles.... « On prêche encore la guerre sacrée dans les dédicaces, mais personne n'a sérieusement la pensée de prendre la croix et les armes. »

La plupart des souverains de la chrétienté, à l'exemple de Charlemagne, mettent leur gloire, non plus à délivrer Jérusalem, mais à protéger les chrétiens de Judée, (François Ier, Henri IV, Louis XIV, Louis XV), à assurer à leurs pieux sujets la route des Lieux Saints.

« Cependant, ajoute M. Michaud, les pèlerinages comme les croisades eurent leurs progrès, leurs vicissitudes et leur déclin ; l'enthousiasme des pèlerins comme celui des guerriers de la croix dépendait des sentiments et des opinions qui dominaient dans la grande société européenne. Il arriva une époque d'indifférence et cette époque est voisine de nous, où les Lieux Saints restèrent tout-à-fait étrangers à l'Europe chrétienne. Vers la fin du siècle dernier, le monde a vu partir une armée des ports de France pour l'Orient. Les guerriers français, dans cette glorieuse expédition ont vaincu les Musulmans aux Pyramides, à Tibériade, au Thabor ; et Jérusalem, qui était si près d'eux n'a point fait battre leur cœur ni même attiré leur attention (1) ; tout était changé alors dans les opinions qui gouvernaient l'Occident. »

Au début de ce siècle, il y eut pourtant quelques pèlerins célèbres ; M. de Chateaubriand, M. Michaud, M. de Lamartine, à leur retour, publièrent des ouvrages qui ont eu entr'autres mérites, celui d'avoir ramené l'attention et l'intérêt de l'Europe vers la Terre-Sainte. Quand, peu après, en 1853, le délégué apostolique du Mont Liban exprima, devant des catholiques parisiens, le vœu de voir se former un comité en vue de favoriser les pèlerinages aux Saints Lieux, l'idée parut venir du ciel, immédiatement elle fut réalisée et au mois de septembre de cette même année, quarante pèlerins abordaient à Jaffa. L'œuvre était créée.

Depuis, le comité a envoyé chaque année deux et quelquefois trois caravanes (2).

Les favoris de la fortune pouvaient seuls prendre part à ce mouvement et combien, dans le peu-

---

(1) Sur la grande route de Jaffa à Jérusalem, non loin de de Ramlet, se voit encore une forêt de vieux oliviers. Elle fut plantée par Colbert, ministre de Louis XIV, qui fonda une ferme en cet endroit. Napoléon, en se rendant à Saint-Jean-d'Acre, campa à l'ombre de ces oliviers : ce serait là ou à Ramlet qu'il aurait répondu dédaigneusement à son état-major lui proposant une excursion à la Ville Sainte : « Jérusalem n'entre pas dans ma ligne d'opérations. »

(2) Son quarante-septième pèlerinage est parti de Marseille le 12 mars.

ple, désiraient voir ce pays où vécut notre Dieu, où, pour la défense de son tombeau, périrent tant de nos frères ! La France a l'instinct des grandes œuvres. Les plis de son drapeau ombragent constamment une noble entreprise, et, suivant l'expression de Baronius, elle ne cesse d'ennoblir les annales du genre humain. Donc, le 11 novembre 1881, au congrès catholique de Lille, un de ses enfants, vrai fils des Croisés (1), proposa d'essayer un pèlerinage populaire, d'ouvrir une ère de Croisades nouvelles pour l'honneur des Saints Lieux et le salut de la patrie.

L'idée fut accueillie avec enthousiasme ; notre Saint-Père le Pape l'approuva le 6 mars 1882. Le 27 avril, grâce à l'appel du *Pèlerin*, un millier de Français s'embarquaient à Marseille pour la Terre Sainte.

De telles œuvres n'ont pas besoin d'être louées ; les exposer, c'est déjà faire leur éloge.

En 1883, un seul navire fut disposé ; quatre cents nouveaux pèlerins reprirent le chemin tracé l'année précédente.

En 1884, l'enthousiasme ne se démentit pas ; la route était frayée, les difficultés étaient aplanies...., quatre cents pèlerins montaient la *Bourgogne* le 20 avril et débarquaient à Caïpha le 1er mai.

A cette heure, la *Bourgogne* se dispose pour la même croisade. Le 24 avril elle continuera son œuvre, elle mènera aux Lieux Saints de nouveaux pèlerins pour la gloire et le salut de la France. (2) Suivons-les d'esprit et de cœur : ce n'est point s'exiler que d'aller en Palestine, car :

La Terre du Christ et la France sont sœurs.

---

(1) M. Tardif de Moidrey.

(2) Le 4e pèlerinage a été béni à son départ de Marseille par le cardinal Lavigerie.

CHAPITRE II

LE DÉPART

Les Pèlerins du Nord s'en allant à Saint-Jacques de Compostelle et en Terre Sainte passaient à Châlons et y séjournaient. Selon une tradition respectable, ils venaient, le matin du départ, assister au Saint Sacrifice dans l'église de Notre-Dame en Vaux, recevaient la bénédiction du prieur de la Collégiale et partaient au chant du *Salve Regina* (1). L'usage d'une cérémonie analogue conservée depuis m'avait toujours frappé, et je crois qu'elle ne fut pas pour rien dans la détermination que j'avais prise de ne point entreprendre d'autre pèlerinage avant celui des Lieux Saints.

Le 1er mars 1884, mes désirs étaient enfin satisfaits; j'obtenais, de Monseigneur l'Evêque et de mon curé, la permission de prendre part à la onzième croisade, (troisième croisade pacifique), qui se formait sous la direction des Pères de l'Assomption.

---

(1) Châlons à Lourdes, par M. l'abbé Deniset, p. 14. — La rue St-Jacques leur doit probablement son nom, car en haut de cette rue ils possédaient, dit-on, un hospice ou hôtellerie et un oratoire.

Ce jour, mon bonheur fut immense ; depuis lors, je me trouve redevable, vis-à-vis de mes supérieurs, d'une dette de reconnaissance pour laquelle je me déclare insolvable.

Oui, le 1er mars, mon pèlerinage était arrêté : mon collègue s'était de grand cœur offert à me suppléer. Un de mes compatriotes avait aussi accepté de rendre à mon respectable curé mon absence aussi peu gênante que possible. De son côté, M. le Chanoine de Baye, qui, l'année précédente, avait rapporté de Jérusalem le désir de faire connaître la Terre Sainte, partit aussitôt à Paris et me fit inscrire au nombre des pèlerins.

Merci à tous.... Leurs noms devaient se lire en tête de ce récit.

Les sept semaines d'attente furent longues ; j'avais beau m'occuper presque uniquement à étudier mon voyage...., je ne voyais pas Jérusalem....

Cependant le Carême se passa.... Le jour de Pâques arriva....; je me figurais d'avance le Saint-Sépulcre, où un mois plus tard, je pourrais, à mon aise, méditer le grand mystère de la Résurrection.

Enfin, le 20 avril, l'heure du départ vint à sonner : le matin, pour imiter les pèlerins d'autrefois, j'allai aux pieds de Notre-Dame chanter le *Salve Regina*, recevoir la bénédiction ; je vis encore une fois mes chers enfants de la Première Communion, je consacrai mes derniers instants aux derniers préparatifs, et je quittai Châlons, le cœur un peu serré, mais l'âme épanouie.

Mes parents, après mon curé et mes amis, voulaient m'embrasser avant de partir, je passai donc à Sézanne, à Lagny, et le mardi j'étais à Paris (gare de Lyon) pour le rendez-vous de trois heures,

Cette gare, comme je l'écrivis le surlendemain (1), présente alors une physionomie inaccoutumée : de nombreux pèlerins attendent l'heure du départ avec impatience ; on les reconnaît aisément à leur costume presque oriental, à leurs barbes naissantes, et à leurs énormes paquets disposés comme on ne les dispose qu'en pareille circonstance. Faites-moi grâce de vous décrire l'enthousiasme que partagent parents et amis, l'encombrement du quai....

« Je monte dans un compartiment réservé aux pèlerins, je m'y trouve avec deux prêtres français, un prêtre belge et quatre laïques dont un parisien, un vieillard de Liesse, un Espagnol et un Anglais. Chacun case ses bagages et tâche de se caser soi-même. L'Anglais, pratique comme tous ses compatriotes, installe ses effets, puis, quand il nous a bien encombrés, il nous quitte pour aller chercher ailleurs un domicile plus commode, mais il ne nous fait pas grâce de ses valises ; nous les garderons jusqu'à Marseille. Ajoutons, disais-je, que si ces messieurs sont sans gêne, ils ne sont pas sans reconnaissance ; à Marseille, notre Anglais vint nous faire mille excuses auxquelles nous fûmes fort sensibles. »

A dire vrai, ce brave milord n'avait pas d'excuses à nous faire ; c'était plutôt à nous de le remercier, puisqu'il nous abandonnait une place à laquelle il avait droit. Mais passons outre, il y aura bien d'autres incidents que ceux-là.

Le père Ubald, vingt ans auparavant, s'en allait, lui aussi, en Terre-Sainte ; comme nous, il avait pris le train express et le voici pris tout-à-coup d'un remords : « Ah ! s'écrie-t-il, si nos pères du XIIIe siècle revenaient sur la terre ! Et que diraient-ils de ces pèlerins partant pour

(1) *Semaine religieuse de Châlons*, première année, p. 490.

Jérusalem en chemin de fer ?... » Ils nous féliciteraient, je crois, de pouvoir si promptement faire ce saint voyage, qu'eux accomplissaient avec tant de peine ; puis ils nous engageraient tous à marcher sur leurs traces.

Les chemins de fer ont du bon, mais ils conduisent trop tôt au but. Le glaneur qui ramasse les épis sur le sillon moissonné n'aime pas à arriver trop vite au bout du champ, car plus il se baisse de fois, plus il fait sa gerbe grosse.... Le voyageur, emporté par la vapeur, ne peut point faire comme le glaneur.., il ne peut s'arrêter partout où il voudrait pour recueillir les souvenirs dont la France est couverte. Je ne regrette pourtant pas les pataches, mais, selon moi, les chemins de fer ne répondent pas à l'idéal du pèlerin et du touriste. Je m'en sers toutefois et à mon regret je dus m'en servir pour me rendre à Marseille.

Longue mais intéressante est la route de Paris à Marseille ; c'est presque la France tout entière à traverser, et pourtant en vingt-sept heures on en a raison. Lyon est la seule vraie étape, et maintenant, savez-vous quelle est la distance de Paris à Lyon ? L'espace d'un rêve, dit le père Ubald ; un soir, on s'endort sur les bords de la Seine, le lendemain on se réveille sur les rives du Rhône et de la Saône.

Dormir en voyage n'est pas de rigueur ; regarder, examiner vaut mieux, et quand la nuit empêche de voir, causer, deviser pour s'instruire me semble tout naturel. Mes compagnons partageaient cet avis ; aussi, dès que nous eûmes fait connaissance, les questions s'échangèrent, et, un guide à la main, nous nous rendions compte le mieux possible des villes que nous traversions, des sites que nous entrevoyions. Le procédé est un pis-aller qui a du bon. Vous le jugerez d'après les quelques notes suivantes écrites en courant sur mon carnet, tant à l'aller qu'au retour. Elles sont groupées par départements (1).

SEINE. — Au sortir de Paris, rien qui ne soit connu de tout le monde : Charenton et son asile d'aliénés ; Alfort et son école vétérinaire.

SEINE-ET-OISE. — En une heure, a-t-on le temps de recueillir des souvenirs ? La vallée de l'Yères est délicieuse mais trop courte. Brunoy et son château font songer à F. de la Rochefoucauld, l'auteur des *Maximes*.

SEINE-ET-MARNE. — Quel dommage de ne pouvoir s'arrêter à Fontainebleau, et de ne pouvoir même pas apercevoir le château. Ce qu'on traverse de lâ forêt n'est rien auprès de l'ensemble, et c'est déjà si beau ! Sur la lisière de cette forêt s'élève la ville de Moret, ville presque légendaire ; mes compagnons rirent un peu en m'entendant leur dépeindre l'état presque sauvage de cette localité, il y a quarante ans, quand y arriva M. l'abbé Oudry, actuellement doyen de Lagny.

YONNE. — La vue de la cathédrale de Sens nous rappelle aux grandes pensées de notre pèlerinage ; au XIIIe siècle (1239), la sainte couronne fut déposée en son trésor jusqu'à ce que fût construite la Sainte Chapelle. Elle me rappelle encore Sézanne, car, dernièrement, elle posséda comme archevêque un de mes compatriotes, Monseigneur Mellon Jolly.

Les habitants de Tonnerre sont très hospitaliers: nous l'éprouvâmes au retour quand nous eûmes l'idée d'aller leur demander à dîner pendant la

(1) La ligne P. L. M. coupe onze départements : Seine, Seine-et-Oise, Seine-et-Marne, Yonne, Côte d'Or, Saône-et-Loire, Rhône, Isère, Drôme, Vaucluse, Bouches-du-Rhône,

halte du train. Dominant la ville, l'église Saint Pierre semble protéger l'hôpital construit à ses pieds et fondé en 1293 par Marguerite de Bourgogne. Plus nous avançons, plus nous voyons se dérouler des monuments de l'architecture religieuse et des travaux d'art remarquables, ponts, viaducs....

Côte-d'Or. — Nous sommes en pleine Bourgogne ; nous verrons les coteaux si vantés du Clos-Vougeot, de Nuits, de Pomard, de Volnay.... A Montbard, nous saluons la patrie de Buffon et nous nous trouvons bientôt dans la belle plaine de Laumes. De la gare de Laumes on aperçoit, sur une montagne voisine, une statue colossale : c'est Vercingétorix, le grand promoteur de la défense nationale, qui s'élève là sur l'emplacement de l'ancienne Alésia. Jusqu'à Dijon, les tunnels et viaducs sont nombreux. Enfin nous traversons la capitale de la Bourgogne, la patrie de Bossuet, de Sainte Jeanne de Chantal...., la cité qui renferme les tombeaux de Jean-Sans-Peur, de Philippe-le-Hardi, etc.... Ce serait une ville à visiter.

Saône-et-Loire. — Non loin de Châlon, le chemin de fer s'approche de la Saône, dont il suit les rives jusqu'à Lyon. Puis c'est Mâcon, patrie de Lamartine ; à chaque instant des bateaux-vapeur partent pour Lyon ; j'aimerais mieux cette voie que la voie ferrée.

Rhône. — Nous entrons dans le Beaujolais ; Villefranche, son ancienne capitale, a été, ces derniers temps, fréquemment visitée par ceux qui s'y arrêtaient pour aller consulter le saint curé d'Ars. Enfin nous sommes à Lyon pour une heure, Lyon, la première ville de France, après Paris, comparée à New-York à cause de sa situation. A l'aller, c'était le mercredi 23 avril, nous eûmes l'idée de profiter de la halte et je m'en félicite encore. Voici ce que j'écrivais le soir même (1) :

« Quatre d'entre nous eurent à cœur de montrer que pour Dieu et pour Marie, ils étaient capables de faire partie du *groupe des intrépides.* Notre train devait rester une heure en gare ; nous en profitâmes pour monter à Notre-Dame-de-Fourvière (2). La nouvelle Basilique n'est pas encore achevée (3) ; elle sera un monument grandiose et d'une richesse incomparable. Dans la crypte comme dans la basilique, les colonnes, les chapiteaux, les voûtes sont en marbre de différentes couleurs. L'antique chapelle restera comme le monument de la foi des échevins du XVIIe siècle : la nouvelle église attestera aux siècles futurs, la foi non moins vive des Lyonnais de 1870. Du haut de la terrasse, nous avons un magnifique panorama. Oui, Notre-Dame-de-Fourvière est bien la Reine de Lyon et Lyon la ville de la Sainte Vierge. »

Ce que je ne signalai point alors, c'est la belle église primatiale de Saint-Jean, que nous visitâmes au pied du coteau de Fourvière, près de l'embarcadère du fameux chemin de fer à ficelle... Je pourrais vous vanter encore les places de Lyon, les magnificences du Rhône, qui se montre vraiment là « l'un des plus beaux fleuves de l'Europe ».... Mais il est temps de poursuivre au-delà de Lyon.

ISÈRE. — Nous ne quitterons guère maintenant

(1) *Semaine religieuse de Châlons*, première année, p. 491.

(2) L'étymologie la plus accréditée fait venir Fourvière de *Forum vetus* (vieux forum) parce que la chapelle est située sur les ruines du Forum construit jadis par les ordres de l'empereur Trajan.

(3) La consécration en est fixée au 24 Juin 1886, jour où se célèbrera le Jubilé centenaire des fêtes réunies de la Fête-Dieu et de Saint-Jean.

les rives du Rhône ; sur sa rive gauche, voici Vienne, la première ville du Dauphiné par son antiquité. Le lâche Ponce-Pilate y mourut exilé.... La chaîne des Cévennes offre à l'horizon un ravissant spectacle.

DRÔME. — Ce coin de la France est fécond en richesses artistiques et en souvenirs historiques ; citons Valence, entre autres, où mourut Pie VI. La nature aussi semble s'y être joué et y avoir ménagé à plaisir les contrastes les plus saisissants.... Quelle différence avec notre sol de Champagne. Ici, c'est la monotonie, l'uniformité.... Là-bas, ce sont des changements continuels.

VAUCLUSE. — Nous entrons dans le Midi ; la végétation diffère sensiblement ; ce sont les mûriers, tout-à-l'heure, ce seront les oliviers, Pour nous, Avignon résumait la Vaucluse, et nous nous réjouissions en songeant que de la gare on aperçoit le château des papes.

Salut, noble cité, cité pontificale,
Avignon, fière encore de ta splendeur papale !
Salut, sacré palais,
Palais qu'ont habité les successeurs de Pierre !
. . . .
Et Pierre disait ici : Rome n'est plus dans Rome
Elle est toute où je suis.

De loin, grandiose est l'aspect de ce palais, « l'une des constructions les plus vastes, les plus « complètes, les plus prodigieuses du Moyen-« Age. » N'est-ce pas, me pensai-je, une faible image de tout ce que l'Eglise sait élever ?

BOUCHES-DU-RHÔNE. — La Provence est justement vantée ; à part quelques coins de son territoire, elle mérite exactement tous les éloges qu'on en a fait ; et puis, là encore, les souvenirs abondent.

A Tarascon, en relisant la légende de Sainte Marthe, nous ne pouvons pas ne point nous rappeler que nous allons en Terre Sainte, que nous verrons Béthanie, ce village de Judée où resta Marthe près de Lazare, son frère.

Bientôt Tarascon (1) s'efface à l'horizon avec ses silhouettes féodales et royales. Les Alpes se dessinent à gauche et leurs premiers contreforts sont près de nous. On me montre une belle construction d'un aspect sévère. C'est Frigolet, paraît-il ; Salut à cette terre ducale que connaît et aime le général Billot (2)

Nous laissons Arles, jolie ville sur le Rhône. On y aperçoit de magnifiques restes de fortification, sur des blocs abrupts, les arcades d'un cirque romain, des tours carrées fort anciennes.

Le viaduc d'Arles, la Crau (plaine couverte de cailloux) offrent alors au voyageur des spectacles ravissants. Par-delà le Rhône, voici les marais salants avec leurs pyramides de sel. La mer est proche.... La voilà! Salut à la Méditerranée ; nous nous découvrons avec émotion devant ces flots qui s'étendent à perte de vue....

La Terre Sainte, où nous allons est là-bas. Ces mêmes flots, qui viennent battre avec un murmure cadencé la grève des Bouches-du-Rhône, battent aussi les rivages de la Palestine.

Maintenant, voici d'immenses et belles prairies d'aspect très pittoresque. Ce qu'il y a de curieux dans ce pays, c'est que les habitations s'abritent chacune derrière une haie de cyprès très serrée. La ligne du chemin de fer est elle-même, sur une longue étendue, bordée de ces arbres. C'est une précaution prise contre les violences du mistral. Cette verdure noire assombrit le paysage. Puis nous traversons les landes stériles, d'immenses champs plantés de mûriers. Nous sommes au

---

(1) Je copie les remarques d'un ami.

(2) Se rappeler le siège de Frigolet, lors des expulsions, 1880.

pays des magnaneries. Voici Miramas, gare très importante dans un désert. Qui peut bien venir prendre le train ici à moins que ce ne soient les vers à soie ?

Le tableau change soudain. Nous entrons dans des collines rocheuses, tourmentées, pittoresques. Voici Berre et son étang ; un horizon fermé par des collines bleuâtres et crénelées, une eau limpide à peine ridée, quelques petites barques et tout autour la nature alpestre et sauvage !

Nous passons à Rognac. L'étang est toujours sous nos yeux avec ses eaux vertes ; nous le contournons. Les collines de gauche sont étranges, couronnées de rochers escarpés, de fines aiguilles ; sur leurs pentes, la terre, plantée d'oliviers, est soutenue par des murailles parallèles qui forment des terrasses superposées ; on dirait des escaliers de géants. Nous traversons deux tunnels. Voici des usines, de la fumée, de l'eau, des vaisseaux... C'est Marseille. Mais les montagnes qui l'entourent sont si grandioses, la rade si belle, que les vaisseaux semblent des coquilles et Notre-Dame de la Garde un nid de colombes. Les œuvres de l'homme auprès de celles de Dieu !

J'ai pu, au retour, visiter Marseille, dont les boulevards et les grands Cours, les magasins et les palais rivalisent avec ceux de la capitale ; j'ai admiré la nouvelle cathédrale, la Cannebière, le cours Belsunce, le Prado, le palais Longchamp, la Corniche, les Catalans (faites-moi grâce des détails), mais nulle part je n'ai été ému comme aux catacombes de Saint-Victor et à Notre-Dame de la Garde.

Notre-Dame de la Garde est le rendez-vous des pèlerins (1) ; c'est là que nous allons de suite

(1) Nous devions, au retour, voir l'intérieur de cette basilique, ravagé par l'incendie qui s'y déclara le 5 Juin, jour anniversaire de sa consécration en 1864.

reprendre notre récit. Vous me pardonnerez de vous avoir fait traverser avec moi la France à vol d'oiseau ; c'était pour vous prouver que, même en chemin de fer, on peut voyager longtemps avec un certain intérêt.

Les Hébreux aimaient à se retirer sur les hauteurs pour prier ; les chrétiens ont aussi généralement choisi le sommet des montagnes pour élever à Marie les monuments de leur piété filiale : Tels à Lyon, Fourvière, à Marseille, Notre-Dame de la Garde ; il semble alors qu'on ait quitté la terre et qu'on soit plus près du ciel.

Le jeudi 24 avril, jour du départ, nous nous empressons donc, avant toute autre excursion, de monter prier la *Bonne-mère*, ainsi est appelée Marie par le peuple marseillais ; le temps est maussade, qu'importe ! « Quand il pleut, c'est un temps de pèlerinage. »

Nous assistons à la messe, puis nous recevons l'insigne du croisé. Au Moyen-Age, les croisés portaient, sur leurs vêtements ou leurs armures, une croix dont la couleur variait selon leur nation d'origine. Les Français l'avaient rouge, les Anglais blanche, les Flamands verte, les Allemands noire et les Italiens jaune. Les membres des croisades pacifiques portent la croix rouge sur fond blanc, donnée par Pie IX aux zouaves pontificaux. Elle a pour devise : *Servire Christo domino.*

Cette simple décoration nous inspirait à tous un légitime orgueil. Nous marchions le front haut, le cœur plein de confiance ; les Marseillais nous regardaient avec respect, plusieurs s'inclinaient devant nous et sollicitaient un souvenir pour eux au tombeau du Sauveur. Il nous était impossible d'admirer le splendide panorama qui, par un temps clair, du haut de Notre-Dame de la Garde, se déroule sous les yeux ; un brouillard jaloux semblait vouloir nous dérober la vue de la mer et du port grandiose où nous devions nous rendre.

En conséquence, nos recommandations une fois faites à la *Bonne-mère*, nous nous hâtons de gagner le quai de la Joliette. La veille au soir, en arrivant, j'avais descendu la Cannebière afin d'examiner le vieux port ; j'avais admiré cette haie de navires marchands, de voiliers, pressés les uns contre les autres, dessinant sur le ciel le labyrinthe de leurs cordages, éclairant les flots de leurs fanaux multicolores. Au nouveau port, l'admiration est au comble ; les grands navires sont là majestueusement alignés près des quais, ils attendent l'heure du départ pour quelque voyage au long cours ou quelque autre expédition lointaine.

La *Bourgogne* faisait bien dans le nombre : accostée au quai des Anglais, elle semblait impatiente de se prêter à notre croisade pacifique. La Société générale des Transports Maritimes l'avait armée comme elle n'arme aucun de ses navires ; tout y était confortable et bien disposé (1), les cabines avaient été doublées, des réfectoires avaient été organisés pour les troisièmes classes, des lits pour chaque pèlerin avaient été montés. A l'arrière du navire, une chapelle avait été installée à demeure ; à l'avant, près de la dunette, une grande croix avait été plantée.

Tout était parfait, car avec cela, nous

(1) M. de Castillon, capitaine d'armement de la Compagnie des Transports maritimes, a imaginé les installations actuelles de la *Bourgogne*, comme devant dorénavant profiter à tous les grands pèlerinages en Terre Sainte. C'est une heureuse idée que son savoir maritimime et son active charité lui ont fait exécuter avec un soin vraiment admirable. — Cette année, paraît-il, l'aménagement a encore été perfectionné ; la *Bourgogne* est devenue une vraie *Cathédrale flottante*.

avions un état-major et un équipage choisis. Nommer M. Caffa, le commandant, aujourd'hui chevalier du Saint-Sépulcre, c'est assez pour peindre le personnel tout entier.

Comment, dès lors, hésiter à monter sur la *Bourgogne* ? Le temps, d'ailleurs, semble devenir plus clément et nous fait espérer une bonne traversée. Nous nous embarquons donc ; le déjeuner doit se prendre à bord, l'ancre doit être levée à midi.

Un navire est une vraie ville flottante ; il serait difficile de caractériser autrement ce semblant de coquille imaginé par l'homme pour passer de l'un à l'autre continent. Rien n'y est oublié ; presque tous les corps d'état y sont représentés, il y a boucherie, boulangerie, pharmacie, que sais-je.....

Un navire est un des chefs-d'œuvre de l'esprit humain.... Un navire bien organisé comme était le nôtre pourrait servir de modèle à bien des états, des villes et des villages.

Nous étions donc bien sur la *Bourgogne*, la traversée ne nous effrayait point.

CHAPITRE III

LA TRAVERSÉE

Je me contente de transcrire mon *Journal de bord*, publié dans la *Semaine religieuse* de Châlons (1re année, page 159) ; quelques notes supplémentaires seulement y ont été ajoutées.

Le lever de l'ancre avait été annoncé pour midi. A midi, en effet, après le déjeuner, au moment où tous les pèlerins étaient réunis, on leva les amarres. Mais toutes les manœuvres pour se mettre en mouvement sont fort longues.

Peu à peu, nous quittons le bord de la jetée, cela dure une heure. Tout est prêt ; alors le Père Bailly paraît sur la dunette, accompagné de toute la direction. Ils entourent M. Payan d'Augery, vicaire général de Marseille qui, en habit de chœur, vient bénir la grande croix plantée à l'avant du navire (1) et d'une voix vibrante inter-

(1) A l'exemple des deux premiers pèlerinages, le troisième avait voulu qu'une croix semblable à la vraie croix, fût arboré à l'avant de son navire. Elle devait nous servir pour faire le chemin de la Croix dans les rues de Jérusalem, et être plantée au retour sur la montagne de la Salette.

prète la pensée et les vœux de Monseigeur l'évêque absent : « Quand, dans une famille où l'on s'aime, nous dit-il, des membres vont entreprendre un long voyage, on s'embrasse, eh ! bien, mes frères, c'est entre les bras de cette croix, sur le cœur de Jésus, que je vous embrasse tous en vous souhaitant heureux voyage et en voùs priant de ne pas nous oublier là-bas. »

Nous étions debout, tête nue sur le pont, sur le gaillard d'avant, sur les rouleaux de cordages, frémissants, émus ; de vieux loups de mer pleuraient en voyant ce spectacle.

Nous acclamions là Croix, la *Bourgogne*, le cher nom de la France. Sur le quai, sur la jetée, une foule immense nous saluant répondait à nos acclamations ; de l'autre côté, sur les flancs de notre navire, quelques bateliers nous criaient de penser à eux sur le Calvaire. La chaloupe « *les Quatre Amis* » nous accompagnait dans nos évolutions.

Cependant le navire s'ébranle lentement dans le chenal. Nous entonnons l'*Ave Maris Stella.* Au verset *Monstra te esse matrem*, nous tombons à à genoux d'un mouvement unanime. Notre-Dame de la Garde est là-haut, debout sur son piédestal de granit, et c'est du fond du cœur, avec des larmes dans la voix et dans les yeux, qu'on lui crie : « Montrez que vous êtes notre mère. » Le spectacle était magnifique : on nous saluait, on nous acclamait, on nous sifflait ; aux injures comme aux acclamations, nous répondions par des vivats et des cris d'enthousisme. Nous étions les croisés du XIXe siècle, allant chercher dans la mer le sillage des anciens croisés pour le reprendre et le suivre, à la gloire de l'Eglise dont nous sommes les fils, à la gloire de ce pays auquel nous appartenons et qui organise ces pacifiques croisades.

Nous trouvons dans le port un navire en partance, chargé de soldats. Ils nous acclament, les braves gens ! Nous les saluons nous-mêmes aux cris de : « Vive la France ! » C'était superbe. Enfin, nous doublons la jetée et nous sortons du port ; le remorqueur « *les Quatre Amis* », qui nous a guidés jusque-là, nous abandonne et se met de côté. Pour nous saluer une dernière fois, ces messieurs hissent et amènent trois fois le pavillon. Nous éclatons en bravos enthousiastes. Nous voilà livrés à nous-mêmes. En avant !

Notre chemin nous imposait de passer en vue de Marseille dans toute sa longueur. Notre-Dame de la Garde dominait tout.

Le bourdon de la basilique répondait à nos chants, et tant que nous fûmes en vue, il exprima toute la joie de la vraie France au départ de cette nouvelle croisade.

Quelques minutes après, nous passions entre le château d'If (prison d'Etat) et la côte entrant en mer.

Le temps, clair au zénith, est brumeux du côté de la terre, de sorte qu'à cette heure nous ne voyons plus la côte. Ciel et eau !

Les poètes ont fait du premier homme qui s'aventura sur les flots, un homme dur, à la poitrine de chêne et de triple airain. Il est sûr que lorsqu'on se trouve pour la première fois dans cette coquille formée de quelques écorces et qu'on se sent ballotté au-dessus de l'abîme, le cœur ne peut guère s'empêcher de battre. Notre première après-midi fut pourtant assez tranquille. En vue de la Provence, notre Croix reçut de nouveaux hommages. Il était quatre heures ; groupés autour d'elle, nous chantons ses grandeurs en suivant par la pensée les quatorze stations du *Via Crucis*.

Le matelot venait de piquer six heures ; un garçon lui fait écho en sonnant aux quatre coins du navire pour nous appeler à la salle à manger. Le dîner fut calme.... en partie, car bien des pèlerins payaient déjà leur tribut à la mer. Je me moquais... hélas ! je ne savais guère ce qui m'attendait douze heures après. A sept heures et demie, nous faisons la prière du soir, et aussitôt, pour ne pas étouffer dans la cabine, je me couche sur le pont, enveloppé dans ma couverture, tout heureux d'aspirer les brises de la mer et de me rappeler la chanson du mousse :

Doux vent qui nous vient de la terre
As-tu passé par la chaumière
Où, près de mon ancien berceau,
Ce soir, mon excellente mère
Murmure une longue prière
Pour son fils exposé sur l'eau ?

Qu'on est heureux de rêver au soir d'une première journée de traversée ! Les émotions ont été si profondes qu'on songe, malgré soi, au Dieu infini dont la puissance peut seule commander aux flots....

Ma félicité ne fut pas de longue durée ; à minuit je me réveille au bruit du tonnerre, c'est l'orage, et l'orage avant-coureur du gros temps ; le roulis commence à l'entrée du golfe du Lion et nous berce jusque vers les côtes d'Afrique.

Le vendredi matin, la mer est tout-à-fait houleuse et tend à devenir mauvaise ; il est impossible de célébrer la messe. Je veux au moins dire mon bréviaire, mais saint Marc ne m'est pas propice ; tandis que je mets toute mon attention à lire les leçons de sa fête, me voilà pris d'un affreux malaise et.... vous savez le reste. On m'a dit que le seul moyen de triompher du mal, c'est de se coucher ; j'en ai pris bientôt mon parti, je vais chercher ma couverture et je m'installe de nouveau sur le pont. Là, je puis jouir tout à l'aise du spectacle de la tempête. La mer est splendide, toutes ces collines mouvantes vont se succédant, se poursuivant, se heurtant, couronnées de moutons blancs. Nous roulons et nous tanguons à ne pouvoir marcher.

Les vagues déferlent en mugissant contre le bâtiment ; plusieurs fois elles balayent le pont ; on se heurte de babord à tribord, et plus d'un sortira contusionné de la tourmente. Un coup de vent nous fait plonger en mer ; la pompe à incendie se détache et manque de tuer plusieurs malades. Je vous assure qu'on fait de tout cœur son acte de contrition. Cinquante passagers environ sont capables de dîner, mais de ma cabine, où je suis descendu, j'entends la vaisselle qui se brise. A la salle à manger, on avait pourtant disposé l'appareil appelé le « violon » Ce sont des planchettes qu'on met sur la table, dans sa largeur, de distance en distance ; elles sont percées de trous dans lesquels passent des cordes, qui courent d'un bout de la table à l'autre, pour maintenir en place, carafes, bouteilles, verres, etc....

Fatigué du roulis, je remonte sur le pont. On ne se fait pas l'idée de ce supplice. C'est la nourrice berçant le nouveau-né ; mais le berceau est beau et la nourrice puissante. Pareilles caresses sont atroces !

Nous sommes en vue de la Sardaigne ; nous distinguons bien les côtes de l'île San-Pietro. Le capitaine qui, à la dunette, examine la mer avec ses lieutenants, voyant l'abattement général, appelle le Révérend Père Bailly, et lui fait espérer que la tempête va bientôt cesser. Il le félicite du bon esprit des passagers et, de notre côté, nous crions : « Vive l'équipage ! » Enfin, malgré le mauvais temps, je parviens à m'endormir et jusqu'à cinq heures du matin, j'oublie les malheurs de la journée.

Samedi, 26 avril. — Quelle joie de revoir une mer calme ! On dispose les autels, et j'ai le bonheur de célébrer. Dieu soit loué de cette grâce et des consolations qu'il apporte aux siens dans le danger ! Après avoir déjeuné, je fais ma promenade à bord. Je m'arrête à contempler la côte d'Afrique : c'est d'abord la pointe Farina, puis l'île Cimbro. Entre deux, le golfe de Tunis et Tabarca. Comment alors oublier de prier Saint Louis pour les pauvres soldats qui naguère expirèrent là pour notre patrie ! Là-bas voici un navire qui paraît filer sur la France. — Porte-lui nos vœux et dis aux nôtres, si tu le peux, que nous sommes heureux ici. — De l'autre côté, une frégate venant d'Italie se dirige vers Suez. Nous ne sommes donc plus seuls au monde, autour de nous, il y a de la vie ; sur le pont, les pèlerins deviennent plus nombreux ; à l'arrière les poissons nous suivent fidèlement pour recueillir le pain qu'on leur jette. Nous étions alors en vue de l'île Pantellaria. (1) C'est une belle île à la fois montagneuse et cultivée. L'aspect en est pittoresque. Un joli village aux maisons blanches baigne ses pieds dans l'eau bleue. Les flancs de la montagne sont couverts de forêts épaisses et vertes. Les collines basses paraissent coupées de champs cultivés et semées d'élégantes villas.

A midi, le Révérend Père Bailly réunit les prêtres à la chapelle, et leur recommande de relever le moral des malades. On fonde une maîtrise ; on organise l'adoration nocturne, puis chacun retourne à ses occupations qui consistent à prier, à relater ses impressions et à dormir. Voici l'ordre de nos journées. Le matin, la sainte messe ; à neuf heures, le premier chapelet ; à dix heures, le déjeûner ; à une heure, second chapelet ; à trois heures, le chemin de la Croix ; à cinq heures, le

---

(1) Pantellaria, l'ancienne *Insula Pontia*, évoque le souvenir de Sainte Domitille et de ses compagnes d'exil qui y établirent le premier monastère chrétien dont l'histoire fasse mention, à la fin du Ier siècle. — Sous les Romains, elle servait de lieu d'exil aux condamnés politiques ; elle a encore aujourd'hui la même destination sous le jeune royaume d'Italie (Pètey).

dîner ; à sept heures, le troisième chapelet ; à sept heures et demie, la prière et le salut. Un dominicain prêche avant chaque dizaine de chapelet, et un capucin avant chaque station du chemin de Croix. Vraiment, on ne fait pas, à terre, d'aussi belles cérémonies.

Il paraît que nous sommes à quatre cent quatre-vingt huit milles de Marseille, et à onze cent cinquante deux milles de Caïffa, (le mille équivaut à 1851 mètres). Ce que je constate, c'est que la mer est belle, belle comme elle ne saurait l'être davantage. On jouit maintenant du calme et de la joie de ne plus rencontrer de malades.

Nos mousses et nos matelots sont charmants ; ils viennent volontiers causer et faire avec nous la prière. Un petit mousse de treize ans n'a pas encore fait sa première communion : le Révérend Père Ladislas, capucin, lui fera le catéchisme, et le préparera pour le retour. Les mousses font l'office de sacristains ; ils se servent de pavillons pour décorer la chapelle ; ce matin, pendant les messes, notre commandant a lui-même pavoisé les mâts. Une illumination magnifique s'improvise avec les lanternes de service. Notre prière du soir est splendide ; le capitaine y assiste avec ses deux lieutenants. Nous arriverons à Malte sur le soir.

Dimanche 27 avril. — Nous espérions envoyer des correspondances de Malte. Mais nous y sommes passés de nuit. C'est une déception. Les Anglais d'ailleurs ne sont pas complaisants.

Malte ne nous a pas envoyé de vaisseau, mais une troupe de tourterelles qui ont élu domicile chez nous. — C'est à Malte qu'échoua St Paul à la suite du naufrage rapporté aux actes des Apôtres. (Ch. XXVII, XXVIII.)

Le capitaine a demandé une grand'messe pour l'état-major, et l'équipage a désiré une messe spéciale à onze heures. Nos offices, messes et vêpres, ont été splendides ; l'équipage au complet a pris part à nos prières et à nos chants. Les hommes de la *Bourgogne* sont fiers de la chapelle, qui est la leur autant que la nôtre, puisque ce sont les pavillons qui en font le principal ornement. Vous ne pouvez vous faire une idée de ce qu'est un dimanche à bord : c'est un jour tout à Dieu ; c'est aussi une fête de famille. L'équipage est en habits de fête, le travail est restreint, la table est mieux servie. Des jeux sont installés ; nous nous mettons de la partie pour faire gagner quelques sous à nos charmants mousses et à nos matelots ; nous jouons au loto ; quand la chance nous favorise, nous abandonnons notre gain ; aussi les têtes s'animent-elles, et, dans la conversation, nous apprenons que trois mousses n'ont pas fait leur première communion ; peut-être pourront-ils la faire aussi au retour.

Le soir, on ne se lasse point de contempler l'immensité de la mer et d'écouter le crépitement des vagues phosphorescentes. Nous devrions descendre dans nos cabines à neuf heures, mais, pourvu qu'on fasse silence, le commandant transige avec le règlement.

Une de nos distractions, c'est, comme l'écrivait un de nos amis, de voir accourir sur nous, comme des escadrons au galop, des bandes de marsouins. Ils vont sur sept ou huit de front, plongeant et se relevant avec ensemble comme des chevaux de course au saut de la barrière. Ils escortent le vaisseau quelque temps et se dispersent. C'est très curieux.

Lundi 28 avril. — Cinquième journée de traversée ; jour de très mauvais temps.

Mardi 29 avril. — Nous sommes à quatre cent soixante dix-sept milles de Caïffa. Hier, il a été impossible d'écrire ni de faire quoi que ce soit ; le tangage, qui avait commencé dimanche soir à balancer notre bâtiment, s'est terminé par une tempête ; nous avons eu une journée terrible.

Nous étions en pleine mer Ionienne, loin des côtes, heureusement ! Quelle journée ! Comment décrire ces vagues colossales ? Mais aussi quel spectacle !

Il faut avoir vu ces mers tourmentées, se relevant, s'abaissant, se heurtant, se brisant, ces collines mouvantes, masses grandioses, qui grossissent, montent, creusent des abîmes, se brisent avec des fracas d'orage ; il faut avoir entendu gémir la mâture et les cordages, et sur un fragile vaisseau s'être senti le jouet des eaux soulevées, pour en avoir une idée. Vers quatre heures le roulis devint formidable. C'est merveilleux comme un vaisseau ainsi secoué peut reprendre son équilibre. Un instant on voulut nous faire tous descendre. Ceux d'entre nous qui n'étaient pas malades insistèrent pour demeurer sur le pont, aimant mieux être inondés par les lames qui le couvraient que d'aller s'enfermer dans l'atmosphère chaude et méphitique des salles basses.

Personne n'a osé dire la messe ; un grand nombre sont repris du mal de mer. A midi le vent souffle en tous sens avec une grande force ; la mer se fâche ; de babord à tribord et de tribord à babord nous voilà ballottés avec une violence épouvantable, malgré toute l'énergie avec laquelle nous nous accrochons aux cordages ; pour comble de malheur, les lames envahissent le pont ; nous nageons comme si nous étions à la mer. Le capitaine fait relever les voiles et plier les tentes pour ne pas donner prise au vent ; mieux vaut en effet être mouillé que submergé ; on tend d'un bout à l'autre du pont les cordes de sûreté, pour nous retenir et nous empêcher de nous blesser. C'est alors, je vous assure, que la prière fut fervente, la prédication éloquente. J'ai compris les apôtres réveillant Notre Seigneur endormi pour lui dire : « Sauvez-nous, nous périssons. » Nous étions tous serrés autour de l'autel, criant à Jésus, à Marie, à tous les saints : « Sauvez-nous, sauvez-nous ! » Le soir, en vue de l'île de Candie (l'ancienne Crète), le Révérend Père Bailly nous recommande le courage et la confiance, puis chacun descend à sa cabine pour essayer d'y dormir.

Pendant la nuit, le calme se rétablit un peu, et ce matin j'ai pu célébrer la sainte messe. A deux heures on distribue les billets de débarquement ; c'est la preuve que nous approchons. Bientôt donc nous serons en Terre Sainte !

Mercredi 30 avril. — La mer continue à être bonne. Nous sommes à deux cent trente milles de Caïffa. Des voiliers qui sillonnent la mer en tous sens, nous avertissent que nous touchons aux côtes. A l'endroit où les premiers morts du premier pèlerinage furent jetés à la mer, nous célébrons un service solennel.

Une pareille cérémonie fait sur nous une profonde impression ; la mer n'est-elle pas un cimetière immense où reposent de nombreux chrétiens, et où un coup de vent pourrait nous ensevelir ! A la garde de Dieu ; qu'il fasse ce qu'il lui plaira ; nous sommes ses hommes, ses victimes, et nous voulons l'être jusqu'au bout.

Nous souffrons déjà de la chaleur ; même en pleine mer, le soleil d'Orient est plus chaud que notre modeste soleil de Champagne.

Chacun s'occupe à préparer ses voiles : les pèlerins ont une physionomie assez curieuse, sous ces costumes improvisés.

Le soir, pour la dernière fois avant d'aborder sur la plage du Carmel, le Père Bailly nous fait une conférence sur le pèlerinage, et, prenant le souvenir des eaux du Nil qui viennent là, il nous parle de la corbeille qui porta Moïse ; il nous montre la Sainte Vierge, fille du Roi du Ciel, qui sort des eaux du Carmel pour nous recevoir comme la fille du Pharaon a recueilli Moïse. Nous ouvrions alors le mois de Marie.

Jeudi 1er mai. — Dès l'aube, nous étions en nombre sur le gaillard d'avant. Nous savions que la terre était proche. En effet, un profil nuageux se dessine : c'est la terre. Ce cri court comme un frisson d'un bout du vaisseau à l'autre. La voilà ! on se presse sur le pont, tout le monde veut la voir. C'est la Terre Sainte ! On la salue, on l'acclame, les hymnes retentissent à bord. C'est une fièvre, un délire. Chacun s'apprête pour débarquer au plus vite.

Mon journal de bord s'arrête là. Maintenant, je vais consulter mes notes pour poursuivre mon récit.

« Ces notes, dirai-je avec un pieux pèlerin, me
« sont comme un bouquet de souvenirs que je me
« suis composé pour le porter dans mon âme.
« J'en ai cueilli les fleurs dans chacun des coins
« de cette terre labourée par les miracles.....
« Puissent-elles avoir, quand elles vous arrive-
« ront, quelque chose de l'éclat et du parfum
« qu'elles doivent au soleil de Palestine !... »

CHAPITRE IV

LA PALESTINE

TOPOGRAPHIE — ÉTAT ACTUEL

« Si vous voulez voir la Palestine, déployez, en imagination, une mappemonde planisphérique où se projette, sur un plan uni, l'immensité des continents. Regardez au milieu, à l'orient du beau lac méditerranéen, dont le flot baigne les plus grands rivages : l'Asie, l'Afrique, l'Europe ; là, au point le plus ensoleillé, vour verrez une langue de terre : c'est elle, la Palestine.

« Au premier coup d'œil, elle paraît admirablement dessinée par Dieu. Ce n'est pas un terrain vague dont les frontières peuvent s'étendre à la volonté d'une puissance politique ou religieuse. Non ! c'est une région strictement déterminée. L'homme ne peut ni l'agrandir ni la rapetisser ; elle est forcément ce que Dieu l'a faite.

« A l'ouest, la mer la limite ; on ne recule pas la mer. Au sud, le désert ; on ne conquiert pas le désert. Au nord, le Liban et les cimes neigeuses de l'Hermon ; on ne supprime pas les montagnes, on les creuse, on les tourne, on ne les supprime pas. A l'est, enfin, le Jourdain ; il roule ses flots rapides dans le creux d'une vallée large et profonde, vrai fossé de circonvallation qui met entre la Palestine et les pays de l'Orient, une infranchissable barrière.

« La dépression est immense, c'est la plus grande certainement qui existe sur notre sol planétaire ; la vallée du Jourdain s'abaisse à deux cents mètres au-dessous du niveau de la Méditerranée, si on la prend au sommet nord, vers le lac de Tibériade, et à quatre cents mètres si on la prend à la mer Morte ; et comme on ne reculera pas la mer, comme on ne conquerra pas le désert, comme on ne nivellera ni ne supprimera les montagnes, pareillement on ne comblera pas la vallée du Jourdain. Telles sont les limites grandioses tracées par Dieu d'un doigt souverain, entre lesquelles s'étend, ou mieux se resserre la Palestine : humble contrée, s'il en fut à ne regarder que l'espace — elle est un peu plus grande que l'île de Corse — elle tient toute entre 3 ° de latitude nord et 2 ° de longitude est ; elle mesure 1.300 lieues carrées ; mais ce sol étroit est un sol prédestiné, il est sous le coup d'une lumière magique ; c'est un pays lumineux.

« Chose étrange ! ce lambeau de terre qui, à raison de son exiguité et de ses bornes, ne peut rien être, au point de vue matériel et terrestre, ni un grand empire, ni une grande république, et qui, dès lors, est condamné à l'infériorité politique, ce lambeau de terre a été le point de rencontre de tous les grands empires et le chemin sanglant de leurs armées : les Egyptiens ont passé là ; les Assyriens, les Mèdes et les Perses y sont venus à leur tour ; les Grecs y ont paru avec Alexandre ; Rome a fait plus qu'y passer, elle s'y est établie étendant jusque-là la grande aile de ses aigles. La Palestine est comme le carrefour de l'humanité, c'est là que se croisent les religions, les races, les peuples, les civilisations en mouvement.

« Un jour, entre la grande domination de l'Islam et la religion divine du Christ, un choc immense, fatal, sanglant, doit avoir lieu ; ce petit coin de terre est le théâtre de la rencontre. C'est là que le cimeterre et la croix se sont mesurés et se mesurent encore ; là que les croisés, l'épée au poing et la croix sur la poitrine ont révélé le type superbe du chevalier chrétien, du soldat armé par la religion pour la justice. C'est là enfin qu'a été donné au siècle des croisades le plus grand exemple de la foi, toujours prête à combattre, quand il s'agit de la conscience et du droit, de la foi qui sait frapper, seulement pour secourir la faiblesse opprimée.

« Mais il est dans les plans secrets de Dieu que les choses humainement faibles aient de grands destins ; voilà pourquoi, malgré son infériorité apparente, la Palestine a été le berceau de deux grandes religions : l'une, de forme imparfaite, le Judaïsme, l'autre, de forme définitive, le Christianisme » (R. P. Didon).

Prédestinée de Dieu pour être le garde-dépôt des vérités éternelles et le théâtre de la Rédemption des hommes, la Palestine avait été choisie au milieu des nations. *In medio gentium posui eam.*

C'était alors une terre privilégiée « où coulaient le lait et le miel » un sol d'une fertilité prodigieuse. Sous David, la culture des terres avait indubitablement une grande extension puisque sa surveillance et celle des autres industries agricoles avaient fait établir une organisation civile toute spéciale. Il y avait des inspecteurs pour le labourage, pour les vignes et le vin déjà récolté, pour le bétail, les troupeaux....

Le témoignage de l'histoire est en tout conforme à celui de la Bible : Pline, Tacite, parlent de la fertilité de cette contrée comme d'un fait incontesté, et facilement on croit à leurs récits quand on a pu voir la beauté de la végétation dans les rares endroits arrosés et cultivés aujourd'hui. (*Jardins de Jaffa — Hortus conclusus*, *près*

Bethléem — Jardins d'Hébron.) Aussi, selon la remarque du F. Liévin, quoique l'ancienne beauté de la Palestine soit bien diminuée, est-il vrai de dire que sa stérilité actuelle n'est qu'apparente. Elle n'est qu'apparente, mais elle existe de par l'ordre même de Dieu, et le Turc, maintenant maître de la Palestine, était le mieux fait de tous les peuples pour accomplir les malédictions prononcées contre la patrie des Juifs (1), car il est dans la nature du Turc de detruire et de toujours détruire sans rien fonder. *(P. Ubald, 23e soirée).*

Dans sa population la Terre Sainte est encore bien différente aujourd'hui de ce qu'elle était autrefois. A l'époque de sa prospérité, la Palestine eut jusqu'à 7 millions d'habitants ; actuellement, elle ne compte pas cinq cent mille âmes, et pourtant toutes les races et toutes les religions semblent s'être donné rendez-vous dans son sein.

La langue officielle de la Palestine comme de toute la Turquie est la langue turque, mais la langue du peuple est l'arabe, et depuis quelque temps surtout, le Français devient familier aux enfants élevés dans les nouvelles écoles catholiques.

Parmi les témoignages de l'influence qu'une nation exerce dans le monde, dit un auteur, l'adoption de son langage est un des plus évidents et aussi des plus durables. A ce point de vue, la France peut bien s'enorgueillir d'occuper la première place, mais elle ne saurait oublier qu'elle doit la diffusion de sa langue, en Palestine, aux RR. PP. Franciscains, aux Frères et aux Sœurs.

Depuis 1841, la Palestine forme un des gouvernements généraux *(eyalets)* de l'empire ottoman, et chacune de ses provinces *(Liouas)* est gouvernée par des chefs spéciaux qui dépendent du sultan.

---

(1) Jérémie, chap. XII v. 2.

Le mahométisme est en Palestine religion d'état ; tout homme qui ne le professe pas est plus ou moins méprisé du peuple et du gouvernement. Cependant une tolérance relativement considérable existe maintenant vis-à-vis des autres religions ; deux toutefois seulement confèrent à leurs adeptes les droits de citoyens, à savoir : la religion des Druses et celle des Metoualis ; les Israélites et les Chrétiens sont simplement tolérés.

Pour compléter ces notes sur l'état actuel de la Palestine, je dois dire en résumé ce que j'ai vu et ce que j'ai appris sur l'organisation catholique de cette partie du troupeau de l'Église. Peut-être ai-je déjà trop tenu mon lecteur sur le seuil de la terre où j'ai pris l'engagement de le conduire ; qu'il me pardonne, nous allons y arriver.

Pie IX a rétabli le patriarcat de Jérusalem ; sous les ordres de Son Excellence Mgr Bracco, un clergé admirable travaille dans une trentaine de paroisses à la conversion des schismatiques.

Précurseurs et coadjuteurs du clergé paroissial, les Franciscains ne cessent de se consacrer depuis plus de six siècles à cette œuvre capitale. Ils sont chargés en outre de la garde des Lieux Saints (traité passé en 1673 entre Louis XIV et la Sublime-Porte). Si les Turcs ont sur ce point manqué à leurs engagements, jamais les Franciscains n'hésitèrent à sacrifier leur vie pour avoir le droit d'accomplir leur devoir.

Leurs divers couvents sont ouverts jour et nuit aux pèlerins qui ne peuvent trouver chez les indigènes une hospitalité tranquille.

Honneur à ces vaillants Pères de Terre Sainte ; merci à eux, car ils ont été et seront toujours la Providence du pèlerin !

CAIFFA

ET LE MONT CARMEL

Le jeudi 1er mai 1884, vers midi, la *Bourgogne* entrait donc majestueusement dans la baie de Saint-Jean d'Acre.

La Méditerranée, depuis onze heures, avait changé la couleur de ses eaux, le voisinage des côtes leur donnait un aspect tout différent, elles étaient vertes de bleues que nous les avions vues depuis Marseille.

Sur un navire, l'annonce « Terre » produit toujours une émotion agréable ; quand la traversée a été longue et pénible, les passagers ont hâte de retrouver un sol ferme et tranquille.

Pour nous, la terre signalée n'était pas seulement la terre, mais la Terre Sainte et « il y a quelque chose de religieux et de solennel qui remue profondément l'âme dans la première apparition de la Terre Sainte (1). » Aussi la foi eut-elle alors un de ces saisissements difficiles à dépeindre.

Le navire n'avançait plus que lentement et pru-

(1) L'abbé Azais.

demment ; d'un regard avide nous fixions l'horizon et cherchions à fouiller déjà cette terre incomparable et nouvelle. A distance, une ville orientale est belle, mais, de même qu'il faut admirer de loin les décorations d'opéra les plus féériques, ainsi les villes d'Orient perdent à être vues de près. C'est ce que nous avons constaté en débarquant à Caïffa.

Cependant le canon tonne, les ancres tombent à la mer, nous étions arrivés et nous n'étions pourtant qu'à près de deux mille mètres de terre. Aussitôt des barques en grand nombre viennent audevant de nous, des Arabes se disputent et nos bagages et nos personnes.

Nous voulions considérer avec un certain respect ces fils de la Palestine, mais hélas qu'ils en sont peu dignes ! Farouches, demi-nus, criards, querelleurs, avides du gain, les voilà tels que nous les avons vus ! Première déception ! Sur les lèvres, ils n'ont qu'un mot « bakchiche ? » (pourboire).

L'Arabe mendie d'instinct comme le chien aboie. Ces singuliers matelots ne nous inspiraient d'abord qu'une médiocre confiance, mais il fallait bien se livrer à eux ; heureusement qu'une combinaison de cartes avait été instituée pour le débarquement, car nous eussions été volés. De la *Bourgogne* à la « *Marine* » représentez-vous plusieurs barques rivalisant de vitesse, c'est une vraie joûte nautique, et vous verrez comme on débarque à Caïffa.

A la « *Marine* » (port), on se bouscule, on risque de chavirer à chaque instant... Enfin, voici quelques mauvaises marches, une grille, un soldat, des curieux déguenillés et c'est le port de Caïffa.

Aucune formalité à remplir... On entre en Palestine comme chez soi.

A peine avons-nous franchi le seuil de la Terre Sainte, qu'immédiatement, sous les yeux des

Turcs qui nous admirent, nous tombons à genoux et baisons ce sol béni.

Guidés par le frère Liévin, le père Mathieu, Lecomte, M. de Piélat, nous nous dirigeons à travers des rues sales jusqu'à l'église latine.

Les cloches sonnent en toute volée.

Pour les quelques chrétiens de Caïffa, nous sommes des amis, nous sommes des frères ; ils s'empressent tous de venir nous baiser les mains.

Turcs, Grecs, Juifs, pour avoir le *bakchiche* essaient aussi de nous persuader qu'ils sont Romains, en faisant force signes de croix. A la porte de la cour qui précède l'Eglise, deux soldats armés de formidables cravaches empêchent les indigènes de se mêler à nous. La police à coups de fouet !

J'étais arrivé un des premiers à l'église ; en attendant que s'effectue le débarquement, mes prières, une fois faites, je m'occupai de chercher l'historique de cette première ville de Palestine. C'est d'ailleurs ainsi que je fis toujours pour ne point perdre mon voyage. Les notes, ainsi recueillies, jointes à mes impressions personnelles, feront connaître un peu la Terre Sainte à ceux qui voudront continuer à me lire.

Caïffa est une ville d'environ 6.300 âmes, dont 2 000 chrétiens (Grecs, Maronites, Latins), et 4.000 infidèles (Juifs et Musulmans).

Son aspect, du côté de la mer, est ravissant. Ce sont des maisonnettes blanches avec leurs toits en terrasses, leurs arcades mauresques, dans le style oriental. Elle s'appuie à gauche à un bois de beaux palmiers, à droite à des bois d'oliviers, de caroubiers, de tamarins, de figuiers, et baigne ses pieds jusque dans l'eau de la Méditerranée, dont les vagues viennent mourir en chantant et murmurant aux murs de pierre de ses premières maisons.

Elle est toute proche de l'embouchure du Cison et de Saint-Jean d'Acre (Ptolémaïs) ; elle est adossée à cette chaîne de montagnes qu'on appelle le Carmel.

Dans son état actuel, Caïffa ne remonte pas au-delà du siècle dernier, 1762 (1). Dès 1769, les Grecs catholiques y bâtirent une église, peu après, les Carmes en construisirent une autre à grands frais, pour les Maronites et les Latins sous le vocable de Saint Joseph.

Il y a aujourd'hui à Caïffa des écoles florissantes pour toutes les communions ; citons entre autres, pour les garçons, l'établissement des Frères, fondé en 1883, avec le concours de la République française ; pour les filles, l'établissement des Dames-de-Nazareth, fondé en 1855 (2).

Les principales puissances de l'Europe y sont représentées par leur agent consulaire.

En 1870, une colonie prussienne est venue s'implanter au nord-ouest de Caïffa et s'occupe activement d'agriculture ; sous leur pioche intelligente, tout se transforme, et les rochers, naguère incultes et sauvages, sont aujourd'hui couverts de vignes. Si toute cette terre de Palestine était cultivée, ce serait une mine de trésors. Mais ce ne sont pas les Arabes qui cultivent : pourquoi faire du reste ? Le gouvernement leur prendrait immédiatement la moitié de la récolte à titre d'impôt ; d'autres tribus absorberaient presque le reste : ils ne font rien.

Je n'ai rien vu à Caïffa digne de remarque ; ses bazars couverts sont assez vastes mais assez malpropres ; près de l'embarcadère maritime, on voit encore les restes d'une vieille tour bâtie par Tancrède et restaurée par Saint Louis (3).

---

(1) Caïffa, probablement l'ancienne Helba (juges III), possédait un évêque suffragant de Césarée. Godefroy-de-Bouillon avait donné cette ville à Tancrède avec la principauté de Galilée.

(2) La Supérieure actuelle, Mme de Vaux, a longtemps habité Montmirail ; volontiers, elle parle de ses anciennes élèves Sézannaises.

(3) Elle sert aujourd'hui de prison.

Quand tout le monde fut débarqué et réuni à l'église, le Révérend Père, curé de Caïffa, pria Mgr Constans de donner la bénédiction du Très Saint Sacrement, puis, croix et bannière en tête, la procession s'organisa pour le Carmel (1).

En montant, nous récitions le Rosaire, nous chantions l'*Ave Maris Stella* et, de temps en temps, nous nous retournions pour voir notre *Bourgogne* et saluer le drapeau qui flottait à ses mâts.

Le Carmel a son histoire, laissez-moi vous la conter.

Il est fait mention, dans la Bible, de deux monts Carmel : le Carmel de Juda, au sud de Jérusalem, entre Hébron et la mer Morte (victoire de Saül sur les Amalécites) ; le Carmel de la mer, au nord de Jérusalem, sur les confins de la Galilée. C'est ce dernier que nous avons à décrire. Sa position topographique est facile à signaler. Il est borné au nord par Saint-Jean d'Acre, au sud par Césarée, à l'est par Nazareth, à l'ouest par la Méditerranée (cap). Il a cinq lieues de long, vingt de pourtour. Il est à 600 mètres au-dessus du niveau de la mer. On compte 18 lieues du Carmel à Jérusalem, 8 au lac de Tibériade, 4 au Thabor, 3 à Nazareth.

Carmel signifie « *Science de la Circoncision* », par allusion à la circoncision spirituelle prêchée par les prophètes, et mieux « *Vigne du Seigneur* », à cause de sa fertilité.

Le Carmel, au dire des prophètes, était autrefois un vrai jardin béni du Seigneur ; et, en vérité, s'il était dans son ensemble ce qu'il est en certains endroits, il pouvait bien être un terme de comparaison avec la divine mère du Sauveur.

Caput tuum ut Carmelus.

Aujourd'hui, il est un peu désert, le décor est

---

(1) Le monastère et le sanctuaire du Carmel sont à une lieue de Caïffa sur le sommet du promontoire qui domine la baie et la Méditerranée.

enlevé. Les quelques villages (1) bâtis sur ses flancs ne peuvent donner une idée réelle de sa fertilité.

Une tradition affirme que Lamech tua Caïn sur cette montagne ; Josué soumit le roi du Carmel. Il y avait donc là plusieurs tribus.

Plus tard, cette montagne devint un lieu de pieuse réunion et de prières que l'on fréquentait aux jours de Calendes et du Sabbat, comme on en juge, d'après la réponse du mari de la Sunamite à sa femme, parlant d'aller au Carmel (dans l'intention secrète de supplier Elisée). Les Gentils eux-mêmes vénéraient le Carmel, au témoignage de Jamblique et Tacite.

Mais c'est à Elie qu'il faut commencer l'histoire proprement dite du Carmel, 900 ans avant Jésus-Christ. Elie, né à Thesbé (au-delà du Jourdain) fut sanctifié dans le sein de sa mère et appelé au ministère prophétique ; arrivé à l'âge viril, il entreprit la destruction de l'idolâtrie et alla se présenter du côté du Carmel, devant Achab, roi d'Israël, qui avait embrassé les idées de sa femme, l'impie Jézabel.

C'était vers la fin du Xe siècle avant Jésus-Christ (914) ; il lui fit, au nom du Seigneur, cette terrible menace qui fut ratifiée par le ciel : « Aussi vrai que le Seigneur existe, je vous jure qu'il ne tombera plus ni pluie, ni rosée jusqu'à ce que je le permette. » Achab irrité attenta secrètement à la vie d'Elie ; c'est pourquoi le Seigneur lui dit : « Fuyez... » Le prophète obéit et s'en alla d'abord du côté du Jourdain et ensuite à Sarepta dans le pays des Sidoniens.

Nous connaissons les deux faits relatifs à ce double séjour. (Le corbeau nourrissant Elie — Le fils de la veuve de Sarepta ressuscité).

La sécheresse durait depuis trois ans. Touché

---

(1) Leurs habitants sont les Druses, dont le Révérend Père Julien expose l'origine dans son intéressante notice sur le mont Carmel,

enfin de la souffrance des enfants d'Israël, Jéhovah les prit en pitié, et, s'adressant à Elie, Il lui dit : « Va, et présente-toi à Achab afin que je fasse tomber la pluie sur la terre. » L'homme de Dieu se dirigea aussitôt vers la demeure du roi et se fit annoncer par Abdias.

« Eh quoi ! lui dit le roi en venant à sa rencontre, n'êtes-vous pas celui qui trouble Israël ? »

« Non, non, répondit le prophète, c'est vous plutôt qui êtes coupable de ce forfait », et pour montrer que vraiment Dieu était avec lui, il proposa au roi de réunir contre lui, sur le mont Carmel (1), en présence du peuple, les prophètes de Baal : « Là, dit-il, les uns et les autres offriront un holocauste : que le dieu de ceux dont le sacrifice aura été dévoré par le feu soit le vrai Dieu. » La proposition fut acceptée ; on se mit à l'œuvre. Elie eut l'avantage. Son Dieu fut proclamé le vrai Dieu.

Alors Elie, en vertu de la loi de Moïse, de l'avis du roi, s'écria : « O peuple, vos prophètes de Baal sont donc des imposteurs. Prenez-les et qu'il n'en échappe pas un seul. » Tous furent en effet massacrés sur les bords du Cison.

Puis il dit à Achab : « Allez, mangez et buvez, car j'entends le bruit d'une grande pluie. Sur ce, Elie remonta seul au sommet du Carmel, se mit en prière, et bientôt il parut un petit nuage qui s'élevait de la mer, grand comme le pied d'un homme. C'était le présage des pluies abondantes dont aussitôt la terre fut inondée.

Les Saints Pères s'accordent à dire que, dans cette petite nuée, Elie vit l'Immaculée Conception de Marie, et Jean en particulier affirme qu'à ce moment, le prophète eut connaissance des grands mystères qui devaient s'accomplir plus tard et qui concernaient l'auguste Vierge. Marie fut en effet

(1) J'ai vu à quelque distance du Carmel, le lieu où se tint cette réunion; il est appelé Moharkah (lieu du Sacrifice).

la nuée bienfaisante, des flancs de laquelle s'échappa la rosée, qui donne à l'esprit et au cœur sa véritable force.

Cependant Jézabel ayant appris comment on avait traité les prêtres de Baal, entra dans une grande colère et résolut de faire mourir celui qui avait excité à cette mesure. Elie, effrayé, s'enfuit sur le mont Horeb (Arabie).

J'ai vu, sur les bords du chemin qui conduit de Jérusalem à Bethléem, le lieu où s'arrêta le prophète épuisé et où l'ange lui donna un viatique salutaire. En face se trouve le couvent grec schismatique de Saint Elie.

Lorsque la colère de Jézabel se fut calmée, le prophète quitta sa retraite et retourna sur le Carmel ; convoquant alors ses disciples devant la grotte qui leur servait de demeure, il leur dit la vision dont Dieu l'avait favorisé, (cette grotte forme crypte sous le sanctuaire de Notre-Dame du Carmel). Il éleva en ce même endroit, dit un ancien auteur, un petit oratoire où il les réunissait souvent, pour honorer en esprit celle qui devait être l'aurore du Soleil de Justice.

Cette dévotion à la Vierge, qui devait être mère sans cesser d'être Vierge, *Virgini pariturœ*, avait un écho au milieu des forêts de la Gaule. Notre-Dame de Chartres, Notre-Dame de Châlons (1) en sont lapreuve évidente.

Elie ayant achevé sa mission fut enlevé au ciel dans un char de feu; il légua, avec son manteau, son double esprit à son disciple Elisée. Le fait eut lieu sur les bords du Jourdain.

Celui-ci à son tour le transmit à ses disciples qui, jusqu'aux premiers jours du christianisme, se léguèrent ainsi, avec le souvenir de la vision de leur père, cette dévotion à la Vierge Immaculée.

---

(1) Annales de Philosophie Chrétienne (1883), tome VII, p. 328.

Sans entrer dans les discussions, contentons-nous de citer les noms dont furent dénommés les fidèles dévôts de la Vierge du Carmel : ordre des prophètes ; ordre des fils de prophètes ; Rechabites ; Congrégation des Esséniens (ou saints) ; Thérapeutes : Congrégation des Assidéens (saints). Au début des temps évangéliques : Disciples de Jean, qu'ils regardaient comme leur modèle ; Ordre de la B. V. du Carmel ; ordre des Carmes.

Avant de faire le récit proprement dit de mon séjour au Carmel, je veux, lecteur, te donner l'histoire complète de la Sainte montagne et du Sanctuaire bâti sur l'ancienne grotte du prophète Elie. Tu me pardonneras aujourd'hui d'être long.

Quoi qu'il en soit de l'opinion adoptée sur le lieu de la naissance de la Vierge (Sephoris-Nazareth-Bethléem-Jérusalem), il est certain, d'après une tradition locale, que Anne et Joachim avaient sur le Carmel une habitation pour leurs pasteurs (puisqu'ils habitaient ordinairement Séphoris).

Les Ermites du Carmel durent donc avoir occasion de connaître la Sainte Famille, Marie elle-même et nécessairement son divin Fils. D'ailleurs, une tradition montre une grotte où la Sainte Famille, venant d'Égypte, se serait retirée. Dans ses courses évangéliques, Notre Seigneur poussa jusqu'à Tyr et à Sidon, et il n'est pas probable qu'il ait omis de visiter, en passant, les pieux ermites du Carmel. S'ils n'y avaient été comme préparés par la connaissance personnelle du Sauveur, comment les fils d'Elie auraient-ils été les premiers à embrasser la religion de Jésus-Christ, après que plusieurs d'entr'eux, venus à Jérusalem pour la fête des Tabernacles, eurent entendu Saint Pierre le jour de la Pentecôte?

Dès lors, l'ancien oratoire d'Elie fut agrandi et approprié à la forme nouvelle du culte du Seigneur.

Je me contente de citer l'époque de ces différents travaux. L'an 83, sous Vespasien, une chapelle est contruite. IVe siècle, Sainte Hélène enclave ladite chapelle dans une vaste église. Vers 885, l'empereur Basile la fait richement décorer. Après les désastres des Musulmans, un saint compagnon de Pierre l'Ermite la fait restaurer et réunit les religieux dispersés dans les cavernes creusées dans la roche du Carmel, Saint Brocard fut élu prieur et règlementa l'ordre (1207). En 1631, les religieux qui avaient été encore expulsés y revinrent. En 1766, le couvent, de nouveau détruit (1), fut rétabli. Encore saccagé en 1799, il fut réédifié en 1827 aux frais de l'univers chrétien. (2).

« On a bâti sur la terre d'augustes palais, dit « Lacordaire, on a élevé de sublimes sépultures ; « on a fait à Dieu des demeures presque divines, « mais l'art et le cœur de l'homme ne sont jamais « allés plus loin que dans la création du monas-« tère. »

Ces paroles trouvent au Carmel une réalisation magnifique. C'est le plus beau monument de la Syrie et de la Palestine, un édifice grandiose qui comprend église, couvent, hôtellerie, forteresse, lazaret, etc. Et le grand Turc n'en prend pas ombrage, il ne parle pas d'expulser ces religieux qui, pourtant, n'ont pas présenté leurs statuts. Loin de là, il porte des décrets pour les maintenir, même quand il lui faut s'opposer aux exigences du pacha de Saint-Jean-d'Acre.

En terminant, citons les noms des deux pèlerins profondément dévots à la Vierge du Carmel.

Vers le commencement du XIIIe siècle, un jeune anglais, Simon Stock, vint au Carmel après

(1) Tous les couvents de Palestine furent détruits dès le milieu du XIIIe siècle ; en 1291, les Sarrasins massacrèrent les religieux du Carmel, pendant qu'ils chantaient le *Salve Regina*.

(2) Le P. Lacordaire prêcha à Versailles, en faveur de cette œuvre, le 26 novembre 1843. (Sermons I 83).

sa profession religieuse puiser à sa source l'esprit d'Elie.

Quand il fut nommé général de l'ordre, les difficultés ayant grandi, il résolut de mettre en Marie seule toute sa confiance. Il redoublait de ferveur dans la prière et la pénitence. Un jour qu'il s'était écarté pour mieux prier (16 Juillet 1251) (1), Marie lui apparut et lui remit comme gage de sa protection le scapulaire, qui est devenu l'habit de l'Ordre.

Saint Louis échoua dans la rade de Caiffa quand il voulut retourner en France pour la mort de la reine Blanche, sa mère ; au milieu de la tempête il avait fait vœu à Notre-Dame du Carmel de la visiter dans son sanctuaire si elle l'arrachait avec les siens à l'imminent péril (1253). Louis IX fut exaucé, et le lendemain il gravissait à pied la pente escarpée qui conduit à la chapelle de Marie. Plus rien ne rappelle le souvenir du saint roi, mais il y eut, paraît-il, jadis, une chapelle de Saint Louis.

C'est le jeudi 1er mai, vers six heures du soir, que nous montions à ce Carmel dont je viens de vous faire l'historique. Le chemin nous parut un peu long et nous fûmes heureux quand nous vîmes à la terrasse du couvent, M. Caffa, notre commandant, et le docteur de la *Bourgogne*, qui, avec les Révérends Pères, contemplaient notre belle procession. Enfin, nous sommes sur le plateau du Carmel. Deux bons religieux nous donnent, sur le seuil, à chacun une belle orange, délicate attention dont nous leur sommes bien reconnaissants. De suite, nous mordons à belles dents cette pomme d'or rafraîchissante avant d'arriver à la chapelle.

Faire le 1er mai sur le Carmel, à l'endroit de la première église dédiée à Marie, ouvrir le mois des fleurs sur la montagne des fleurs, songez-

(1) La grotte dite de Simon Stock est religieusement conservée.

vous quel bonheur ! Ce bonheur fut le nôtre, et difficilement, croyez-le, j'en perdrai le souvenir.

Le Père Prieur nous souhaita la bienvenue et nous offrit, au nom de Marie, l'hospitalité la plus cordiale.

A huit heures, des tables étaient dressées au Palais, où nous allons prendre avec appétit un repas tout patriarcal. (On appelle de ce nom l'asile où logent les pèlerins indigènes du Carmel ; c'est une villa qu'en 1821 Abdallah, pacha de Saint Jean-d'Acre, s'était fait construire comme maison de plaisance ; en 1869, on l'a surmonté d'un des plus beaux phares de la Méditerranée). Après le dîner, je prends le frais avec mes amis sur la terrasse du couvent.

Là, dans le silence, on se rend mieux compte des splendeurs de la Sainte Montagne.

Planté en vigie en face de l'Immensité, le Carmel tient plus du ciel que de la terre ; quel sublime vestibule à l'entrée du sol des miracles ! et aussi quel panorama se déroule sous les yeux !

Le monastère est à 600 mètres au-dessus des flots. C'est donc, d'une part, comme le décrit un de mes compagnons, la baie, Caïffa, la végétation d'Orient ; puis les montagnes Gelboé, le grand Hermon, le Liban, qui ferment l'horizon ; en face, et de l'autre côté de la baie, c'est Saint-Jean-d'Acre, fièrement assise, les pieds dans l'eau, entourée de murs, de bastions, hérissée de minarets. D'autre part, enfin, c'est la mer, l'immense mer ; vue du sommet du promontoire, avec ses tons bleus plus foncés que celui du ciel, sillonnés çà et là par des barques et de grands navires, c'est incomparable.

Comme j'avais l'intention de dire ma messe de bon matin, vers onze heures, j'allai prendre possession de l'autel que dominait une statue du Sacré-Cœur, pareille à celle de Notre-Dame.

A minuit je commençai ma messe et à une heure du matin j'allai prendre un peu de repos.

Figurez-vous dans les longs corridors du couvent une longue file de paillasses déposées sur de simples nattes, et vous aurez idée de notre dortoir improvisé. Malgré la dureté du coucher et son étroitesse, puisque j'avais partagé ma paillasse avec mon ami R ..., je réussis à dormir un peu.

A sept heures, le vendredi, j'étais à la chapelle, pour la grand'messe. Un religieux carme nous fit un discours bien senti, c'était l'éloge du prophète Elie ; il nous représenta l'homme de Dieu dans sa caverne du mont Horeb adressant à Dieu ce soupir du cœur. « *Zelo zelatus sum pro Domino Deo exercituum quia dereliquerunt pactum tuum filii Israël.* » (Je meurs de zèle pour vous, Seigneur, parce que les fils d'Israël ont abandonné votre alliance). Ce langage n'est-il pas le nôtre en voyant la patrie aux mains des méchants ? Oui, sans doute, mais Elie ne se contente pas de gémir, il veut relever sa patrie, il s'y prépare dans la solitude par la Prière, l'Etude et la Pénitence.

Prenons la résolution de nous préparer ainsi à la mission qui sera la nôtre.

Nous avions fait acte de chrétien en vénérant cette grotte d'Elie (1) (vénérée des Musulmans eux-mêmes), qui forme crypte au-dessus du maître-autel de l'église du couvent, nous allons faire acte de Français.

En face de l'église, dans le jardin des Pères, se dresse une petite pyramide. C'est là que furent inhumés, vers 1810, les soldats français blessés devant Saint-Jean-d'Acre en 1799 et massacrés dans le couvent du Carmel par les Musulmans. Cinq ans après ce massacre (1804), quand les Carmes reprirent possession du Carmel, on

---

(1) La pierre de l'Autel disposé dans cette crypte était jadis le lit du prophète. — R. P. Julien chapitre VIII.

voyait çà et là des ossements dispersés; le Père supérieur les recueillit dans plusieurs grottes, un peu après le frère Mathieu, pour les soustraire à la voracité des chacals, les fit placer sous la modeste pyramide précitée; le 18 juin 1876, les marins du *Château-Renaud*, en station dans le Levant, y ont scellé une superbe croix en fer ouvré mesurant environ 1 m. 80.

Le monument ne porte que cette modeste inscription :

AUX BRAVES SOLDATS FRANÇAIS
TUÉS AU SIÈGE DE SAINT-JEAN-D'ACRE
1799.

Une messe fut dite pour le repos de ces braves au pied de l'humble monument. La France, représentée par nous, payait à ses enfants morts pour elle, une dette que jusqu'alors elle ne songeait pas à solder.

Nous étions fiers d'être ses mandataires. « Cette prière française donnera patience à ces Français vaincus mais non vengés. »

Le déjeuner suivit et aussitôt commencèrent les excursions à travers la montagne; à trois minutes du couvent, en descendant vers la mer, on arrive à une petite chapelle dénudée dite « Chapelle de Simon Stock », en souvenir sans doute du miracle dont Marie favorisa son vaillant serviteur. C'est une grotte taillée dans le rocher, qui au XVIIe siècle servit de refuge aux religieux. Elle ne fut découverte qu'en 1857 sous un amas de roches ébranlées.

Un quart d'heure après, on arrive à un cimetière musulman auprès duquel se trouve l'Ecole des Prophètes (El Kodr) : On appelle ainsi une grotte qui servait de synagogue à Elie et à ses fils, et où la Sainte Famille passa quelques jours, dit la Tradition, quand elle retourna d'Egypte à Nazareth.

Les Chrétiens appelaient pour cela Grotte de la Madone, l'excavation à gauche de la Grotte. Ils l'avaient convertie en chapelle, mais depuis deux siècles et demi (1635), elle est entre les mains des Mahométans qui en ont fait une mosquée. C'est une simple chambre carrée : une excavation, qui forme une petite pièce dans la paroi de gauche, est désignée comme le lieu où reposa la Sainte Famille.

L'entrée n'en est pas gratuite : en donnant au santon le bakchische voulu, je faillis me tuer ; mon pied glissa, je tombai sur le rocher ; mon genou fut sérieusement entamé ; mon pantalon en garde le souvenir.

Grâce aux soins du docteur, le mal n'empira pas, et plus heureux que l'abbé Lespinasse, je pus le soir et le lendemain suivre la caravane.

La mer nous invitait à courir jeter dans ses flots nos fatigues ; nous cédâmes volontiers, et affublés de vêtements d'enfants arabes qui jouaient sur la plage, nous prîmes un excellent bain. Il fallut encore payer : nous nous y disposions, quand l'un d'eux nous proposa de changer deux bakchisches pour un demi-franc ; nous changeâmes et rechangeâmes si bien que, finalement, nous avions gagné treize sous ; la monnaie turque vaut si peu que nous perdions encore. Les cloches du couvent sonnaient l'Angelus et le déjeuner, nous remontâmes bien vite.

Pendant le repas, nous projetâmes une visite détaillée à Caïffa ; à deux heures, les quatre inséparables descendirent donc de nouveau le sentier qui mène à la plage.

Après une assez longue halte au pharmacien qui nous avait accueillis si amicalement la veille après avoir visité les bazars, la poste, le port, nous étions déjà désœuvrés. Ce que voyant, je proposai une excursion à la fontaine d'Elie. C'est convenu ; nous arrêtons un drogman (peu expérimenté !) nous retenons deux chevaux, deux ânes et nous partons.

A peine sorti de la ville, mon cheval s'emballe et me met pendant vingt minutes à deux doigts de la mort. Dieu nous protégeait visiblement.

Quand mon cheval fut revenu à lui, nous reprîmes notre route suivis par quatre enfants nu-pieds. Notre drogman ignorant nous mène à l'Ecole des Prophètes ; nous lui expliquons à nouveau ce que nous désirions, il s'informe près des indigènes qui travaillaient et nous partons.

Nous passons devant Telle-es-Semak, emplacement et ruines de l'ancienne ville maritime de Calamon où échoua Saint Louis s'en allant en France après la mort de sa mère ; et nous voyons s'élever d'une presqu'île les belles ruines de l'ancien *Castellum peregrinorum* bâti par les Templiers en 1218, dans le but de protéger les pèlerins contre les voleurs. On appelle ces ruines : Athlit.

A une bonne demi-heure, en nous éloignant de la mer, nous arrivâmes à la fertile vallée des martyrs, *Ouadi es Seiah*, où se trouvent la fontaine de Saint Elie et les ruines du Couvent de Saint Brocard bâti en 1200.

Le nom de cette superbe vallée est assez significatif ; elle fut à plusieurs reprises arrosée du sang des religieux Carmes (1238 et 1291.)

Pour y atteindre, nous n'eûmes pas si facile qu'à vous de me lire. Notre drogman nous perdit plusieurs fois, et surtout nous nous crûmes joués quand nous nous vîmes dans un ravin où plusieurs Druses avaient fixé leurs tentes.

Nous étions là, sans armes, loin du Couvent, à huit heures du soir ; nos selles se brisent dans cette impasse. L... tombe de cheval et perd son chapelet de première communion. Vraiment, nous avions peur ; à force de chercher, nous arrivons enfin à la fontaine *Aïn es Seiah* : en une heure nous pouvions y aller, il y avait déjà trois heures que nous étions à cheval.

D'où lui vient le nom qu'elle porte ? Deux traditions se racontent au Carmel.

Le prophète, dit l'une, allait y puiser l'eau nécessaire à son usage, ce qui paraît peu vraisemblable ; d'après l'autre, les ermites de la vallée s'étant plaints de la grande pénurie d'eau, Elie toucha le rocher et il en jaillit aussitôt une source abondante qui, aujourd'hui, n'a rien d'extraordinaire.

Environ deux cents pas plus haut se trouvent les ruines du célèbre couvent bâti au XIIIe siècle par Saint Brocard, le grand organisateur de l'Ordre ; quelques voûtes ogivales, quelques pans de mur, voilà tout ce qu'il en reste.

Nous n'étions qu'à 400 mètres du fameux *jardin* d'Elie ou champ des melons ; bien qu'il fit déjà sombre, nous nous décidâmes à aller vérifier la légende. Nous vîmes ce jardin, jadis célèbre par ses melons, aujourd'hui célèbre par ses pierres cristallisées en forme de fruits.

Elie, selon une légende turque, demanda un melon au jardinier propriétaire de la vallée. « Ce sont des pierres, répondit celui-ci en plaisantant. » « Que ce soient donc des pierres » reprit Elie, et dès lors la vallée ne produisit plus de melons. La légende est jolie ! Toutefois, ajoutons-le, il est inutile d'invoquer le miracle pour expliquer cette forme de pierres ; le Révérend Père Julien (p. 122) démontre péremptoirement qu'il n'y a rien là que de naturel.

Cependant la nuit avançait ; le couvent allait se fermer. Pour ne pas nous perdre de nouveau, nous gagnons la plage, au risque d'allonger la route ; en face le Carmel, nous quittons nos chevaux et arrivons essoufflés à la porte du couvent ; il était dix heures. On nous ouvre les portes avec quelque difficulté ; nous courons dîner en nous félicitant de n'être ni blessés ni volés et bien vite nous allons prendre du repos, car le lendemain c'était le départ pour Jérusalem.

CHAPITRE VI

NAZARETH

Samedi 3 mai. — Invention de la Sainte Croix. La nuit avait été mauvaise ; un orage formidable avait éclaté sur le sommet du Carmel, la mer en était tout émue ; les vagues venaient envahir la plage, et on voyait dans le lointain les flots s'agiter et se bousculer comme nous les avions vus un jour de notre traversée. Notre première pensée fut pour nos compagnons embarqués la veille pour Jaffa. Ils eurent fort à souffrir de cette nuit.

Le départ était fixé à cinq heures. Une heure de retard fut à propos pour nous permettre à tous d'assister à la messe qui était d'obligation, vu le rite de la fête.

A six heures, nous dîmes un dernier adieu au Carmel et malgré le grand vent nous descendîmes jusqu'à la plage, groupe par groupe. Trois cents chevaux nous attendaient. Ce n'est pas une petite chose que le choix des montures : consulter son habileté, examiner la nature du cheval, la solidité des harnachements. Grâce à L. V., je fus bien partagé ; j'adaptai ma sangle et ma couverture pour adoucir la selle et je montai fièrement, me promettant toutefois d'être plus prudent que la veille.

Les mouckros (muletiers) nous importunent de demandes, nous en avons vite raison.

Avant de nous mettre en marche, jetons un regard d'ensemble sur la Galilée, cette première partie de la Palestine que nous allons traverser :

« Si on voulait donner une idée générale de son aspect, disent les auteurs de la *Correspondance d'Orient*, ce ne serait point la France qui fournirait la similitude, mais l'Agro-Romano. Autour de Nazareth, comme autour de Rome, ce sont les mêmes sites, la même configuration du sol ; la terre y a plus d'images que de culture, plus de poésie que d'industrie agricole. La nature y est sublime comme l'Evangile !... Pour un artiste, *la Galilée est un Eden*, comme elle est, *pour tout chrétien, un sanctuaire*. Rien ne lui manque, ni les accidents du sol de la Judée, ni la verdoyante fécondité de la Samarie. Le Garizim et le mont des Oliviers ne sont pas plus sublimes que l'Hermon et le Thabor, ni les plages bleuâtres d'Ascalon plus solennelles que les rives parfumées du lac de Tibériade, où l'onde disparaît sous la lumière.

« Le sol Galiléen offre partout de l'histoire et des miracles, des traces de héros et l'empreinte d'un Dieu ; et on sent, en contemplant la Galilée des hauteurs du Thabor, qu'elle fut le pays qu'habita l'Homme-Dieu, tant les souvenirs de la terre et du ciel s'y mêlent à l'infini. »

A sept heures, la caravane s'ébranlait. Quel aspect majestueux présente cette longue file de cavaliers improvisés, habillés de toute manière ! Nous revoyons une fois encore nos amis de Caïffa et nous marchons joyeux vers Jérusalem.

La pluie n'était pas toute tombée ; nous e

eûmes quelques gouttes pour que, sans doute, nous fusssions bien convaincus qu'il pleuvait, même en Palestine.

Nous ne suivîmes pas la route de Séphoris, mais nous passâmes par Jedda, l'ancienne Jédala de la tribu de Zabulon.

En sortant de Caïffa, on prend la route du littoral où s'élèvent de nombreux palmiers et l'on arrive bientôt au Cison (1). C'est un torrent qui roule ses eaux vers la mer et qui donne à la plaine une fertilité merveilleuse. Nous laissions Séphoris sur la gauche ; Saint Joachim et Sainte Anne y avaient, paraît-il, une villa : deux absides, du quatrième siècle, en occupent l'emplacement. Séphoris (2) (Safourieh) compte aujourd'hui 4.000 musulmans.

A une heure, nous arrivions à Simonieh près Jedda, où nous attendait un déjeûner champêtre.

Je passe sous silence les aventures comiques lors du passage des gués, l'émotion naturelle en un premier jour, etc., etc.

Une table magnifique était donc dressée à notre intention ; le temps nous paraissait long en voyage, car l'appétit devenait exigeant. Figurez-vous une tente longue et par terre des tapis, sur ces tapis des assiettes et des tasses en fer blanc et vous aurez idée de notre salle à manger. Les mets sont abondants, mais peu variés : mouton froid, poulet froid, œufs durs ; tel est le régime de la vie nomade.

Sur la fin du déjeûner, nous entendons comme un escadron s'avancer dans notre direction. Une tribu arabe venait présenter une mariée aux habitants de Jedda : c'est l'usage, paraît-il, de

---

(1) Nous vîmes d'assez près le sommet du Carmel, où furent confondus les prophètes de Baal.

(2) C'est l'ancienne Dio-Césarée bâtie en l'honneur du divin César par Hérode, qui en fit pendant quelque temps le siège du gouvernement de la Galilée.

faire ce voyage, la veille d'un mariage, avec la fiancée, pour que chacun sache qu'une nouvelle famille va se fonder. Apprenant que nous étions là, ils entourent le campement et nous font une fantasia magnifique aux cris de : Viva Francès !

En retour, nous leur donnons cigarettes et bakchiches et nous remontons à cheval.

Nous avions encore une bonne course pour gagner Nazareth, et ce à travers des ravins et des montagnes magnifiques ; vers quatre heures, on nous montre dans le lointain la crête du Thabor. Nous approchions donc de Nazareth. Quelle joie dans tous les cœurs !

Pour moi je ne pouvais plus demeurer à cheval, je dus descendre à pied la pente rapide qui aboutit au champ de l'aire, et je jouis à mon aise du bonheur de pouvoir marcher.

Infortuné, je devais savoir le lendemain ce que coûte une première journée d'équitation!

Ce fut donc à cinq heures que nous aperçûmes de près le village de la Sainte Famille, la cité de l'Incarnation ; les cloches sonnaient à notre arrivée, les pavillons flottaient au-dessus de la Basilique. Les maisons de Nazareth sont coquettement éparpillées sur les flancs d'une montagne, et laissent passer au-dessus de leurs terrasses la croix de la grande église de l'Annonciation. Tous les enfants et jeunes gens, habillés pour la plupart d'une façon très propre et très coquette, semblent s'être donné rendez-vous pour nous recevoir.

Plusieurs parlent français et méritent toutes nos sympathies. Ici, mieux qu'à Caïffa, l'impression fut heureuse ; ces gens ne sont-ils pas les parents de la Vierge ? Nous nous formons en procession pour aller bien vite réciter l'Angelus au lieu même où se passèrent les mystères qu'elle rappelle.

Quelle impression ! ce n'était plus la *nuée*, figure de Marie, comme au Carmel, mais l'image même de la mère du Christ dont nos esprits étaient alors remplis. Nous récitons l'*Ave Maria* et, sur la proposition du Père Bailly, nous nous préparerons, après être allés choisir nos lits sous la tente, à marcher au-devant du groupe de Tibériade. Mais nous n'eûmes pas le temps de faire notre gracieuseté, car à peine avions-nous choisi nos lits que des *Ave Maria* retentissent. C'étaient nos compagnons. Vite, donc, allons une fois encore ce soir en procession pour dire, dans la maison même de Marie, la salutation de l'Ange. Alors le Père Bailly nous parla de la sainteté du lieu que nous foulions. C'est ici, nous dit-il, l'église où fut célébrée la première messe du monde, puisque l'Incarnation était déjà à elle seule un sublime sacrifice.

Sur ce, nous redoublons de ferveur ; les bras en croix nous répétons l'*Ave*.

Cependant le corps réclamait nourriture et repos. Comme nous faisions séjour à Nazareth, nous dîmes au revoir à la basilique. Vivre sous la tente, c'est vivre à la manière du peuple de Dieu, au désert. Ce genre de vie me plaît; j'aurais été bien difficile, surtout étant connus les compagnons que j'avais. La soirée fut délicieuse; nous entendions à Nazareth la fantasia d'un mariage fixé pour la nuit ; de gentils Nazaréens étaient venus causer avec nous. N'ont-ils pas gardé quelque chose de la gracieuseté de Jésus.

Au moment de se coucher, L... casse son lit ; c'en est assez pour retarder le repos général. Si ce devait être le dernier incident ! Comment bien dormir quand chiens, chacals et chameaux se font un devoir d'aboyer et de grommeler.

A demain les saintes émotions.

Dimanche 4 mai. — Dès cinq heures, les cloches du camp et de l'église sonnaient l'Angelus et annonçaient le jour. Un Angelus à Nazareth, y avez-vous songé ?

Beaucoup de prêtres étaient déjà allés célébrer la messe ; je n'en pouvais plus, à peine me trouvais-je bien au lit. Cependant,à huit heures, je fais un suprême effort et, appuyé sur un bras ami, je monte à la basilique et dis la messe sur l'autel de Sainte Anne.

Avant de vous donner l'historique de Nazareth, laissez-moi dire l'emploi de la journée : messe solennelle à neuf heures ; déjeuner à onze heures ; procession à deux heures ; dîner à six heures. Le tout accompagné de pluies torrentielles.

Nazareth (fleur) n'est mentionnée nulle part avant Jésus-Christ. Elle avait alors une singulière réputation, si j'en crois la réponse de Nathanaël à Saint Philippe, qui lui faisait connaître Jésus : « Peut-il sortir quelque chose de bon de Nazareth ». Marie et Jésus ont fait mentir le proverbe et, vraiment, Nazareth, avec ses maisons blanches ombragées de palmiers, est bien la fleur de la Galilée.

Située à trois cent quarante mètres au-dessus de la Méditerranée, elle s'étale gracieusement en amphithéâtre sur le flanc des collines qui l'entourent de tous côtés. L'aspect intérieur ne répond pas à sa situation topographique.

Les rues sont étroites, tortueuses, malpropres, malgré les trottoirs ; d'ailleurs, ces trottoirs sont, avec intention, disposés de façon à ce que le milieu de la rue fasse égout. Le soir, on illumine avec des sortes de réverbères peu brillants. La population s'élève à 6.500 habitants, dont 2.000 musulmans, 2.000 catholiques, 2.000 schismatiques et protestants (1) Peu de commerce, beaucoup d'agriculture. Il y a un poste télégraphique.

Nazareth fut, dès les premiers siècles, en grande

(1) Ce sont donc les Chrétiens qui dominent ici ; leur influence se fait sentir dans les mœurs par un aimable abandon qui donne à la ville une physionomie attrayante. La femme réhabilitée a repris sa place légitime au foyer domestique. (P. Ubald,22e soirée).

vénération ; la demeure de la Sainte Famille y fut promptement convertie en église : Saint Pierre y célébra la messe ainsi que les autres apôtres ; Saint Denys l'Aréopagite y vint plus tard vénérer la vierge de Saint Luc. Au IVe siècle, Sainte Hélène fit enfermer la demeure sacrée dans une superbe basilique, au fronton de laquelle étaient gravés ces mots :

« *Hœc est ara in qua primo jactatum est humanœ salutis fundamentum.* » (Ici fut jeté le premier fondement du salut du monde).

Les pèlerins ne cessèrent pas de visiter Nazareth jusqu'à l'envahissement du Mahométisme (7e siècle). Mais c'en était trop pour les esclaves de Mahomet, ils tentèrent d'anéantir les souvenirs de l'Homme-Dieu.

Aussi, à leur arrivée, les Croisés trouvèrent-ils Nazareth complètement ravagée. Sous la sage administration de Tancrède (1100), élu gouverneur en chef de la Galilée, elle ne tarda pas à se relever et fut entourée de murailles ; un siège archiépiscopal y fut créé.

Saint-Louis y vint en 1252 avec son épouse.

En 1263, la Palestine retomba de nouveau au pouvoir des Sarrasins et Nazareth fut ravagée, puis reprise par le prince Edouard d'Angleterre. Dieu voulant dérober à ces sortes d'outrages la partie de la demeure de sa Très Sainte Mère, contigüe au rocher, accomplit le miracle (10 mai 1291), connu sous le nom de Translation de la maison de Lorette (1). (P. Ubald, 22e soirée).

De 1300 à 1620, les R. P. Franciscains essayè-

(1) Pour se rendre bien compte de ce miracle, il importe de savoir que les Orientaux, à Nazareth principalement, ont toujours tiré parti des rochers et des montagnes. Les uns creusaient des grottes et s'y établissaient ; d'autres élevaient de petites constructions contre la paroi du rocher déjà creusé ; et en bâtissant une seule pièce sous forme d'auvent, ils obtenaient une maison à plusieurs chambres. — C'est dans une semblable maison qu'habitait la Sainte-Vierge, à Nazareth.

rent de relever l'auguste sanctuaire et ce ne fut qu'à cette dernière date qu'ils y réussirent. En déblayant le terrain, on découvrit les fondements de la maison, actuellement à Lorette, ainsi que ceux de l'ancienne église. Déjà une nouvelle basilique s'élevait quand, en 1638, des Bédouins, venus du Jourdain, la livrèrent aux flammes. Un sanctuaire provisoire fut élevé, et l'église ne fut réédifiée qu'en 1730, encore le Pacha n'accorda-t-il que très peu de temps pour cette reconstruction. On ne put déblayer totalement l'ancien sol de l'église, et il fallut se contenter de poser le pavé de l'Eglise nouvelle sur l'exhaussement des décombres qui s'y trouvaient. La sainte grotte seule fut vidée ; les fondements de la *Santa Casa* sont donc encore cachés. Espérons qu'à la première bonne occasion les religieux recommenceront les fouilles pour donner satisfaction à la légitime curiosité du visiteur chrétien.

Nazareth ne possède ainsi que la moitié de la maison de la Sainte Famille (la grotte) ; l'autre moitié, bâtie de main d'homme, en avant de cette grotte est aujourd'hui à Lorette.

Un pèlerin de Lorette me disait n'avoir rien remarqué dans la *Santa Casa* qui montrât la communication possible entre la maison et la grotte. Le Frère Liévin, dans son plan, est assez net. La porte extérieure s'ouvrait à gauche, entre le mur de la Sainte Maison et le rocher ; on entrait ainsi dans la grotte qui, par une baie assez large, communiquait avec la maison.

Au moment du mystère de l'Incarnation, l'ange se trouvait dans la maison contiguë au rocher ; la Vierge était dans la chambre plus profonde du rocher. Aussi l'une et l'autre méritent-elles notre vénération.

L'église actuelle de l'Annonciation, d'ailleurs très simple, se compose de trois nefs séparées par des piliers carrés. (Elle forme paroisse). Les murs n'ont comme ornements que quelques tableaux sans valeur; un orgue occupe la tribune du fond. Outre la crypte (chapelle de l'Annonciation), elle comprend, comme au Carmel, deux étages: l'église proprement dite et le chœur et maître-autel.

Quinze marches conduisent à la chapelle de l'ange (1) et deux autres à la grotte; l'endroit précis où eut lieu l'Annonciation est marqué par une croix noire incrustée dans une plaque de marbre blanc et placée sous l'autel, avec cette inscription : *Hic verbum caro factum est* (Ici le Verbe a été fait chair).

La sainte grotte a 6 mètres de long sur 2 mètres 50 de large.

Nous étions donc là où Dieu donna à l'homme sa plus grande preuve d'amour, là où vécurent Marie et Joseph, dans la *chambre même à coucher de Jésus*, selon Phocas, là où il passa les 30 anées de sa vie. *Gratias Deo.*

Les deux fûts de colonne qu'on y remarque indiqueraient, selon une tradition, le lieu où se tenaient Marie et Gabriel, pendant leur céleste colloque. Le Frère Liévin la rejette comme invraisemblable.

La grotte est dédiée à l'Annonciation.

Le chœur est consacré à l'archange Gabriel; on y arrive par un escalier à double rampe qui se développe à droite et à gauche. C'est là que les fils de St François chantent, nuit et jour, les louanges du Dieu Incarné.

Nous n'avons pas tout dit de la crypte : à droite de l'autel de l'Annonciation, s'ouvre une porte par laquelle on arrive à la chapelle de Saint Joseph, dont l'autel est adossé à l'autel de l'Annonciation. Marchez encore, la grotte se

---

(1) Cette chapelle comprend l'emplacement de la maison adossée au rocher et transportée par les anges à Lorette, dans les dernières années du XIIIe siècle.

poursuit, vous montez treize marches et vous êtes dans une nouvelle grotte appelée vulgairement, peut-être à tort, « Cuisine de la Sainte-Vierge. »

On aime à rester dans cette grotte sacrée. Tous les mystères de la vie cachée du Sauveur se déroulent avec suavité dans le silence de la méditation et font oublier les fatigues et les ennuis.

Ce n'est pourtant pas l'unique sanctuaire où le pèlerin tienne à s'agenouiller. L'après-midi devait être consacrée à cette visite des églises.

Vers deux heures, péniblement appuyé sur L..., malgré la pluie et les chemins détrempés, je me rends à Notre-Dame de l'Effroi, d'où partait la procession aux nombreux sanctuaires de Nazareth.

Suivez-moi par la pensée.

N.-D. DE L'EFFROI. — Le jour où Notre Seigneur enseigna dans la synagogue, comme il est raconté en St Luc, (IV 16,) le peuple irrité voulait le faire mourir. On le chassa de la ville, on le conduisit jusqu'à l'extrémité de la montagne sur laquelle est bâtie Nazareth pour le jeter en bas. Ce lieu, appelé l'*Endroit du précipice* (à quarante-cinq minutes de Nazareth), est d'un abord très difficile, même à pied, impossible à cheval. Mais Jésus leur échappa. « Jésus, dit l'Ecriture, passant au milieu d'eux, s'en alla à Capharnaüm. » Il y eut là chapelle et couvent.

La tradition nous apprend qu'à la nouvelle des dispositions du peuple, Marie s'élança pour conjurer tout danger contre son fils. A mi-chemin, en vue du précipice, elle s'arrêta éperdue, en faiblesse, hors d'elle-même ; cette colline est couronnée, aujourd'hui, d'une chapelle où j'admirai le chemin de la croix de Marie. La Vierge-Mère souffrait plus cruellement au Calvaire.

Les grecs schismatiques, qui ont habituellement à cœur de contredire les Latins, désignent pour le lieu où Marie succomba à la recherche de son fils, un endroit différent de celui que nous vénérons : ils ont bâti un autre sanctuaire, qu'ils appellent, eux aussi, du nom de Notre-Dame de l'Effroi.

Voici en faveur de la tradition latine, une anecdote, qu'a racontée sur place le F. Liévin, et dont il est le héros.

Il venait de nous expliquer le passage de l'Evangile qui a rapport à ce fait (1), en nous traduisant le mot *supercilium montis* par l'*extrémité de la montagne*. Le lieu de précipice se trouve en effet, d'après la tradition des Latins, situé à l'extrémité de la montagne de Nazareth. Les Grecs tiennent pour l'endroit culminant de la montagne, et *supercilium* veut dire aussi bien *faîte* qu'*extrémité*.

On félicitait le F. Liévin sur sa manière ingénieuse de traduire cet endroit de l'Evangile.

Vous n'êtes pas les premiers, nous dit-il, à m'en féliciter. Un jour que je me rencontrais avec l'évêque grec schismatique de Nazareth, nous en vînmes à discuter cette question. Il prétendait qu'on ne pouvait traduire *supercilium* que par *faîte* ; je le priai d'ouvrir un dictionnaire latin, et il trouva également la signification d'*extrémité*. « Je ne discuterai plus avec Monsieur le Père », disait-il ensuite avec dépit.

On comprend que, dans l'incertitude où nous laisse l'Evangile sur le lieu en question, il n'y ait que la tradition qui puisse nous fixer. Or, la tradition la plus ancienne est en faveur des Latins, et se trouve monumentée par les restes de la chapelle primitive de Notre-Dame de l'Effroi, qui sont conservés, comme je l'ai dit, dans la nouvelle chapelle.

M. Renan, qui a visité ces lieux dans l'esprit que l'on sait, se range naturellement du côté des Grecs. Il a eu cependant, pour le guider dans ses

(1) Saint Luc, chap. IV, 28 31.

excursions à travers la Palestine, le même F. Liévin. Mais M. Renan n'est pas aussi facile à convaincre qu'un évêque schismatique.

De N.-D. de l'Effroi, nous allons à la *Fontaine de la Sainte-Vierge*, à dix minutes de l'Eglise catholique, celle-là même où Marie venait puiser l'eau pour le ménage, de la même manière sans doute que nous voyions en honneur chez les femmes de Nazareth, la cruche sur l'épaule. L'eau y arrive de l'unique source de Nazareth, située tout près, dans l'église des Grecs non unis. Cette église, dite aussi de l'Annonciation, fut bâtie par ces derniers pour accréditer une légende du Protévangile de Jacques, d'après laquelle Marie, puisant de l'eau à cette source, aurait été saluée une première fois par l'archange, en ces termes: « Je vous salue Marie. » Ainsi, disent-ils : « Nous possédons le lieu de l'Annonciation et les Catholiques celui de l'Incarnation. »

Tout près se trouve la *Boutique*, *l'atelier* de Saint Joseph. Il est, selon la coutume, éloigné de la maison d'habitation proprement dite. En Orient, on n'habite pas généralement là où est l'atelier de travail et le magasin de commerce ; ce qu'on appelle les *bazars* ne doit pas être considéré comme le domicile des habitants. La Sainte Famille habitait donc là où se trouve maintenant la basilique de l'Annonciation ; l'atelier où travaillaient Saint Joseph et Jésus qui lui était soumis, était plus haut dans Nazareth.

C'est donc là que l'Homme-Dieu a travaillé pendant les années de son adolescence, et sanctifié par son exemple le travail qui, dans l'humanité régénérée par lui, deviendra le lot des saints, des moines, tandis que dans l'antiquité il était le lot des esclaves.

Saint Justin, qui était originaire de Naplouse et vivait au second siècle de l'ère chrétienne, nous rapporte que N. S. fabriquait des jougs et des bâts pour les fardeaux destinés à être portés par les bêtes de somme ; c'étaient à peu près les seuls objets nécessaires à fournir à une population agricole comme celle de Nazareth.

Ces jougs et ces fardeaux, qui ont été l'occupation de l'adolescence de N. S., ne lui ont-ils pas inspiré plus tard la gracieuse image sous laquelle il nous représente l'obéissance due à sa loi : *Mon joug est doux et mon fardeau est léger ?*

On conçoit que ce lieu, où le travail manuel fut sanctifié par un Dieu, ait été de tout temps l'objet de la plus profonde vénération. Les premiers chrétiens y avaient élevé une assez grande église ; mais celle-ci ayant été ruinée, n'a jamais été rebâtie. Depuis quelques années seulement, les Franciscains ont pu acquérir ce terrain enclavé de maisons musulmanes et y élever une modeste chapelle, sur les quelques ruines encore existantes de l'église primitive. Cette chapelle est habituellement fermée, peut-être était-ce la première fois qu'elle contenait une foule aussi compacte et aussi recueillie.

Les délégués du cercle catholique de Montpellier offrirent alors, au nom de leurs camarades, un *ex-voto*, le premier donné à Jésus ouvrier ; c'était un cœur d'or dans lequel étaient inscrits les noms des membres du cercle.

Les yeux fixés sur le tableau au-dessus du maître-autel et représentant Jésus à l'établi, nous ne pouvions pas ne pas songer à la crise ouvrière.

Dans un autre côté de la ville, à l'Occident, on vénère un quartier de roches que l'on appelle *Mensa Christi*. La procession nous y conduit... Malgré des chemins sales et difficiles, nous chantons toujours les gloires de Marie.

La veille de sa mort, Jésus avait dit à ses apôtres: « Quand je serai ressuscité, je vous précèderai en Galilée. » Nul doute qu'il n'ait réalisé cette parole, et qu'il ne soit venu glorieux à Nazareth, de Galilée, sa patrie. C'est l'écho de la tradition qui indique le lieu même dont nous parlons, comme celui où Notre Seigneur, après sa résurrection, fit un repas avec ses disciples. Le grand bloc de rocher qui lui servit de table alors, fut enfermé, dès les premiers siècles, dans un oratoire dont les Musulmans s'emparèrent. Grâce à Dieu, nous avons pu en recouvrer la possession ; quand il tomba en ruine, les Musulmans consentirent à le céder à ses légitimes possesseurs. Les Franciscains le remplacèrent par une petite chapelle. La plus grande partie du milieu en est occupée par le grand bloc de rocher appelé la *Mensa Christi* ou la *Table du Christ.*

Non loin de là, nous visitons l'*église des Grecs catholiques*, bâtie sur l'emplacement de l'*ancienne synagogue* de Nazareth.

Un souvenir précis de l'Evangile nous y fait méditer plus longtemps que dans les autres sanctuaires. « Jésus, dit Saint Luc, vint à Nazareth; étant entré dans la synagogue, il se leva pour lire. Le livre du prophète Isaïe lui fut donné : c'était précisément le chapitre où sont décrits les caractères du Messie. Quand il en eut donné lecture au peuple et qu'il lui eut dit qu'aujourd'hui cette parole était accomplie, il ajouta, pour condamner son endurcissement : « En vain, je vous ai révélé ces mystères, car nul n'est prophète dans son pays. »

Sur cette parole, les assistants indignés le chassèrent de la ville et songèrent, comme nous l'avons dit en parlant de Notre-Dame de l'Effroi, à le précipiter du haut d'une montagne voisine. Là, comme toujours, Jésus passa au milieu d'eux et s'en alla. Bien des fois ce trait de la vie du Christ s'est reproduit dans la destinée de l'Eglise : au moment où les méchants se croient sûrs de la précipiter dans l'abîme, elle passe au milieu d'eux et leur échappe.

Revenons à notre sujet.

La synagogue où Jésus avait daigné expliquer lui-même une prophétie d'Isaïe, et le terrain qu'elle occupait, subit dans le cours des siècles, des destinations bien diverses. En 1741, un musulman la possédait quand les Pères de Terre Sainte, instruits par la tradition, purent l'acquérir et, dès lors, la parole de Dieu put y être annoncée librement.

A cette époque, il n'y avait encore à Nazareth aucun grec catholique, mais l'année même, les Pères Franciscains, avec la grâce de Dieu, convertirent 121 grecs schismatiques, et quelques années plus tard (1770), ce petit noyau était assez considérable pour nécessiter la création d'une paroisse. Mgr l'Evêque grec de Saint-Jean d'Acre envoya donc à Nazareth l'un de ses prêtres, et un décret de la Congrégation de la Propagande autorisa à disposer de la chapelle appelée toujours la *synagogue*, en faveur du culte grec.

Cette chapelle, dont la voûte est un berceau brisé, est trop vaste pour le nombre de fidèles catholiques grecs ; une partie leur sert d'école.

Il était cinq heures quand nous rentrâmes à la basilique. La pluie ne cessait de tomber, au grand étonnement des Nazaréens qui, de vie d'homme, n'avaient vu autant d'eau à cette saison de l'année. Pour eux, nous étions la cause de cette bénédiction, car ils redoutaient la sécheresse.

Le salut du Saint-Sacrement et la bénédiction de la statue de Saint Pierre (1) terminèrent cette journée.

Nous étions tous bien fatigués et pourtant il nous en coûtait de quitter la basilique de l'Annonciation pour regagner nos tentes. On y respire un parfum qui enivre, c'est celui des mystères dont

(1) Cette statue de Saint Pierre était l'*ex-voto* offert à l'église de Tibériade par le troisième pèlerinage de Pénitence.

la grotte fut l'heureux théâtre ; sous tous les rapports, nous eussions mieux été dans la chapelle. Le *Champ de l'aire* était inondé ; nos tentes étaient inhabitables. Nous dûmes cependant les occuper toute la nuit pour essayer d'y trouver quelque repos.

CHAPITRE VII

LE THABOR

Lundi 5 mai. — Les nuages s'étaient enfuis ; le beau soleil de Palestine inondait la Galilée de ses feux bienfaisants ; une belle journée s'annonçait. Nous nous réjouissions de faire, sous un ciel aussi clément, l'ascension du Thabor.

Dès le réveil, on se rappelle le mystère de la Transfiguration, sans oublier le mystère du Fils de Dieu fait homme à Nazareth. Nous allons prier à la basilique, heureux de penser que le lendemain nous y reviendrons encore ; chacun cherche sa monture et la caravane se déploie. Il fallut pour cette besogne plus de temps que je n'en ai mis à vous le dire. Tout se mêlait et faisait confusion comme au pied du Carmel. C'est seulement à huit heures que nous étions en route.

Nous traversons Nazareth pour gagner le chemin du Thabor ; ce sont d'abord les sentiers difficiles de la montagne, puis seulement la plaine d'Esdrelon. Nous eûmes alors sur Nazareth un coup d'œil magnifique. Ses maisons s'étagent gracieusement en amphithéâtre sur les flancs du Djebel er Sick et lui donnent un air très coquet. Un seul point fait tache..., ce sont les constructions orgueilleuses (Orphelinat, Temple) des protestants, qui voudraient essayer de fixer là leur tente.

Nous marchons, (l'accident d'un de nos compagnons nous rappela Absalon), laissant sur notre droite la patrie de Zébédée, père de Jacques et Jean (Yapha, l'ancienne Japhieh, Josué XIX 13,) et nous pénétrons bientôt dans la plaine d'Esdrelon. Cette plaine, autrefois le grenier de la Syrie, nous l'avions déjà rencontrée sur notre route, entre le Carmel et Nazareth.

Elle a une longueur d'environ 50 kilomètres. Sa fertilité était jadis prodigieuse et le serait encore si une culture sérieuse y était mise en œuvre. Mais comment l'Arabe aurait-il le cœur de cultiver ses champs, puisqu'il sait que plus il aura, plus on lui prendra ?(1) Ses souvenirs héroïques, ses monts fameux, ses larges horizons font de cette plaine la plus intéressante de la Palestine après celle du Jourdain... Que d'armées cette campagne a vues sillonner ses sables arides, depuis Gédéon marchant sur les Philistins jusqu'à Napoléon avec les Mamelucks ! Que de flots de sang ont engraissé ses champs et rougi les flancs de ses montagnes ! Selon l'expression de Mgr Mislin, cette plaine est en vérité le premier champ de bataille du monde.

Bientôt nous voyons s'élever, devant nous, comme un dôme majestueux : C'est le Thabor !

Il se détache nettement des collines voisines et s'avance dans la plaine d'Esdrelon pour former un mamelon isolé, haut de 610 mètres au-dessus de la Méditerranée, de 855 mètres au-dessus du lac de Tibériade.

A ses pieds le petit village de Daburieh (patrie

---

(1) Le P. Ubald (23e soirée) expose le jeu de l'administration turque pour le prélèvement des impôts.

de la prophétesse Débora) rappelle le lieu où demeurèrent ceux des Apôtres que Jésus Christ n'admit point pour être les témoins de sa transfiguration.

«On dit (1) que les monuments les plus grandioses bâtis par la main de l'homme et les plus hauts de l'univers sont les *Pyramides*, destinées par les Egyptiens aux restes mortels de Pharaon. Le Créateur, pour quelques instants de gloire de son Fils pendant sa vie terrestre, éleva un monument et plus grand et plus vaste, qui se dresse fièrement au milieu d'une vaste plaine, entouré d'une large ceinture de montagnes. Immense pyramide du Bon Dieu, piédestal incomparable préparé de tout temps pour la Transfiguration glorieuse de Jésus-Christ, le doigt divin l'avait marqué pour cette heure solennelle ; il a échappé aux bouleversements profonds qui ont ébranlé la terre tant de fois ; point de ravins, point de rochers à pic, point de sommets aigus et tourmentés comme les crêtes des Pyrénées : la main du Créateur en a mollement arrondi les flancs et couronné la tête d'un vaste plateau, semant çà et là, pour cacher la pierre nue, de riches tapis de verdure, de nombreux chênes verts et de petits arbrisseaux. »

Son nom même de *Thabor*, qui signifie *lumière*, dit un vieil auteur, découvre les nobles qualités naturelles et surnaturelles qui le rendent recommandable.

Ce nom de *lumière*, ajoute-t-il, nous veut faire entendre que la montagne est si haut élevée au-dessus des autres, qu'elle est toujours la première éclairée des rayons du soleil, au point qu'il commence à paraître sur l'horizon. Il montre encore en quelque sorte sa beauté, laquelle est confirmée par l'Ecriture. Quand Dieu en effet dit par le prophète Jérémie que Nabuchodonosor viendra en la Judée, *comme le Thabor entre les monta-*

---

(1) Abbé Bédouret.

gnes et le Carmel sur la mer, il veut dire que ce monarque viendra châtier l'idolâtrie de ces peuples et paraîtra avec autant de grandeur, de majesté et de puissance sur ces petits rois de Samarie et de Judée, comme le Thabor est élevé au-dessus des autres montagnes sur lesquelles il semble tenir l'empire, et leur donnera des lois inviolables comme le Carmel gourmande et maîtrise la mer, lui donnant des bornes qu'elle ne peut outrepasser. Mais la principale raison pour laquelle cette montagne a été par anticipation appelée *lumière*, ou plutôt, selon S. Jérôme, *veniat lux*, *que la lumière vienne*, et ce qui la rend plus illustre, c'est qu'elle a servi de trône royal au Fils de Dieu. Et aujourd'hui le Thabor, chez le chrétien comme chez le musulman, est bien, à l'instar du Sinaï, du Garizim et du mont des Oliviers, la *Montagne par excellence.*

Souvent, j'avais entendu comparer le Thabor au ciel..., j'ai pu apprécier la justesse de toute la comparaison, car s'il fait bon y demeurer, il est difficile d'en gravir la cime la plus élevée.

Au bout de trois quarts d'heure d'une ascension déjà pénible, nous rencontrons des escarpements si raides qu'il nous faut mettre pied à terre. Quelques gouttes de pluie vinrent à point... Enfin, nous atteignons le plateau supérieur du mamelon, que le Seigneur semble avoir dressé pour être le piédestal de la gloire de son Fils.

On croit encore entendre les paroles des Apôtres : « Maître, il fait bon ici... Dressons-y trois tentes. » Ne serait-ce point l'écho de ces paroles qui, dans les premiers siècles chrétiens, aurait inspiré l'idée d'édifier les trois basiliques qu'y trouva S. Antonin (IVe siècle) et dont l'une, au moins, avait été bâtie par Sainte Hélène (326). ?

Lamartine et quelques auteurs ont essayé d'attaquer la tradition catholique relative au lieu de la Transfiguration, mais leurs efforts ont été confondus par l'histoire même. Comment, d'ailleurs, un lieu aussi sanctifié aurait-il pu être jamais perdu de vue par les chrétiens? Sainte Hélène, après tant d'autres, y vint en 326. Sainte Paule, Saint Antonin y virent trois églises. Quand Chosroès eut passé par là, on dut y voir des ruines; aux VIIe et VIIIe siècles, en effet, il ne restait plus qu'un seul couvent et une seule église. Viennent les croisés, le Thabor retrouvera sa gloire; trois églises seront bâties sur ses flancs, mais, hélas! le vandalisme en aura vite raison et, au XIIIe siècle, la vénérable montagne sera de nouveau déserte et solitaire.

D'un lieu de prières qu'elle était, elle devint alors ce qu'elle était avant Jésus-Christ, un fort redoutable (1). Ses fortifications sont aujourd'hui démantelées et plus rien n'inspire la terreur.

Toutefois, jusqu'en 1873, on ne put rien faire pour la décoration de cette sainte montagne : un homme y mettait obstacle; depuis qu'il n'est plus, les Pères de Terre Sainte ont commencé à déblayer la principale partie du Thabor et voudraient pouvoir relever les ruines des anciens sanctuaires. Il y a beaucoup à faire, beaucoup d'argent à dépenser...

L'église Saint-Elie a été relevée par les Grecs schismatiques; l'église de Moïse a été remplacée par le modeste couvent des Pères Franciscains.

Les ruines de la basilique de la Transfiguration viennent d'être découvertes.

La messe du pèlerinage fut dite au milieu de ces ruines, sur l'emplacement même de la Transfiguration ; cet emplacement est indiqué par les restes du maître-autel de l'église des Croisés récemment exhumés. Jamais, depuis les croisades, le sang de Jésus, aujourd'hui transfiguré, n'avait coulé en ce lieu. Jamais, non plus, depuis

(1) La plate-forme du Thabor fut successivement employée, dans l'ancienne loi, comme lieu de défense, comme lieu de réunions idolâtriques.

les croisades, la parole de Dieu n'y avait été annoncée...

Le P. Bailly, pour nous exciter à la prière, évoqua le souvenir des trois témoins de la Transfiguration et nous fit voir en Saint Pierre le chef de l'Eglise, en Saint Jean le patron des âmes religieuses, en Saint Jacques le patron des pèlerins... Nous priâmes; mais il faisait chaud et nous étions exténués et affamés.

Encore un effort pourtant avant de déjeuner : en gravissant un tertre près de l'église, on jouit, dit-on, d'un très beau panorama sur toute la Galilée. Nous sommes des premiers à le gravir pour suivre les explications du Frère Liévin. Nul spectacle ne saurait être en effet plus grandiose.

Sans parler des plaines d'Esdrelon et de Jezraël qui déroulent au pied du Thabor leurs larges plis de terrain comme les vagues d'une mer tranquille, on entrevoit au nord le mont des Béatitudes, le lac de Tibériade et dans le fond le grand Hermon couvert de neige. A l'ouest, c'est la chaîne du Carmel qu'on voit s'étendre jusqu'à la mer. A l'est, aux flancs nus et rocheux du petit Hermon, s'étagent comme deux petites oasis entourées d'une fraîche enceinte de figuiers et d'orangers, Sunam et Endor : Sunam où Elisée vint du Carmel pour ressusciter le fils de la Sunamite; Endor où Saül vint consulter la pythonisse. D'un autre côté, on aperçoit Naïm et, au pied du Thabor, on voit couler le Cison qui sillonne la plaine où Débora et Barac défirent Sisara à la tête des Madianites.

Nous sommes ravis, mais nous n'oublions pas le déjeuner.

Devant le couvent, sur la plate-forme de la montagne, un tapis est étendu et, sur ce tapis, des œufs durs, du mouton froid nous sollicitent puissamment; nous nous asseyons par terre et nous mordons à belles dents. La conversation s'anime bien vite et chacun dit ses impressions sur le Thabor et sur la plaine d'Esdrelon.

A deux heures, le signal du départ se fait entendre. Force est à chacun de se lever : une dernière prière à la pauvre chapelle des Fransciscains et en route. S'il était malaisé de monter, il était plus difficile encore de descendre et d'aller retrouver nos montures. A quatre heures pourtant, tout le monde était à cheval et la caravane regagnait la grande route de Nazareth à Tibériade. Nous aimions à jeter un regard en arrière et à contempler le plus longtemps possible ce mont sacré où Jésus avait révélé sa gloire. Sur la route du Thabor à Tibériade, nous eûmes à voir trois choses :

Le *Souk-el-Khan*, marché du Khan ou le marché des marchands : c'était au 15e siècle la halte des caravanes qui vont de Damas en Egypte par terre ; il y a sources et citernes excellentes. En 1587, Senan-Pacha y fit construire un Khan proprement dit : ce sont aujourd'hui deux bâtiments ressemblant à une sorte de forteresse, ils tombent en ruines. Depuis longtemps, il y a là tous les lundis un marché où les bédouins viennent vendre des bestiaux. Nous en avons rencontré qui y venaient probablement pour cela.

Après une heure de chevauchée, à travers des sentiers remplis de blocs de basalte, nous traversons l'*Ouadi Besoum*, la plaine la plus fertile qui se puisse rencontrer ; encore quelques pas et c'est la plaine d'Hattine, puis le *lieu de la multiplication des pains*, puis Tibériade. La plaine d'Hattine qui s'étend du mont des Béatitudes au Thabor (4 lieues) fut le théâtre d'un des plus affreux carnages pendant les croisades.

L'Evangile fait mention de deux multiplications des pains : L'une d'elles eut lieu au pied du mont des Béatitudes ; l'autre à Bethsaïda, au-delà de la mer de Galilée (*Saint Marc VI*). Sainte Hélène, pour conserver l'endroit précis de l'un de ces miracles, (*Saint Mathieu, XV*) celui que nous avons vu, fit placer au pied du mont des Béatitudes douze pierres qu'elle appela les douze trônes des

Apôtres. Sainte Paule s'y rendit... Aucun signe extérieur n'indique aujourd'hui le lieu dudit miracle.

Il était tard quand nous arrivâmes à Tibériade. Nos montures baissaient la tête, moi-même je n'en pouvais plus et pourtant il fallait rester à cheval jusqu'au bout, car les abords de Tibériade étaient très mauvais et il faisait nuit. J'entrai donc à Tibériade, plus préoccupé du repos que j'y prendrais que des émotions dont mon âme serait envahie le lendemain.

CHAPITRE VIII

TIBERIADE, CANA

Mardi 6 mai. — On nous laissa faire la grasse matinée : la nuit fut pourtant impuissante à me reposer entièrement ; je me sentis à mon réveil plus fatigué et incapable de dire la sainte messe. Le docteur me proposa un bain froid ; j'essayai, mais je n'en sortis pas guéri. Toutefois le bonheur que j'éprouvai me fit surmonter la douleur.

Qu'il y a en effet de charmes à contempler ce lac mystérieux dont les flots et le rivage furent témoins de si nombreux miracles ! Je n'ai jamais vu les lacs si vantés de la Suisse, mais je doute qu'ils puissent éveiller dans l'âme autant de sentiments gracieux et profonds que ceux dont nous étions pénétrés. Représentez-vous une belle nappe d'eau mesurant cinq à six lieues de longueur du nord au sud et deux de largeur ; à l'heure où je la contemple, les premiers sourires du soleil viennent s'y jouer comme dans un séduisant miroir, tandis que le versant des montagnes de granit qui l'entourent est encore plongé dans ombre. Quelques barques de pêcheurs sont amarrées au rivage, mais aucune voile ne se promène sur ses ondes, aucun chant de matelots ne vient encore éveiller les échos d'alentour.

Avec ses rives aujourd'hui désertes, si le lac de Génésareth n'a pas l'apparence horrible de la Mer Morte, il n'a pas non plus la physionomie riante et animée que prêtent les touristes aux lacs de Suisse et d'Italie. Toutefois, ilprésente un aspect plein de grandeur qui sied bien aux mystères dont il fut le théâtre (1).

La plaine de Tibériade, elle, a conservé quelque chose de son ancienne beauté, et l'on comprend ce verset du Talmud : « S'il y a un paradis sur la Terre, c'est Génézareth. »

Le lac à lui seul aurait pu nous captiver longtemps, mais nous entendions la cloche qui annonçait la Messe du pèlerinage. Nous nous disposâmes donc à nous diriger vers la ville. Tibériade n'est pas une ville antique. Elle fut fondée l'an 16 avant Jésus-Christ, par Hérode Antipas, qui lui donna le nom de l'empereur Tibère, son protecteur; elle devint bientôt capitale de la Tétrarchie (2) et la cité favorite des Juifs, surtout après la destruction de Jérusalem. Au second siècle, elle fut le siège du Sanhédrin, et c'est d'une de ses écoles que sortit la *Gemara*, vulgairement dite le *Talmud de Jérusalem*.

Jusqu'à Constantin, il était défendu aux chrétiens d'habiter Tibériade. Un juif converti obtint alors de l'empereur la permission de changer un temple en église et, dès le 5e siècle, nous voyons Tibériade érigée en siège épiscopal.

Chosroës, en 614, s'empara de cette ville, et là, comme partout où il passait, fit détruire tous les

(1) Son bassin est alimenté par les eaux du Jourdain (cours supérieur); plusieurs auteurs le considèrent non sans raison comme le cratère éteint d'un volcan.

(1) Elle comptait alors 40,000 habitants. J'omets les revers successifs dont elle fut alors victime.

monuments consacrés à Jésus-Christ ; 22 ans plus tard (636), les bandes du kalife Omar vinrent disperser les quelques chrétiens qui y restaient.

Pendant les Croisades, Tibériade retrouva un peu de son ancienne splendeur. Tancrède, en 1099, en fit la capitale de la principauté de Galilée et Rome y plaça un évêque qui était suffragant de celui de Nazareth. Du 12e siècle jusqu'au milieu du nôtre, Tibériade fut fréquemment éprouvée : sièges, massacres, tremblements de terre ne lui furent pas ménagés. Aujourd'hui encore, ses fortifications portent les traces du tremblement de terre de 1837; sa cidatelle tombe en ruines.

L'intérieur répond à l'extérieur ; autant les abords de la ville sont repoussants, autant et plus les rues sont malpropres. Le Frère Liévin a bien raison de dire que Tibériade est une des plus sales villes que l'on puisse imaginer ; cependant quelques palmiers semés çà et là lui donnent de loin un aspect agréable. Mais, de près, quelle ville ! Il est bien facile de s'y perdre, car on ne voit pas là, comme à Nazareth, beaucoup d'enfants parler français.

L'avenue des bazars n'a rien non plus d'intéressant. On sent que les Juifs ont la supériorité du nombre ; il est d'ailleurs facile de les reconnaître à leur type anémique et à leurs coiffures européennes. Sur une population de 3.500 habitants, on compte 2.500 Juifs, 740 Musulmans, 10 Latins, 350 grecs catholiques.

Avant de pouvoir trouver l'Eglise et l'hospice des Franciscains, nous nous égarâmes plusieurs fois ; nous nous arrêtâmes un instant au pauvre abri qui sert aux Grecs catholiques d'église et d'école et nous parvînmes enfin à retrouver nos compagnons chez les Pères. La messe allait commencer. Nous étions au lieu même où Notre-Seigneur Jésus-Christ établit Saint Pierre chef de l'Eglise, après la pêche miraculeuse. On conçoit le soin qu'eurent les fidèles des premiers siècles d'élever à cet endroit du rivage une basilique magnifique. La papauté est le centre du monde, il était bien juste que fût marqué à tout jamais le lieu de son institution.

L'Eglise actuelle, simple, pour ne pas dire pauvre, n'est pas bien grande ; c'est le reste du sanctuaire élevé par Tancrède (1100) devenu prince de la Galilée. Elle s'embellit chaque année, tellement que ceux qui étaient venus l'année précédente ne la reconnaissaient plus. Nous chantâmes de grand cœur la Messe de Saint Pierre, et en particulier cette parole de Notre-Seigneur : « *Tu es Petrus, et super hanc petram ædificabo Ecclesiam meam.* » Tu es Pierre et sur cette pierre je bâtirai mon Eglise.

Après la messe, nous visitons le couvent; nous voyons l'endroit où aurait dû se faire l'inauguration de la statue de Saint Pierre laissée à Nazareth, et au plus vite descendons par le jardin jusque sur le rivage. Les barques étaient déjà prises ; nous les voyions sillonner les eaux calmes et limpides, il nous semblait voir le Sauveur et ses apôtres aux heures les plus solennelles de sa vie. Et nous attendions... Une barque revient... nous l'escaladons et, fous de bonheur, nous sommes bientôt balancés sur la mer de Galilée. Sans but, nous allons au large, assez pour entrevoir les ruines dont le lac est bordé jusqu'à son embouchure. L'esquif est grossier et mal gréé, son équipage plus grossier encore et pourtant il nous plaît, car il nous rappelle la barque de Saint Pierre.

Nous relisons ensemble la vocation des premiers Apôtres, la Pêche miraculeuse, la Tempête apaisée, le Miracle de Jésus-Christ marchant sur les flots, l'Investiture solennelle de Pierre. Ainsi le temps passait bien vite. Au bout d'une heure, nos rameurs s'arrêtent et semblent vouloir nous laisser là, si nous ne donnons le bakchiche. Nous les menaçons et docilement ils nous font gagner le rivage près de notre campement.

Nous n'avions vu ni tempête, ni pêche, c'est un regret (1). Il n'était pas encore l'heure du déjeuner et les tentes étaient déjà pliées ; nous nous asseyons donc sur le rivage, ne nous lassant pas de contempler ce beau lac, tout radieux des souvenirs de l'Evangile; nous nous plaisons à recueillir quelques coquillages, quelques cailloux polis par les vagues... Nous causons et faisons sur notre guide les excursions qu'il nous sera impossible d'exécuter.

Nous devons quitter Tibériade à deux heures, et nous aurions tant voulu y séjourner afin de longer du Nord au Sud ce lac si mystérieux, car, selon l'expression de Lamartine, « *jadis les bords de la mer de Galilée semblaient porter* « *des villes au lieu de moissons et forêts.* « En remontant vers le Nord, nous aurions vu Medjel, misérable village qui remplace l'ancienne Magdala, patrie de Ste Marie Madeleine ; la montagne et les cavernes d'Arbel, sur laquelle fut inhumée Dina fille de Jacob ; les ruines de Bethsaïda, la ville natale de Saint Pierre, la ville où Jésus fit de nombreux miracles qui ne nous sont pas connus, et enfin Tell-Houm, petite colline couronnée de quelques maisons, sur l'emplacement de l'ancienne Capharnaüm (2).

Souvent, dans le cours de sa vie apostolique, Jésus vint demeurer en cette dernière ville. Il y guérit plusieurs paralytiques (3) et la belle-mère de Saint Pierre, il y enseigna la doctrine de l'Eucharistie, il y commanda à Pierre de pêcher

---

(1) Le Père Ubald donne le récit d'une tempête à laquelle il assista le 16 Avril 1862. Ainsi s'évanouissent les objections des beaux-esprits contre l'invraisemblance des faits évangéliques.

(2) Les pélerins de 1885 visiteront les ruines de ces vieilles cités.

(3) Quiconque connaît le toit des habitations arabes ne trouve rien d'extraordinaire dans la manière dont le paralytique fut descendu pour être présenté à Jésus.

le poisson qui avait 4 dragmes dans la bouche, pour payer l'impôt. (Ce poisson s'appelle aujourd'hui porte-monnaie).

Capharnaüm, selon la prédiction du Sauveur, est maintenant abaissée. Il n'y a plus trace de la splendeur dont les Romains l'avaient entourée ; c'est à peine si, au milieu de ses ruines, on peut signaler d'une manière précise l'emplacement de la maison de la belle-mère de Saint Pierre, qui, au IVe siècle fut recouverte d'une somptueuse basilique.

Plus au nord, c'est Chorozain.

Nous ne pûmes visiter que par la pensée toute cette côte embaumée des souvenirs du Messie et désolée par suite de ses malédictions.

De nombreux indigènes s'arrêtaient à nous contempler au milieu de nos méditations, puis ils continuaient leur marche vers le Sud. Où allaient-ils donc *avec des serviettes* ? Ce sont des baigneurs, nous dit-on, ils vont à vingt minutes de là prendre les eaux thermales. Tibériade a en effet ses bains chauds, que les Arabes mettaient jadis au rang des trois merveilles du monde. J'ai la paresse de m'y rendre bien que, de là, on puisse voir le pays des Géraséniens et les frontières de la Décapole. D'ailleurs la cloche du camp se fait entendre : c'est le déjeuner en plein soleil.

Malgré la fatigue, malgré la chaleur, nous trouvons bon le mouton traditionnel, nous faisons honneur au café pourtant bien épais... et aussitôt à cheval. Malgré toute la peine qu'on eut à se décider, à midi la caravane était en marche. Nous retournions à Nazareth par Cana : Il nous faut donc rejoindre la route au lieu marqué par le miracle de la Multiplication. Nous pouvons nous rendre compte, en plein jour, du chemin que nous avions fait la veille; nous examinons à loisir les murailles crevassées de Tibériade, nous gravissons pendant une heure un sentier assez difficile, et nous arrivons à la bifurcation signalée.

Le mont des Béatitudes est à trois quarts d'heure de là : c'est une colline isolée ne s'élevant guère à plus de 50 mètres au-dessus de la plaine d'Hattine. Les petites caravanes en font l'ascension, nous ne pouvons nous procurer ce plaisir.

L'intrépide L... risque de se perdre, en voulant seul monter jusqu'à son sommet. Tant que nous le pouvons, nous la fixons d'un regard ému, tout en répétant le beau *sermon sur la montagne* et en récitant le *Pater*. Nous ne pouvions pas, hélas! ne point nous rappeler le tragique évènement dont au temps des Croisades (1187) sa cime fut le théâtre.

Jusque-là nous avions eu un soleil de plomb : ses ardeurs furent dès lors tempérées ; des nuages s'élevèrent à l'horizon, le tonnerre gronda... La pluie menaçait... Nous en fûmes pour la peur jusqu'à Loubieh, où se fit la première halte. Loubieh est un village musulman uniquement célèbre par la victoire du général Junot (1799), et très agréable par les frais ombrages de ses oliviers.

Nous voulions voir Cana, et dans notre impatience, nous nous croyions au terme dès qu'une maison se dessinait à l'horizon. A Loubieh, nous étions encore loin... Que les heures sont longues... surtout quand on n'a rien à voir. A mi-chemin nous traversons le (1) *Champ des Epis* près duquel, en un jour de Sabbat, Notre Seigneur affirma sa divinité et vengea les siens du reproche d'impiété (St Mathieu VIII). A cinq heures seulement, nous étions à Cana.

Le long de la route, je me mis à causer avec le prêtre grec qui nous avait accompagnés depuis Caïpha. Cana !! les débuts de la vie publique du Sauveur, l'intervention de Marie dans l'accomplissement de son premier miracle, tout inspire, tout parle au cœur ; le paysage d'ailleurs flatte agréablement la vue. Représentez-vous un petit village sur le versant d'une colline, près d'une source déli-

(I)Au milieu de la route, nous trouvons un squelette de chameau. Les Turcs n'ont pas le courage d'enterrer leurs victimes !

cieuse, au milieu de superbes jardins plantés de figuiers, oliviers... et vous aurez Cana. Le premier monument qu'on rencontre se trouve, d'après la tradition, sur l'emplacement de la maison de Nathanaël (Barthélemy); c'est une mosquée en ruines.

A une cinquantaine de mètres dans le village, se dressent fièrement aujourd'hui une église catholique et un couvent de Franciscains qui sert d'école. L'emplacement de la maison de Simon le Cananéen, où Notre-Seigneur fit son premier miracle est, depuis 1882, aux mains des Chrétiens, qui eurent à cœur de relever ce qu'ils purent de l'église bâtie jadis par Sainte Hélène (1).

Là où fut une fois changée l'eau en vin, la parole

(1) Une découverte bien inattendue vient d'être faite dans les fouilles que M. P. Pâris, membre de l'Ecole d'Athènes, a entreprises à Elatée, en Phocide. Il s'agit du lit de table ou *accubitus* sur lequel Notre-Seigneur était couché aux noces de Cana. C'est une grande pierre en marbre, longue de 2m33, large de 0m64, épaisse de 0m33, elle porte sur une des tranches l'inscription suivante : « *Outos estin o lithos apo Kana tês Galileas, opou to hydor oinon époiésen o Kyrios hémon Jesous Christos*: C'est ici la pierre de Cana en Galilée où Notre-Seigneur Jésus-Christ changea l'eau en vin. » Cette pierre avait été signalée par Antonin de Plaisance, pèlerin de la fin du VIe siècle, qui dit même s'y être étendu et y avoir gravé les noms de ses parents : *Et accubuimus in ipso accubitu, ubi ego indignus parentum meorum nomina scripsi.* M. Ch. Diehl, qui donne, dans le *Bulletin de correspondance hellénique,* un excellent mémoire sur cette découverte, a eu l'idée de chercher ces noms sur la pierre ; il y a découvert dans un coin une inscription gravée à la pointe dont la fin seulement est conservée. On y lit : « *kai tês mêtros mou Ontoninou.* » Ceci a une grande importance, car l'autre inscription est évidemment postérieure à la translation de la pierre, tandis que celle d'Antonin a été gravée à Cana. Elle fixe donc l'identité du monument. Comment est-il venu à Elatée? M. Diehl pense qu'il aura d'abord été transporté de Palestine à Constantinople et qu'il aura été pris par quelque baron latin de la quatrième croisade, pourvu d'un domaine en Phocide.

de Dieu change chaque jour le vin au sang du Sauveur. Des 600 habitants, 150 sont catholiques.

Les six urnes dont parle l'Evangéliste Saint Jean n'ont pu être toutes conservées. Il en reste pourtant deux à Cana dont l'authenticité ne saurait être contestée : elles sont scellées dans le mur de l'église grecque. Je les ai vues moyennant finances et me suis rendu un compte exact de leur forme et de leur capacité ; j'ai vu aussi, dans l'église catholique, les débris d'une urne trouvés dans les décombres de l'ancien sanctuaire.

Plusieurs villes, en France, revendiquent l'honneur de posséder les autres urnes. Ont-elles raison ?

Je remontais à cheval quand un Turc m'appelle pour *changer.* Il avait à la main force menues pièces qu'il voulait troquer contre un Napoléon (louis de 20 fr.). Je me rends à son désir, mais hélas ! mon Napoléon était quelque peu courbé, il n'était pas bon au dire des autres Turcs. Me voici donc assailli de nouveau. Je veux bien en donner un autre, mais celui-ci n'est reçu qu'après vérification. On l'examine sous toutes ses faces, on le fait plusieurs fois tomber à terre. Finalement il est accepté... Pauvres gens d'avoir tant d'avarice et de défiance ! Je les quittai tristement impressionné par ce dernier fait et n'eus pas le cœur de m'arrêter à la belle source de Cana (1).

A trois quarts d'heure de marche, à travers des chemins très accidentés mais agréables, de l'autre côté de Mesched (patrie de Jonas), nous rencontrons la célèbre Fontaine du Cresson. Elle nous rappelait un souvenir des Croisades : le mémorable combat du 1er mai 1187.

Nous n'avons pas le temps de nous y arrêter, car nous sommes encore à près d'une heure de marche de Nazareth ; vue de la colline qui la domine,

(1) La tradition l'indique comme ayant fourni l'eau dont se servit le Divin Maître pour opérer son miracle.

Nazareth, à 8 heures du soir, a je ne sais quel charme enchanteur. Les petites ouvertures de ses habitations trahissent timidement la lumière dont elles sont éclairées, et lui donnent un aspect tout mystérieux.

Que nous sommes heureux de rentrer à Nazareth, de revoir des figures aimables ! c'est un contraste frappant avec Tibériade. Les enfants, Félix et Charles, viennent à notre rencontre et nous saluent comme des frères ; ils viennent avec nous prier à l'église de l'Annonciation et nous conduisent au campement.

Inutile de vous redire ce en quoi consiste la vie sous la tente et pourtant elle devait être pour nous différente des jours précédents. C'était notre tour, de coucher sur la terre nue, car il manquait à la caravane une dizaine de lits : les murmures d'abord ne manquèrent pas. Les plus ingénieux ne se contentèrent pas de murmurer. Ils avisèrent deux matelas et doublèrent ainsi leur coucher. Tout alla bien jusqu'à minuit. Les drogmans songèrent alors à prendre un peu de sommeil. De matelas point. Ils viennent à nous, constater s'il n'y aurait pas eu erreur... et la constatent plaisamment.

On rit, on murmura... On se rendormit par terre.

CHAPITRE IX

NAIM, JEZRAEL

DJENNIM

Mercredi 7 mai. — Décidément, il fallait dire adieu, pour jamais peut-être, à Nazareth.

Personnellement, j'y avais bien souffert, mais j'y avais été heureux. Sans parler des joies saintes éprouvées à la basilique de l'Annonciation, j'avais eu la chance de rencontrer chez les religieuses, une Sézannaise, dont le nom reste gravé dans mon cœur (1).

Le lever, le boute-selle, n'eurent rien d'extraordinaire ; j'allai dire ma messe dans la basilique, et je descendis encore une fois baiser la plaque qui reflète cette inscription : « *Hic verbum caro factum est.* » L'heure s'avançait, il fallait bon gré mal gré songer au départ et aux préparatifs. Adieu donc, sainte Maison de Nazareth, oratoire béni qui fut témoin des plus grandes merveilles.

(1) Cette religieuse (sœur Nitot), qui habite l'Orient depuis plus de vingt ans, est la parente de l'honorable famille Bergère.

Adieu Sanctuaires privilégiés qui conservez si bien les charmants souvenirs de l'enfance de l'Homme-Dieu !

Nos paquets une fois terminés, nos chevaux scellés, nous montâmes, L. et moi, dire au revoir aux Religieuses. Un petit déjeuner nous fut proposé, nous l'acceptâmes sans craindre de nous mettre en retard sur la caravane et, à huit heures et demie, nous rejoignions nos compagnons sur la route de Naïm, les poches remplies d'excellentes provisions.

De Nazareth à Naïm, il y a trois heures de marche. Le chemin est assez plaisant. Il suit la chaîne de montagnes de Nazareth, coupe la plaine d'Esdrelon, traverse le Cison, laissant à gauche le Thabor. Nous y avions encore bien des souvenirs à recueillir. La marche est pénible dans cette vaste plaine et plus ennuyeuse même que dans les montagnes. Mais, quand on s'avance avec le cortège des souvenirs qu'ils évoquent, ces champs, muets aujourd'hui, parlent éloquemment à l'âme. « Il y a, dit judicieusement l'abbé Azaïs, de la grandeur et de la beauté dans cette solitude uniforme; le regard erre sans fin dans ces perspectives lointaines et l'on sent qu'il faut toute la majesté des souvenirs bibliques pour remplir cette immensité. Ici, tout nous dit que nous sommes près de Dieu. Dans les autres contrées, on marche à côté des grands hommes. En Terre Sainte, au contraire, l'homme disparaît, il ne reste que la grande pensée de Dieu ; l'on chemine en quelque sorte à côté de l'Eternel et chaque colline, chaque vallée raconte ses merveilles. »

Tout près de Nazareth, en effet, nous longeons la *colline du Précipice* et, en suivant, nous arrivons sur le champ de bataille de Débora (1285 avant Jésus-Christ). Le roi de Chanaan opprimait Israël. Débora, la prophétesse, ordonna à Barac de rassembler 10.000 hommes sur le Thabor. De son côté, le roi Jabin envoya contre ces soldats improvisés son lieutenant, à la tête d'une armée formidable, mais Dieu ne favorisa pas ses armes... Du haut de la montagne, la petite armée de Débora et de Barac se précipita sur l'ennemi « comme dans un abîme », selon l'expression de l'Ecriture. Et alors le Seigneur jeta une telle épouvante au milieu des chariots, des cavaliers et des soldats chananéens, que tous prirent la fuite à la vue des glaives de Barac : ils furent tous massacrés jusqu'aux derniers et le Cison entraîna leurs cadavres.

« Qu'ainsi périssent tous tes ennemis, ô Jéhovah, « chantait Débora après ce triomphe ; et que « ceux qui t'aiment brillent comme le soleil dans « la splendeur de son lever. »

Nous devions déjeuner à Naïm : nous y arrivâmes vers midi. Ce village, célèbre par la résurrection du fils d'une pauvre veuve, est situé au pied du Petit Hermon et se compose de quelques misérables maisons habitées par une centaine d'individus. Sur le lieu du miracle, sur les ruines d'une ancienne mosquée s'élève aujourd'hui un modeste oratoire : c'est tout ce qu'on put faire pour remplacer l'église des premiers siècles. Un musulman est préposé à la garde de cet oratoire ; un Franciscain de Nazareth vient chaque mois y célébrer les Saints Mystères. Après avoir prié et lu le récit évangélique, bien facile à comprendre quand on sait les usages de l'Orient (1), l'église fut convertie en salle de réfection : des tapis furent étendus et on nous servit le mouton légendaire. Sous une voûte aussi favorable, mieux que sous une toile de tente, il fut loisible à chacun de faire sa sieste; j'aimai mieux pour mon compte aller visiter les huttes voisines et le cheik en particulier. C'est encore un mystère pour

(1) Aujourd'hui encore, quand les Arabes portent leurs morts en terre, le cadavre est simplement déposé sur une litière, la figure découverte ; on comprend que si par un miracle le défunt revenait à la vie, il ne lui serait pas difficile de se lever sur son séant.

moi que la vie des Orientaux dans des bouges aussi infects que ceux où ils résident. Nous aurions voulu courir à Endor où Saül, la veille de la bataille de Gelboé, consulta la Pythonisse ; mais c'était impossible... Les Spirites modernes n'ont-ils pas ressuscité cette funeste coutume d'interroger les morts ?

Une fois à cheval, le Frère Liévin se contenta de nous rappeler le trait de l'Ecriture, puis nous raconta une légende relative au Petit Hermon que nous apercevons toujours, légende expliquant *l'origine des géants*. Adam, nous dit-il, ayant fait connaître aux descendants de Seth (son troisième fils) les délices dont il avait joui dans le Paradis Terrestre, fit naître dans leur cœur le désir de goûter le même bonheur. Pour porter Dieu à leur accorder ce qu'ils désiraient, ils se retirèrent sur le Petit Hermon, où faisant pénitence, ils vécurent en chasteté et dans la crainte du Seigneur. Mais voyant que Dieu ne daignait pas leur adresser la parole, et surtout étant fatigués du célibat, ils descendirent la montagne, traversèrent la plaine et se rendirent non loin du Carmel, dans la terre de Naïd, où Caïn s'était réfugié après son crime et où il avait été tué par Lamech.

Ils y trouvèrent les descendants du fratricide, en épousèrent les filles et eurent les Géants pour postérité.

Au pied sud du Petit Hermon, nous rencontrâmes Soulem, une véritable oasis. Il était quatre heures. C'était vraiment le jour à honorer les résurrections. Après une des nombreuses résurrections du Nouveau Testament, nous allions nous en rappeler une de l'Ancien. Soulem est en effet l'ancienne Sunam, la patrie de la belle Abisag, servante de David, où le prophète Elisée rendit à la vie le fils de la femme qui lui donnait l'hospitalité, chaque fois qu'il venait en cette localité. Le budget des cultes était ainsi compris dans ce temps-là. Le lieu du miracle est soigneusement respecté des Mahométans.

Ces Turcs ont l'air bien pacifique et le sont en effet. Je voudrais voir l'attitude des gens de nos campagnes en face d'une caravane qui laisserait ses chevaux fourrager dans les champs : il y aurait, ce me semble, d'assez vertes représailles. Les gens de Soulem ne sont pas aussi minutieux. A l'entrée de leur village, nous nous étions arrêtés pour permettre à nos drogmans de donner à chaque cheval un numéro (ce qui empêcherait tout échange et obvierait à tout retard). Que faire en attendant ? La prairie est belle, les moissons sont alléchantes, les chevaux sont fatigués et affamés... allez donc, rassasiez-vous, puisque l'usage le tolère. Et ils mangèrent sous les yeux des Sunamites étonnés mais silencieux. De lugubres souvenirs nous attendaient plus loin à 1 heure 30 m. de marche.

Entre les hauteurs de Gelboë et de l'Hermon, le hameau de *Zéraïm* indique à peu près l'emplacement de l'*ancienne Jezraël* qui a donné son nom à toute la plaine. Les crimes et les châtiments de l'impie Achab et de l'infâme Jézabel ont attaché à ces lieux, dit le Père Ubald, je ne sais quel caractère de tristesse et de deuil. Il n'y a plus trace du palais royal, ni de la vigne de Naboth, tant Dieu aime toujours à prendre en main la vengeance des petits et des opprimés et se plaît à briser, quand l'heure est venue, l'orgueil des forts et des oppresseurs. Il est bon de rappeler cette vérité à un siècle qui veut ériger en doctrine le désastreux *principe du fait accompli*, et donner à la force brutale toute la valeur et toute la sainteté du droit. On a beau dire et beau faire, celui qui prend de force une vigne et celui qui usurpe une province ou la maison d'un congréganiste seront toujours deux voleurs.

En face de nous, se dresse fièrement la montagne de Gelboë et à ses pieds coule le fameux torrent de Gédéon. L'une et l'autre ont leur histoire. Gelboë retentit encore du bruit des armes de Saül contre les Philistins, ses échos redisent toujours les accents désolés de David sur la mort de son ami Jonathas.

Le torrent de Gédéon (Aïn Djaloud) reste toujours le monument de l'épreuve à laquelle Dieu parfois soumet ses braves et les défenseurs de ses droits.

A la chute du jour, vers huit heures et demie, nous apercevons une petite ville abritée derrière une ceinture de cactus gigantesques. La coupole de sa mosquée, ses maisons blanches, ses bouquets de palmiers sont enveloppés de ces teintes douces et chatoyantes que produisent en ces climats les derniers rayons du soleil. C'est l'ancienne Engannim : on l'appelait autrefois Ginea, Gilim ou Jemmi, elle est habitée actuellement par 3.000 Musulmans agriculteurs et porte le nom de Djennim. C'est dans cette vallée, d'après la tradition, que Notre Seigneur guérit les dix lépreux. En mémoire de ce miracle, on avait élevé à Djennim une fort belle église que vit encore un pèlerin du XVIe siècle, mais il serait bien difficile d'en retrouver l'emplacement aujourd'hui.

Nous campons tout près du village, sur les bords d'une source qui arrose les jardins d'alentour. Certains disent que ce lieu est malsain, moi je dis qu'il est déjà trop habité pour que les voyageurs puissent y dormir à l'aise. Toute la nuit, en effet, des grenouilles poussent le cri d'alarme comme feraient des propriétaires troublés dans leurs demeures. Nos pierres n'y firent rien, il fallut se résigner à ne point fermer l'œil. Aussi, quand la cloche retentit, nous fûmes des premiers autour de l'autel improvisé où Jésus-Christ allait descendre pour renouveler en faveur de nos âmes le miracle opéré dans cette contrée.

CHAPITRE X

BETHULIE

SEBASTE, NAPLOUSE

Jeudi 8 Mai. — On s'était plaint la veille, au dîner, parmi les pèlerins des 3e et 4e groupes (1), de l'inégalité qui existait entre eux et les premiers. Ceux-ci toujours favorisés de la présence du Frère Liévin qui dirigeait la colonne, ne perdaient aucune des explications; ceux-là n'avaient pas cet avantage. Il fut donc décidé que, dès lors, le premier groupe irait en queue et qu'à tour de rôle les autres iraient en avant.

Le troisième groupe commença : c'était justice. A l'heure où nous montions à cheval, la ville d'Orléans se disposait à célébrer le 455e anniversaire de sa délivrance par Jeanne d'Arc; les dames classées au troisième groupe devaient être ce jour à l'honneur, en mémoire de l'héroïne dont elles renouvelaient pacifiquement le sacrifice.

Le départ eut lieu à six heures après la messe.

(1) Le groupe des pèlerins qui allèrent à Jérusalem par la Samarie avait été divisé en 4 escouades qui, chacune, avait son drogman pour faciliter les relations.

Nous quittions la plaine d'Esdrelon, nous entrions en Samarie. Cette seconde province de Palestine est généralement des plus agréables à parcourir. De nombreux ruisseaux en sillonnent les vallées et procurent au pèlerin un adoucissement bien appréciable au milieu des chaleurs de l'été. Nous n'avons point trop à nous plaindre de la longueur de l'étape : les six heures de cheval furent relativement bien douces. En traversant Kabatieh, nous eûmes, L... et moi, une aventure qui faillit nous coûter cher. Sans nous soucier de ce qu'on nous avait dit sur le caractère fanatique et méchant de ses habitants, nous avions le désir de manger des amandes fraîches, car les jardins sont là très fertiles en amandes, comme en grenades, raisins, figues, etc.

Nous avisons donc un amandier et cueillons quelques-uns de ses fruits. Le propriétaire nous voit, crie : « *Au voleur !* » sans doute, prend un bâton comme pour nous menacer et semble vouloir se faire justice. Nous le laissons crier, menacer. Impatient, il s'approche..., il était temps de fuir..., nous avions goûté ses amandes..., nous le laissons décharger sa bile, et ses cris peut-être nous poursuivent encore. Quand il nous vit rejoindre la caravane, grand dut être son désappointement... Nous ne croyions pas lui faire un si grand tort. Nous nous consolâmes promptement d'avoir ainsi tourmenté ce pauvre homme. A quelques minutes de Kabatieh, nous entrevîmes encore une fois la montagne de Nazareth et la colline du Précipice. Vers huit heures, nous entrions dans la plaine de Sanour et peu après nous nous trouvions en face de l'ancienne Béthulie (Sanour), fièrement assise sur un mamelon aux arêtes vives et sévères.

L'ombre de Judith, la Jeanne d'Arc d'Israël, nous semblait planer au-dessus de ses murailles démantelées ; il nous semblait la voir et l'entendre, la voir tenant entre ses mains la tête d'Holopherne, l'entendre proclamer après la victoire les louanges du Très-Haut : « Louez le Seigneur qui n'abandonne pas ceux qui espèrent en Lui. » C'est là que jadis le Seigneur livra une puissante armée aux mains d'une femme, pour apprendre aux ennemis de Dieu et de son peuple qu'ils ne doivent s'enorgueillir ni de leurs glaives, ni de leurs chars de bataille. Autour et de l'autre côté de Sanour, des ruisseaux, des fontaines se rencontrent à chaque pas : la fraîcheur de cette contrée explique, je crois, la présence des cigognes dont les bandes se levaient sous nos yeux.

Toutefois, nous n'eûmes pas jusqu'à Sébaste l'avantage de trouver des oasis : les chemins raboteux et difficiles à quelque distance de Sébaste nous rappelèrent que nous étions en Samarie. Beaucoup avaient peur sur leurs chevaux et craignaient de rouler dans les abîmes : mon coursier, au pas calme, mais sûr, sut très bien au milieu des hésitations de ses frères gagner du terrain et me faire arriver en tête près du frère Liévin. Je fus donc avec L... un des premiers à Sébaste : nous n'eûmes pas à le regretter.

Le lieu où d'ordinaire campent les caravanes est atroce en plein midi. Les pèlerins peuvent encore, à force de chercher, trouver de l'ombre pour s'abriter, mais là, comme bien souvent ailleurs, les chevaux restent forcément exposés à toutes les ardeurs du soleil ; ces pauvres animaux sont vraiment admirables pour leur résistance à la fatigue. On les bride le matin, à quatre ou cinq heures et, pourvu qu'ils aient à boire pendant la journée, ils marchent jusqu'au soir sans prendre aucune nourriture. On ne leur donne jamais d'avoine ; on les lâche la nuit dans la montagne où ils cherchent leur pâture. Les hommes de ce pays sont eux-mêmes d'une étonnante sobriété ; ainsi nous ne voyons jamais nos mouckres (domestiques) manger ; tout en marchant, ils cueillent certaines plantes connues d'eux seuls qui suffisent à leur nourriture, avec quelques galettes de dourah roulées dans leur tunique. Quant à leur boisson, c'est de l'eau des citernes qu'ils portent dans une jarre en cuir suspendue à leur côté ou à leur selle. Et, chose remarquable, autant ils sont durs pour eux-mêmes, autant ils sont empressés pour les Européens. En voici la preuve :

Nos chevaux une fois placés, nous cherchions un peu d'ombre. Voici un jardin aux figuiers gigantesques..., il est entouré de murailles, mais qu'importe..., nous escaladons la haie et nous voici *sub ficu* comme les patriarches au repos. Déjà nos couvertures étaient étendues quand nous apercevons tout près de nous un vieillard vénérable occupé à des ablutions symboliques et tourné vers l'Orient, pour la prière du midi. C'était un Turc, le cheik de Sébaste.

Qu'allait-il penser de notre audace ? Qu'allait-il dire ou faire ? Il acheva sans distractions sa cérémonie et, le sourire sur les lèvres, vint accomplir à notre égard les lois de l'hospitalité. Il s'assied en face de nous au soleil, marmotant toujours quelques prières, mande un de ses fils ou serviteurs qui s'empresse de chercher nattes, tapis, coussins, eau fraîche, café.

Jugez de notre étonnement devant une semblable réception. Etions-nous donc des princes pour avoir droit à tant d'honneurs ? Notre seul titre d'étrangers, de voyageurs non défiants était, paraît-il, notre seule recommandation. Jusqu'à deux heures, nous profitâmes des largesses du cheick ; plusieurs de nos compagnons vinrent les partager, et le déjeuner fut ainsi très gai.

Que faire au départ pour témoigner à notre hôte notre reconnaissance ? Un drogman nous conseille de lui remettre délicatement un bakchiche en lui serrant la main et, ajoute-t-il, il sera très content. En effet, quand nous fûmes sur le point de remonter à cheval, le vieux cheick se leva pour recevoir nos salutations; nous lui tendîmes la main et lui remîmes un bakchiche.... Dès qu'il le sentit, l'on vit son visage s'épanouir et ses yeux semblaient nous dire : « Vous êtes de bien braves gens. »

Il fallut se quitter, car nous avions à visiter la ville ou mieux les restes de la ville. Samarie, l'ancienne Someron, l'ancienne capitale d'Israël, la ville des idoles, la ville d'Auguste (Sébaste) n'a plus guère aujourd'hui que 300 habitants. Il faut faire un grand effort d'imagination pour voir à la place de ses chaumières et de ses ruines les maisons d'ivoire bâties par les rois d'Israël, ou bien encore les temples, les palais construits par Hérode en l'honneur d'Auguste. « Je ferai de Samarie, avait dit le Prophète, un monceau de pierres dans un champ. » Jérusalem exceptée, il y a peu de villes où, comme à Samarie, on puisse toucher du doigt la divinité des prophéties. Si nous avions à faire une apologie en faveur de l'inspiration des Livres saints, nous aurions beau jeu, mais en voyage on ne discute pas, on voit, on sent, on conclut...

Peu après la résurrection du Sauveur, Sébaste reçut l'Evangile de la bouche de Saint Philippe ; Saint Pierre et Saint Jean vinrent imposer les mains (donner la confirmation) à tous les fidèles de cette église naissante, dont Simon le Magicien faisait partie. Nous traversons à cheval le village et l'emplacement de l'ancienne Samarie : les vestiges des monuments profanes (le temple et le théâtre bâtis par Hérode-le-Grand), les haies de colonnes que nous longeons, tout nous parle de la justice de Dieu. A la sortie du village, d'autres ruines nous reportent à l'époque des croisades : ce sont les restes d'une vaste église que les chevaliers de Saint Jean avaient bâtie sur le tombeau de leur glorieux patron. Le saint Précurseur, après avoir eu la tête tranchée pour avoir osé blâmer l'inceste d'Hérode, avait été enseveli par ses disciples en cet endroit, près des prophètes Abdias et Elisée.

La tradition des premiers siècles, la profanation du quatrième siècle (361), le culte des Musulmans, confirment l'authenticité de ce tombeau. Aujourd'hui, on descend péniblement dans la crypte qui le renfermait par un escalier de vingt et une marches. (Les reliques de saint Jean sont maintenant à Jérusalem entre les mains des Grecs schismatiques). Trois loges funéraires, qui ont laforme de fours à cercueils, sont désignées comme ayant servi à cacher les corps d'Abdias, d'Elisée et de saint Jean.

Cette visite nous prit un temps considérable ; de Sébaste à Sichem il n'y a que deux heures et nous n'y arrivâmes pourtant qu'à la nuit serrée.

A côté des sombres et lugubres témoins de Sébaste se présente, par un curieux contraste, un spectacle délicieux. Un pont aqueduc, des moulins, des cascades, d'agréables ruisseaux, de fertiles jardins, une splendide vallée, tout semble vouloir faire oublier la ville des idoles.

Bientôt nous entrons dans une avenue grandiose et nous sommes aux portes de Sichem : c'est le camp. Les deux prêtres catholiques de Sichem nous souhaitent la bienvenue et nous demandent des nouvelles de France.

A peine descendu de cheval, le Frère Liévin propose aux intrépides de l'accompagner à la Synagogue des Samaritains pour voir le Pentateuque (manuscrit datant de Manassé, 330 avant Jésus-Christ) ; c'était une curiosité que je ne devais pas me refuser, bien que je ne dusse rien y apprendre. Vous serez aussi avancé que moi, quand je vous aurai dit qu'à la porte de la synagogue j'ai entrevu, moyennant un fort bakchiche, une longue bande de parchemin disposée autour de deux baguettes en argent.

Pour arriver devant cette merveille, nous avons traversé les rues les plus infectes qu'il soit possible d'imaginer, rues voûtées, très obscures, très malpropres. Mais n'anticipons pas ; nous sommes attendus pour dîner, nous le sentons trop pour nous laisser distraire par la retraite aux flambeaux que nous rencontrons à notre sortie. A table donc et au lit.

Nous dormions tranquilles, quoiqu'on nous ait dit du fanatisme des Naplousiens : il y a un piquet de gendarmes chargés de veiller sur le camp.

CHAPITRE XI

NAPLOUSE

KHAN EL-LOUBBAN, SENDJIL

Vendredi 9 Mai. — De bonne heure nous étions sur pied, car Naplouse et ses environs ont des richesses qu'on ne peut pas ne point explorer. N'est-ce pas, en effet, dans ce vallon resserré entre les célèbres monts Hébal et Garizim que se passèrent, entre mille autres, une des scènes les plus émouvantes de l'Ancien Testament et l'une des plus grandioses manifestations du Messie? Aussi, voulions-nous lire sur place les deux récits de l'histoire du peuple de Dieu et de l'Evangile. Un brouillard extraordinaire nous cachait l'horizon ; après la messe, c'était le temps d'en profiter. Je me rappelais bien que Moïse avait ordonné à son peuple de renouveler solennellement son alliance avec le Seigneur, lorsqu'il aurait pris possession de la Terre Promise ; mais j'avais oublié le lieu où s'était accomplie cette imposante cérémonie, dite des Bénédictions et des Malédictions. Nous y étions : « Là, tout près, nous dit le Frère Liévin, il y a plus de trois mille ans, Josué rassembla les 12 tribus. Il en plaça 6 sur le Garizim qu'il appela la Montagne de la Bénédiction, six autres sur l'Hébal, qu'il appela la Montagne de Malédiction. Les sacrifices immolés, il fit porter l'Arche entre les deux ; (elles se regardent à une distance de 1200 pas); lui-même se mit auprès, ayant à ses côtés les Juges, les Officiers et les Anciens du peuple. Puis, élevant la voix du côté de Garizim, il appela la bénédiction sur les observateurs de la loi, et les six autres répondirent *Amen*. Ensuite se tournant vers Hébal, il appela les malédictions sur les violateurs de la loi, et les six autres tribus répondirent *Amen*. »

Ce dernier Amen nous glaçait malgré nous ; est-ce que nous n'avions pas sous les yeux l'accomplissement littéral de ces malédictions qui étonnaient jadis les échos de l'Hébal et du Garizim? En vérité, les paroles qui annoncent la dévastation de la Terre Promise, la destruction de la nationalité juive, la dispersion et l'état d'esclavage de ce malheureux peuple au milieu des autres nations semblent moins une prédiction qu'un tableau d'histoire, dit le Père Ubald.

Tout près encore, nous aviens à traverser le champ de Jacob qui, a cette heure, n'a plus que les ruines du tombeau de Joseph et du puits de la Samaritaine. Nous en parlerons quand nous y arriverons.

Ce qu'est aujourd'hui la ville elle-même de Naplouse, je ne saurais trop vous le dépeindre. Mollement assise à l'ombre de ses palmiers, dit un pèlerin, Naplouse ressemble à une sultane endormie au milieu de jardins embaumés sous des berceaux de grenadiers, de citronniers et d'orangers fleuris, au bruit des fontaines qui murmurent à ses pieds et entretiennent dans ce vallon une fraîcheur continuelle. » Examinée dans les détails, Naplouse perd de son charme fascinateur : à part ses deux rues principales, elle n'a rien de mieux que les autres villes de l'Orient. Sa population, aujourd'hui de 18.000 habitants, se compose en majeure partie de Mahométans : on compte pourtant une centaine de Catholiques ayant à leur tête un missionnaire latin (1).

Je vous ai parlé du *Pentateuque Samaritain*, du *grand Sacrificateur*, peut-être vous êtes-vous demandé si vraiment la secte des Juifs schismatiques, dits Samaritains, avait encore une vitalité? Oui, Naplouse semble être leur dernier refuge... 40 familles, voilà tout ce qui reste de cette nation née d'un monstrueux mélange d'idolâtres et de Juifs infidèles à leur Dieu. L'impiété, le schisme engendrés par la volupté ne sauraient avoir longtemps une existence florissante.

Encore un mot d'histoire et nous partons. Sichem est une ville fort ancienne. Depuis le massacre de ses habitants occasionné par Dina, fille de Jacob, elle fut mise plusieurs fois à feu et à sang. Au schisme des 10 tribus, elle devint la capitale du royaume d'Israël ; 8 siècles plus tard, elle reçut l'Evangile de la bouche même du Sauveur, et jusqu'au 7e siècle on voit le nom de ses évêques inscrit aux grands conciles de la chrétienté.

Pendant les Croisades et depuis, sa paix fut souvent tourmentée : peut-être est-ce la raison qui a fait de ses habitants des hommes méchants et soupçonneux.

Le brouillard est levé, nous n'avons rien à voir en ville. Sortons. Il est sept heures.

La caravane, d'ailleurs, s'ébranle et doit se for-

---

(1) Naplouse pourrait facilement être mise en communication directe avec la Méditerranée par le port de Césarée, et redevenir ce qu'elle était, la première étape des pèlerins de Jérusalem. Que les Allemands (puisque naguère le Sultan les en a constituée possesseurs), que les Allemands remettent en état le port de Césarée et l'on ne débarquera plus ni à Caiffa ni à Jaffa. Jaffa surtout y perdra, mais pourquoi son abord est-il aussi dangereux ?

mer bientôt dans la magnifique avenue de Naplouse. Les Lépreux, assez nombreux ici, s'y étaient groupés pour demander le bakchiche. A peine hors de la ville, nous laissons à main droite une magnifique caserne et nous avons devant nous le champ de Jacob. Qui ne se rappelait alors les patriarches et les promesses dont ils avaient été l'objet? Là, Abraham avait dressé ses tentes et Dieu lui était apparu (1921 avant Jésus-Christ); là, Jacob avait campé au retour de la Mésopotamie; là, Joseph était venu d'Hébron chercher ses frères qu'il n'avait trouvés qu'un peu plus loin, à Dothaïm; là, plus tard avait été enseveli Joseph (son tombeau subsiste); là, enfin, près d'un puits creusé par Jacob (1739 avant Jésus-Christ), le Sauveur avait annoncé à une femme de Sichem la transformation de l'humanité (1).

Nous fîmes halte au puits de la Samaritaine; nous contemplâmes les nombreux villages construits au pied et sur les flancs des monts Hébal et Garizim... Puis ce fut une course à travers l'inconnu. Nous étions vraiment à l'étranger *in terra aliena*. De distance en distance, nous rencontrons des villages composés de misérables cahutes en terre, semblables à des fours. De ces bouges obscurs (pour ne point parler des animaux), sortent des hommes, des femmes, des enfants déguenillés

(1) « Ce puits et l'enceinte de ce puits appartiennent aux Grecs, dit un pèlerin de 1885, et il nous faut renoncer à dire la messe sur ce lieu vénéré, qui n'a pas vu le Saint Sacrifice depuis les Croisés. Si nous essayons, nous dit-on, nous nous exposons à des coups de bâton et à des désagréments.

« On a renoncé, quand un soldat turc déclare que c'est terre du Sultan, et nous invite à dresser ici la tente. On ne se le fait pas dire deux fois et bientôt, sous cette tente, le P. Bailly offre cette première messe depuis des siècles. On lit l'Evangile, les monts Hébal et Garizim sont le décor magnifique de ce temple improvisé. Alleluia! »

Nous, pèlerins de l'année précédente, nous n'avions pas eu ce bonheur. Les PP. de l'Assomption inaugurent à chaque pèlerinage quelque cérémonie extraordinaire.

et à la face hébétée. Vous diriez des âmes de boue !

Le long du chemin nous avons des rencontres plus émouvantes encore : des bédouins avec de longues lances, des couteaux à la ceinture et des pistolets aux arçons. Ils semblaient avoir plus peur de nous que nous d'eux. Nous chevauchons ainsi pendant quelques heures sans incident et nous nous trouvons en face d'une tente. C'était la nôtre... il était l'heure du déjeuner.

Pour un repos aussi prolongé que celui dont on voulait nous gratifier, le lieu, avouons-le, n'était guère bien choisi. Khan Loubban, malgré sa source, est un désert insupportable : le rocher nu, pas d'herbe, pas d'ombre... Si nos chevaux eurent à souffrir, nous ne fûmes pas non plus très heureux.

Néanmoins, après la sieste, chacun se remit en gaieté : notre excellent Frère Liévin nous conta une légende sur l'origine des inhumations. « D'après les Turcs, dit-il, c'est près de Jérusalem que Caïn sacrifia Abel à sa jalousie... Mais quand, pour la première fois, il aperçut un cadavre, Caïn afin de s'enlever tout remords se mit à le traîner aussi loin que possible. Arrivé près de Damas, il vit deux corbeaux qui se battaient : l'un des deux succomba à la lutte : l'autre aussitôt pour se défaire de sa victime creusa un trou et l'y déposa. Caïn reconnut dans ce trait un avertissement du ciel, lui aussi il fit une fosse et y inhuma son frère. » *Si non e vero e bené trovato.*

Le Frère Liévin nous explique ensuite ce qu'il pense des nombreux oueli, qui se dressent sur les montagnes de Samarie ; ce serait, selon lui, un peu la continuation du culte secret des idoles sur les *Hauts Lieux*, dont il est parlé dans l'Ecriture.

La perspective d'un campement prochain et confortable nous fait remonter à cheval au premier signal et vers cinq heures nous étions à Sindjil.

Une soirée libre, nous ne savions pas encore quel usage on pouvait en faire sur le sol de la Palestine, habitués que nous étions à n'arriver toujours qu'à la nuit. L'embarras ne fut pas long : les dames disposèrent un autel et l'exercice du Mois de Marie fut fixé pour sept heures. En attendant, nous allons visiter le village, non pas par les rues, mais sur les toits. Ebahissement respectueux des habitants. — Etonnement bruyant des chiens. — Vers sept heures, plusieurs détonations se font entendre : nouveau genre de cloches..., ce sont les revolvers qui annoncent la pieuse réunion...

Pourquoi l'orateur n'emprunta-t-il pas à Silo (nous en étions si près], les idées de son instruction ? Les débuts du jeune Samuel n'auraient-ils pas prêté aux plus belles leçons ?

Les fêtes de l'amitié reconnaissante s'allient bien aux fêtes religieuses, Après notre Mois de Marie, nous eûmes au dîner des surprises inattendues. C'était notre dernier repas sous la tente ; depuis huit jours nous étions servis trop bien par le Frère Liévin et Monsieur de Piélat, pour que notre Directeur n'eût pas songé à les remercier en notre nom. L'échange le plus gracieux de saillies les plus spirituelles donna aux toasts portés alors un attrait bien remarquable : à voir la joie peinte sur tous les visages, nos Turcs riaient aussi, sans comprendre de quoi il s'agissait. Ils savaient pourtant qu'il y avait fête, car les cuisiniers avaient été occupés plus que de coutume, à cause du supplément fait au menu quotidien. Nous nous retirâmes assez tard sous nos tentes comme pour dormir. Mais on comprend quelle couleur doit avoir la nuit qui précède l'entrée à Jérusalem.

« Les Croisés, dit un ancien chroniqueur, ne « purent oncques dormir cette nuit, telle était leur « ardeur de voir la cité qui devait être fin de leur « travail et accomplissement de leur vœu ; moult

« leur tardait que vint le jour et leur semblait
« que cette nuit était beaucoup plus longue que
« les autres. »

CHAPITRE XII

BETHEL

EL-BIREH, RAMALAH, JÉRUSALEM

Samedi 10 mai. — Tout le monde était allègre : les fatigues étaient oubliées... encore quelques heures et l'on verrait Jérusalem. Une espérance qui est sur le point de devenir réalité a sur le cœur de l'homme une puissance magique : elle fait trouver doux les derniers sacrifices, agréables les dernières privations.

Notre espérance, nos vœux en étaient à ce point. De grand cœur, après la messe du matin, nous remontons à cheval ; pendant le déjeuner, le Frère Liévin nous avait raconté une légende concernant l'Eucharistie : « Entre les deux paroisses de Ramalah et de Gifné que nous verrons bientôt, se trouvent, nous dit-il, les ruines d'un ancien village nommé Cheik Youseph. Il est ainsi nommé à cause d'un merveilleux événement dont le récit a été recueilli sur les lieux. Une bataille allait s'engager entre ce village et celui d'El-Bireh (l'ancienne Beeroth de la tribu de Benjamin). Les habitants du pays appartenaient au rite grec. Pour se rendre le ciel favorable, ils demandérent à leur curé de prier pour eux, comme il avait l'habitude de le faire dans son église. Celui-ci commença donc la sainte messe. Des mulsumans assistaient à la cérémonie avec assez de tranquillité, mais lorsque le prêtre en fut à l'immolation, les choses changèrent de face. Chez nous on divise l'hostie en deux en la brisant avec les doigts ; les Grecs ont l'habitude de la partager au moyen d'une petite lance. L'hostie sainte se trouva tout à coup transformée en un bel enfant que le prêtre immolait sous le tranchant de sa lance. Témoins de ce spectacle étrange pour eux, les musulmans saisirent le prêtre et le mirent à mort, de la même manière que celui-ci avait paru le faire au merveilleux enfant. L'ayant tué, ils l'ensevelirent, lui élevèrent un tombeau et plantèrent près de lui un chêne vert que l'on voit encore aujourd'hui en ce lieu nommé Cheik Youseph (le chef Joseph) en mémoire du prêtre et du prodige opéré en ses mains durant le saint sacrifice.

En sortant de Sindgil, la route, belle d'abord devient rocailleuse et difficile. Vers 7 heures nous traversons une vallée qui porte un nom sinistre, *Ouadi Haramich*, (la vallée des brigands). Ce pays a toujours été mal famé puisque le prophète Osée comparait déjà de son temps les prêtres de Galaad aux voleurs qui tuent les voyageurs sur le chemin de Sichem. Les brigands, s'il y en a encore, jugèrent bon de s'effacer à notre passage, et nous ne vîmes que les grottes où probablement ils avaient l'habitude de se cacher. Le chemin jusqu'au village de Yabroud devint de plus en plus mauvais. C'est simplement le lit d'un torrent creusé par les pluies entre deux forêts de figuiers. Çà et là, des bosquets d'oliviers, de figuiers et de grenadiers remplissent les vallées, tandis que les vignes couvrent de leurs festons les coteaux voisins.

Nous le suivons jusqu'à Bethel, sans nous

apercevoir qu'à droite et à gauche, se trouvent plusieurs légendes, souvenirs évangéliques : Taibeh, l'ancienne Ephrem où se retira Jésus après la résurrection de Lazare (1); Gifna d'où se voit la Montagne du Coq. Là, les montagnes d'Ephraïm élèvent leurs cimes capricieuses, comme pour tracer la délimitation de la Judée et de la Samarie. Leur front est nu et dépouillé... les villes et les forêts qui les couronnaient ont disparu suivant la prédiction du prophète Osée.

Nous entrons dans les âpres solitudes de la Judée. Chose remarquable ! à mesure qu'on approche de la cité divine, les sites revêtent une austérité sauvage. La Judée, nous pouvons le dire en y entrant, est complètement couverte de montagnes et l'on y trouve très peu d'endroits susceptibles de culture. Au contraire, plus on avance dans le nord de la Palestine, dit avec raison le Père Ubald « plus la terre semble retrouver un peu de sa joie, de sa fraîcheur, et de sa beauté antique. » Le contraste est en effet frappant : la Judée semble avoir été à jamais maudite du jour où elle but le sang du Sauveur.

Cependant nous arrivions à Béthel... peu s'en fallut que nous passions sans nous y arrêter. Dans le lointain, on avait entrevu Jérusalem... on s'y croyait déjà, on voulait se hâter. Le Frère Liévin calma notre impétuosité et nous engagea à descendre. Nous étions en Judée. Béthel est sans contredit une des plus anciennes villes de la Palestine. Abraham y planta sa tente et y trancha les discussions survenues entre ses pasteurs et les pasteurs de Loth, son neveu (1920 avant Jésus-Christ). Ce lieu autrefois s'appelait Loza (amandier) : ce fut Jacob qui changea son nom, alors que fuyant la colère d'Esaü, il arriva un soir sur ces collines. Il s'étendit sur le sol pour passer la nuit et il mit une pierre sous sa tête en guise d'o-

(1) Jean XI.

reiller. Puis voilà qu'un songe mystérieux se présente à lui pendant son sommeil. Il voit une échelle qui va de la terre au ciel et par laquelle une foule d'anges montent et descendent continuellement. Au haut de l'Echelle il aperçoit le Seigneur qui lui renouvelle la promesse faite à Abraham d'un Messie qui sortira de sa race. Que ce lieu est terrible ! s'écria Jacob à son réveil ; il n'est autre que la maison de Dieu et la porte du Ciel. Aussi appela-t-il ce lieu Béthel qui signifie *maison du Seigneur* ; aussitôt il érigea en forme de monument la pierre sur laquelle il avait reposé sa tête et répandit de l'huile sur elle comme pour la consacrer à Dieu.

Ce lieu mystérieux fut couvert d'une église. Saint Jérôme en garantit l'authenticité. Les Croisés qui la trouvèrent abandonnée la restaurèrent et la dédièrent à Saint Joseph ; aujourd'hui ce ne sont que des ruines dont la majesté contraste encore avec les misérables huttes qui forment le village de Béthel. Recueillis sous la voûte gothique à demi-tombée de cet ancien sanctuaire, nous chantâmes une hymne à Saint Joseph, pour obtenir de ce grand saint la grâce de voir en France nos églises toujours respectées.

En traversant ce village réduit à rien, selon la prophétie d'Amos, le frère Liévin nous rappelle les autres souvenirs évoqués par Béthel. « Ne cherchez pas, nous dit-il, le Chêne des Pleurs sous lequel Rebecca ensevelit sa vieille nourrice, qu'elle avait amenée avec elle de Mésopotamie, ni le palmier sous lequel Débora jugeait Israël entre Rama et Béthel ; ils n'ont pas laissé de rejeton ».... Il nous suffisait de voir évoquer devant nous ces grandes figures de l'Ancien Testament, auxquelles d'ailleurs s'ajoutait celle de Samuel qui chaque année venait à Béthel rendre la justice au peuple.

C'est encore à Béthel que le Seigneur tira une vengeance éclatante d'un outrage fait au prophète

Elisée. Aujourd'hui, comme autrefois, qu'on y prenne garde, quand on attaque une personne portant les livrées du Seigneur, c'est au Seigneur lui-même qu'on s'adresse, et le bras de Dieu n'est pas raccourci.

A une heure de là, nous traversons El Bireh ; ce village (800 musulmans), gracieusement assis sur le penchant d'une colline, est l'ancienne Beroth, patrie des deux chefs de voleurs qui assassinèrent Isboseth, le dernier des fils de Saül. C'est tout près de là qu'au retour des fêtes de Pâques, Marie et Joseph s'aperçurent que leur fils Jésus n'était pas avec eux.

Au moyen-âge, ce village possédait une église gothique dédiée à la Vierge. Ses ruines offrent un véritable intérêt, car le mur nord et les 3 absides sont encore debout.

Dans le but de nous procurer un abri bien utile contre le soleil, nos guides nous firent déjeuner à Ramalah, maison de campagne de Monseigneur le Patriarche latin. L'idée était excellente. Nous eûmes à la cure une très cordiale réception. Ramalah est fort travaillé par le protestantisme. Au milieu des vignes, plusieurs maisons européennes y ont été construites à l'usage du pasteur et des siens... C'est le luxe près de la simplicité du missionnaire catholique. Plusieurs schismatiques sont devenus hérétiques, grâce à l'argent dont ne sont pas avares les ministres de l'Eglise réformée. La mission catholique date de 1857 et compte 250 fidèles.

De Ramalah à Jérusalem, les souvenirs abondent. Chaque pierre rappelle une ville, chaque champ une bataille... Ici, c'est le petit village de Rama, où le prophète Jérémie fut délivré par un général babylonien... puis ce sont les deux Béthoron, célèbres par une pluie de pierres qui tomba sur les Amorrhéens fuyant devant le peuple de Dieu... Les débris à peine visibles de Gabaa...

Nous laissons à droite le tombeau du prophète Samuel, le mont du haut duquel les Croisés, à la vue de Jérusalem, poussaient un cri d'allégresse, et qui pour cela fut surnommé *Mons gaudii*, Mont-Joie ; voici l'ancienne Gabaon, si pleine de souvenirs. C'est là que Josué arrêta le soleil, là qu'eut lieu le célèbre combat des Vaillants, là que Salomon demanda la sagesse. A gauche on aperçoit Anathot, la patrie de Jérémie; El es Soma, l'ancienne Gabaa, aujourd'hui triste village, jadis cité importante, qui vit la scène du Lévite d'Ephraïm. Gabaa est la patrie de Saül, qui y fut sacré roi par Samuel. Voici plus à notre gauche les deux dents de rochers, Rosès et Seneh, dit la Bible, qui furent le théâtre d'un brillant exploit de Jonathas, dont les suites faillirent lui coûter la vie, pour avoir enfreint, sans la connaître, la défense de son père de manger avant la nuit.

C'est sur les hauteurs de Gabaa que la bonne Respha, épouse de Saül, vint s'asseoir au pied du gibet où les Gabaonites avaient crucifié ses fils pour veiller sur leur dépouille : figure attendrissante de la Mère de Jésus, seule, debout au pied de la croix, quand la victime fut abandonnée de tous ; figure non moins attendrissante de l'Eglise qui veille constamment et protège contre les loups et les vautours les âmes de ses enfants.

A 30 minutes, c'est le mont Scopus.

Quelle triste route que les dernières heures de marche qui précèdent l'entrée dans Jérusalem ! « Il est impossible de résister longtemps à l'impression de tristesse et d'horreur que ce paysage inspire. C'est une oppression du cœur et une affliction des yeux. Quand on est au sommet d'une des montagnes, et que l'horizon s'ouvre un instant au regard, on ne voit, aussi loin que la vue peut porter, que des chaînes noirâtres, des cimes coniques ou tronquées, amoncelées les unes sur les autres, et se détachant du bleu cru du firmament ; c'est un labyrinthe sans bornes d'avenues, de montagnes de toutes formes, déchirées, cassées, fendues en morceaux gigantesques, renouées les unes aux autres par des chaînes de collines semblables, avec des ravins sans fond où l'on espère au moins entendre le bruit d'un torrent, mais non, rien ne remue ; ruines d'un monde calciné, ébullition d'une terre en feu, dont les bouillons pétrifiés ont formé ces vagues de terre et de pierre (1) ».

A l'heure où nous le gravissons (samedi 10 mai, 4 h. du soir), le mont Scopus n'était point triste et désolé. Sur sa cime, flottaient les drapeaux de la France, et nos compagnons, arrivés la veille, s'étaient donné là rendez-vous pour venir à notre rencontre.

Le jour où Alexandre-le-Grand fut signalé dans la Ville Sainte, comme s'avançant dans l'intention de poursuivre ses conquêtes, le Grand-Prêtre Jaddus était allé au-devant de lui jusque sur cette montagne. Cette entrevue toute pacifique avait conjuré tout danger, et Alexandre-le-Grand n'eut d'autre soin, en entrant dans Jérusalem, que d'offrir des sacrifices au Seigneur. L'arrivée de notre caravane avait aussi été signalée, une escorte magnifique était venue à notre rencontre. Les chanceliers du Consulat, du Patriarcat, de la Custodie nous attendaient pour nous souhaiter la bienvenue et nous introduire eux-mêmes dans Jérusalem, etc.

Nous n'étions point des conquérants, nous étions des pèlerins ; nous venions uniquement pour voir, pour méditer et pour prier ; aussi quand les délégués de Mgr le Patriarche, du T. R. P. Custode, de notre Consul de France, nous virent approcher, ils n'eurent point au cœur les inquiétudes du Grand-Prêtre. Ils étaient au con-

(1) Lamartine.

traire profondément heureux de revoir la France sur le chemin des Croisés.

Enfin, nous sommes en vue de Jérusalem.

Comme il sonne étrangement ici ce nom de Jérusalem ! écrivait alors un de nos amis ; il me fait tressaillir. Tant de fois on retrouve ce nom dans ses souvenirs d'enfant et d'homme mûr, de jeune clerc et de prêtre, et toujours avec je ne sais quoi de mystérieux et de radieux, d'illuminé et d'embaumé ! Vous prononcez ce nom et vous écoutez les sons lointains de la harpe de David, et vous rêvez de la splendeur opulente de Salomon: fracas des armes, hosannas de victoire, voix inspirées des prophètes, gémissements du peuple captif, acclamations des tribus de retour, ce nom de Jérusalem éveille en l'âme mille échos sacrés, enthousiastes ou touchants. Puis, c'est le Testament nouveau après l'Ancien,les miracles et les gloires de Jésus-Christ, ses humiliaiions et ses douleurs, la Passion et la Résurrection, la tragédie sanglante et l'épopée triomphante. Jérusalem ! Sion ! noms bénis, noms douloureux, noms étranges, faits de gloire et de deuil terrestre et de splendeur céleste, qu'on voit dans ses rêves comme tracés avec du sang et cependant rayonnants d'une divine auréole ; noms prestigieux pour lesquels nos pères ont tiré le glaive et sont tombés en les acclamant toujours ! Au moment où l'on touche à Jérusalem, tous ces souvenirs se réveillent, se mêlent, se confondent et vous font tressaillir. Je vais donc entrer à Jérusalem ! Oh ! mon âme, chantons :« *Lætatus sum in his quæ dicta sunt mihi, in domum Domini ibimus !* »

Quand le pèlerin a entrevu la Ville Sainte, par respect, il met aussitôt pied à terre, se découvre, et laisse déborder de son cœur sa joie, son allégresse.

Nous étions tous depuis quelque temps dans l'admiration ; le *Lætatus sum* était chanté, quand le dernier signal retentit. Aussitôt nous nous rangeons sur deux files et dans le silence de la prière, nous nous approchons de la Ville sainte. Les Cavas nous précèdent ; nos amis qui sont à Jérusalem depuis deux jours, et qui sont venus à notre rencontre, marchent à côté de nos chevaux : c'est déjà une procession magnifique.

Nous arrivons enfin sur le plateau qui domine la ville au nord-ouest, et qui aboutit à la porte de Jaffa. C'est toujours par là que Jérusalem fut assiégée : Sennachérib et Nabuchodonosor, les Romains, les Croisés, les Sarrazins, tous vinrent camper sur ce plateau. La *Sainte-Russie*, qui pose en héritière des Croisades, y a construit un vaste établissement d'où elle épic le moment favorable de descendre dans Jérusalem comme dans sa maison.

Nous étions fiers de pouvoir montrer au Czar que la France se souvenait encore de la ville du Christ.

Notre entrée fut solennelle et vraiment triomphale : drapeau et bannières déployés, nous avançions processionnellement au chant du *Magnificat*. Des flots de peuple, Turcs, Arabes, Juifs, étaient massés sur notre passage.

Lorsque Godefroy de Bouillon entra à Jérusalem, les Musulmans se cachaient, craignant l'épée du vainqueur et maudissant son triomphe. Le 10 Mai 1884, ils se pressaient sur nos pas avec sympathie ; ils semblaient tout heureux de revoir la France qui seule pouvait leur procurer la paix par une vraie civilisation.

Le but de notre Pèlerinage était le *Tombeau du Christ*. Malgré l'heure avancée, nous descendons tous à la Basilique du St Sépulcre ; nous contemplons le Calvaire, la pierre du Saint Tombeau, et déjà nous nous croyons payés des fatigues que nous avons eues en Galilée et en Samarie. (1)

(1) Les caravanes organisées par M. l'abbé Fernique

Nous sommes à Jérusalem pour trois semaines, ce n'est point trop pour recueillir tous les souvenirs, toutes les impressions qu'évoque chacune de ses pierres.

La première partie de mes souvenirs s'arrête ici. La seconde aura pour objet *mon séjour en Judée.*

---

débarquent généralement à Jaffa, se rendant immédiatement à Jérusalem et ne visitent qu'en dernier lieu la Samarie et la Galilée. N'est-il pas préférable d'observer la gradation et de commencer par le moindre pour aller au plus? Quand, au début, on a visité Jérusalem, Bethléem, le Jourdain, on a comme défloré son pèlerinage, on en a cueilli, dès les pemières matinées, les plus belles et les plus odorantes fleurs. L'itinéraire adopté par le Comité du Salut a encore cet avantage qu'il force le pèlerin à se rappeler la vie publique du Sauveur, avant de l'introduire sur le théâtre de sa mort et de sa résurrection.

DEUXIÈME PARTIE

JÉRUSALEM & LA JUDÉE

Deuxième Partie

JÉRUSALEM ET LA JUDÉE

CHAPITRE Ier

JÉRUSALEM : LES DEUX CITÉS

Un jour (600 ans environ avant J.-C.), Dieu donna au prophète Jérémie de considérer Jérusalem, telle qu'elle serait après le crime de ses enfants ; et quand celui-ci voulut esquisser le tableau qui s'était déroulé sous ses yeux, il se déclara impuissant : *Cui comparabo te filia Sion?* A qui te comparerai-je, fille de Sion ? s'écria-t-il. Maintenant que la prophétie est devenue réalité, aucun terme de comparaison ne peut non plus être proposé pour donner de la Ville sainte une idée exacte ; selon la remarque judicieuse d'un pèlerin, un voyageur peut avoir fait le tour du monde, visité Rome, Athènes, Londres, Paris, après tous ces spectacles, Jérusalem l'étonnera.

Jérusalem n'est pas une ville ancienne, ensevelie dans le lierre, encore moins une ville nouvelle, agitée, bruyante. Un grand cercueil tout blanc, des maisons de pierre dans un paysage de pierre, voilà Jérusalem.

Impossible de dire ce qu'on éprouve lorsque

des hauteurs du mont Scopus on contemple, pour la première fois, cette ville qui rappelle des événements et des mystères à effrayer l'imagination.

On raconte que Vespasien et Titus, après avoir ruiné Jérusalem, firent frapper des médailles, portant pour emblème, une femme désolée assise par terre. Cette image est la première impression du pèlerin.

Qu'est devenue cette cité superbe que venait admirer la reine de Saba ? Elle est humiliée jusqu'aux enfers, elle est dévorée. La malédiction de Dieu dessèche autrement que le cheval d'Attila. Aucun jardin ne verdoie sur la colline, aucun oiseau ne vole dans l'air, rien ne sourit, rien ne chante, tout pleure. Cette ville infortunée a perdu ses portes, son enceinte, son temple, son nom même. Ce nom sacré de Jérusalem, si harmonieux, si sublime, qui retentit mille fois dans l'Ecriture, l'Arabe vainqueur l'a remplacé par *El-Kods* (la sainte) :

> Jérusalem, objet de ma douleur,
> Quelle main en un jour t'a ravi tous tes charmes,
> Qui changera mes yeux, en deux sources de larmes ?
> Pour pleurer ton malheur !

L'intérieur de Jérusalem ne console pas de la tristesse extérieure. Les rues sont malpropres et recouvertes d'un pavé si glissant que le plus prudent piéton s'y renverse, car il y a toujours à monter et à descendre. Les maisons sont des masses carrées, fort basses, sans cheminées et sans fenêtres; les rares ouvertures (moucharrabis) qu'on aperçoit sont couvertes de treillis et donnent aux murs un aspect de prison. Pour se dégager de ces antres obscurs, les habitants ont la terrasse, tantôt plate, tantôt voûtée à quatre ou cinq pieds d'élévation ; c'est là qu'on va prendre le frais et qu'on se retire quand on veut être seul ; les Musulmans y vont souvent faire leur prière, les Juifs y dressent les tabernacles à la fête de ce nom ;

un grand nombre y passent la nuit, à l'époque des chaleurs (1).

Jérusalem n'a pas d'industrie. Dans les quartiers populeux, quelques chétives boutiques n'étalent aux yeux que la misère. Tout le commerce consiste dans la vente des objets de piété et des choses les plus nécessaires à la vie. Aussi les rues sont-elles silencieuses et désertes. Les hommes, assis devant leurs portes, les jambes croisées, à l'ombre de méchantes toiles, fument leur pipe et boivent le café; les femmes avec leurs voiles noirs et leurs linceuls blancs, qui les recouvrent de la tête aux pieds, ressemblent absolument à des spectres.

De distance en distance, vous rencontrez de longues files de chameaux, portant des planches, des pierres, de la terre : et de tous côtés des chiens innombrables qui n'appartiennent à personne et se nourrissent dans la rue, où ils passent la nuit. Malheur à vous, si vous mettez le pied sur un seul ! Il appelle les autres et en quelques minutes c'est une émeute à vos trousses (2).

Telle est la physionomie intérieure de cette ville, autrefois la couronne et la gloire du peuple de Dieu, devenue aujourd'hui une ville de mort. Les Juifs n'y viennent guère que pour y mourir. Les Turcs s'y renouvellent perpétuellement et ne semblent y rester que pour garder leur conquête; quant aux chrétiens, ils y dressent une simple tente, et après avoir satisfait leur dévotion, ils se hâtent d'en sortir, craignant d'être enveloppés dans la malédiction qui pèse sur cette ville déicide.

Un poète parle des larmes qu'ont certaines

(1) Tous ces détails nous intéressaient vivement, et nous étions heureux d'avoir sous les yeux la solution de nombreuses difficultés que présente l'Écriture-Sainte.

(2) Ces chiens, à Jérusalem comme à Constantinople, rendent d'immenses services : sans eux les villes seraient bientôt inhabitables à cause de leur saleté.

choses, *sunt lacrymæ rerum.* Jérusalem a plus que des larmes, elle semble étouffer dans ses sanglots.

Une émotion d'un autre genre s'empare du pèlerin, quand, après avoir considéré la ville elle-même, il en considère les habitants.

Lorsque le catholique d'Occident entend nommer la Terre-Sainte, la Ville-Sainte, il se représente parfois un pays de Saints, où règne en souveraine la vérité. Hélas! *les deux cités* dont parle saint Augustin y ont leurs fondements et, au cœur de Jérusalem même, Babylone prospère et domine.

Il nous semble qu'on ne regardera pas comme un hors-d'œuvre un sujet que nous pouvons appeler la plus douloureuse émotion de notre pèlerinage.

La cité du démon embrasse l'immense majorité des habitants de la Terre-Sainte. Sur cinq cent mille âmes, il n'y a que vingt mille catholiques. Tout le reste est musulman, juif, schismatique. Les Musulmans ne sont que sept mille à Jérusalem, mais ils représentent les quatre cinquièmes de la population totale de la Palestine. Ils se composent de plusieurs races très différentes, et même très opposées. L'expression : traiter quelqu'un de Turc à Maure, accuse suffisamment la haine qui subsiste entre l'Arabe proprement dit, appelé Maure en Espagne, Bédouin en Orient, et le Turc.

Le Bédouin, c'est Ismaël, homme fier et sauvage, levant la main contre tous et tous levant la main contre lui : *Ferus homo, manus ejus contra omnes et manus omnium contra eum.* Il vit en tribus, sous des tentes, travaille la terre, garde les troupeaux. On le dit contrebandier, braconnier, voleur, assassin.

Le Turc aime la ville et remplit les fonctions du gouvernement. Il ne cultive guère les lettres, ni les arts, ni les champs. S'il est vrai que le dernier des métiers, c'est de n'en pas avoir, le Turc est le dernier des peuples. La moitié de sa vie se passe sur le pavé. On le voit dans les rues grignoter des concombres et ronger des touffes de légumes, pois, lentilles, etc. En automne, il mange les sauterelles bouillies à la croque-au-sel.

Un goût plus incommode aux pèlerins, c'est celui du bakchiche (pourboire). Non contents de vous rançonner à la porte des Saints-Lieux, les Turcs vous poursuivent partout ; ils vous cajolent, ils vous obsèdent jusqu'à ce qu'ils aient obtenu une piastre. Leurs ancêtres fanatiques prenaient le chrétien au collet, en lui disant : « *Crois ou meurs.* » Eux se roulent à vos pieds, en vous répétant bakchiche ! bakchiche !

On se demande comment un peuple si énervé peut vivre encore. C'est qu'il conserve un fonds religieux. Aussitôt que le muezzin (1) a fait retentir le refrain musulman : « *La ilahè illalah, vè Muhammed recoul allah* », c'est-à-dire : « Il n'y a pas de Dieu si ce n'est Dieu, et Mahomet est l'envoyé de Dieu », les Turcs se mettent en prière. Le vendredi, pas un ne manque à la mosquée. Dans les écoles, on fait chanter aux enfants les versets du Coran et, en certaines villes, lorsqu'un enfant a appris par cœur le Coran tout entier, on le promène par les rues, sur un cheval richement caparaçonné, tenant en main le livre sacré, accompagné de ses parents et condisciples, et précédé de musiciens. Bien plus, les Musulmans honorent et aiment la Sainte Vierge; ils croient à son Immaculée Conception ; ils prient à côté de toutes les fontaines où elle a bu. Ils respectent Jésus comme un grand prophète. Ils sont même dévots à plusieurs Saints. Ainsi il n'est pas rare de rencontrer des

---

(1) Jeune homme qui, trois fois le jour, du haut du minaret, appelle les musulmans à la prière. — Les derviches sont comme les moines de l'Islamisme. (Voir P. Ubald, 17me soirée.)

petits enfants musulmans, vêtus en franciscains, à la suite de quelque vœu fait à saint Antoine. Voilà le grain de sel qui retarde la décomposition finale.

Les Juifs doivent à d'autres causes que personne n'ignore la perpétuité de leur existence. Ils sont douze mille à Jérusalem et vingt-cinq mille dans toute la Palestine. Divisés en une multitude de sectes, ils n'ont plus ni roi, ni autel, ni temple. Le Messie, ils le prennent où ils le trouvent, c'est-à-dire que la plupart ont cessé d'y croire. Comme les dieux dont parle Baruch, la poussière de la terre leur couvre les yeux, *oculi eorum pleni sunt pulvere*. Faut-il qu'ils soient aveugles pour ne pas reconnaître leur malédiction, à la lecture de cette Bible dont chaque page les condamne, en face de cette ville désolée, à la vue de cette terre frappée de stérilité ; ils font pitié. Relégués et entassés dans la partie occidentale du mont Sion où la malpropreté et les fièvres les déciment, ils en descendent tous les vendredis pour aller pleurer. Autrefois, ils devaient acheter au poids de l'or la permission d'aller, un jour de l'année, oindre d'huile et inonder de larmes la pierre sacrée de Jacob, qui était au milieu du temple ; maintenant ils accomplissent cette cérémonie tous les vendredis, sur un pan de mur qu'ils regardent comme ayant appartenu au temple de Salomon. Ils embrassent ces pierres muettes, ils se prosternent sur le pavé, ils touchent ces ruines de leur front, ils lisent des litanies, des psaumes, des lamentations, et gémissent, en répétant ce cri de douleur : « *Combien de temps encore, ô mon Dieu* » !

L'indignation qu'on éprouvait pour ce peuple déicide fait place à l'attendrissement ; les larmes viennent aux yeux, et on prie le Seigneur d'avoir pitié de ces enfants égarés qui l'invoquent du fond de l'abîme de leur endurcissement.

Outre les Juifs et les Musulmans, la cité de

l'erreur renferme trente mille Schismatiques, dont trois mille à Jérusalem. Saint Paul a dit : *Oportet hæreses esse* (il faut qu'il y ait des hérésies). Terrible *oportet !* On sait que le schisme des Grecs en Orient est né de la question de la procession du Saint-Esprit, soulevée en 808, entre les moines des Oliviers et les moines de Saint-Sabas. Cette division à jamais regrettable a amené la perte des Saints-Lieux. Si les Grecs, pendant les Croisades avaient fait cause commune avec les Latins, les Chrétiens seraient demeurés maîtres de la Palestine, et les Turcs n'auraient jamais renversé l'empire de Byzance ; mais les Grecs convoitaient eux-mêmes les Saints-Lieux et ils comptaient les obtenir de l'amitié des Turcs.

Ils disposaient, d'ailleurs, d'un moyen infaillible : l'argent. Bossuet dit de Louis XIV qu'il ne voulait que voir la raison pour s'y soumettre. La Thémis de Stamboul, pour voir clair, a besoin d'argent. Elle n'a jamais demandé aux Grecs de présenter leurs titres divins, ni de montrer le Sinaï d'où ils descendent. Il ne s'agit pas, à son tribunal, d'avoir des droits, mais de donner de l'argent (1). Les bons comptes font les bons amis. Les Grecs ont obtenu à peu près tout ce qu'ils ont demandé.

Lorsque l'argent n'a pas suffi, ils ont su employer les petits moyens, les finesses, les intrigues, les calomnies, les trahisons, les guet-à-pens, comme s'ils tenaient à ne pas faire mentir l'adage : *Græca fides, nulla fides.*

On les a même accusés (et l'accusation ne semble, hélas ! que trop fondée !) d'avoir, au Saint-Sépulcre et à Bethléem, employé le procédé des voleurs qui, pour s'emparer de la caisse, mettent le feu à la maison. Une tactique qu'ils avouent,

---

(1) Cette justice est ancienne en Orient. Les *Actes des apôtres* nous montrent le gouverneur de Césarée, Félix, retenant saint Paul en prison, dans l'espoir de lui extorquer des écus, *sperans quod pecunia ei daretur a Paulo.*

c'est de gratter là où ils veulent démolir, pour acheter ensuite, à l'occasion, le droit de rebâtir. Ainsi, ils ont gratté les monuments des rois latins, jusqu'à ce qu'ils aient pu les faire disparaître; la coupole du Saint-Sépulcre, jusqu'à ce qu'ils aient pu la jeter à bas ; l'étoile de la grotte de Bethléem, jusqu'à ce qu'ils aient pu l'enlever. Devant ces injustices criantes, les Catholiques réclament, les Pachas demandent des explications, le Sultan ordonne des enquêtes, en fin de compte l'argent couvre tout.

Le comble, l'inoui, c'est que les Grecs ne rougissent pas de leurs procédés, ils s'en glorifient au contraire. Loin de masquer leurs projets, ils affichent leur intention de tout prendre. Leur maxime est : *Quod libet licet*, cela me plaît, donc cela m'est permis. Ils ne se contentent plus de vouloir partager, ils entendent qu'on leur laisse le champ libre : la maison est à eux, c'est à nous d'en sortir.

On comprend après cela cette parole amère d'un grand écrivain : « Les Turcs ne sont pas chrétiens, c'est vrai, mais du moins ils ne sont pas Grecs. »

A Jérusalem et dans quelques autres villes de la Palestine se trouvent des Schismatiques arméniens. Ils font meilleure impression que les Grecs. Lorsqu'il s'agit de nuire aux catholiques, ils jouent parties liées, mais les deux courants ne coulent pas dans le même lit. Les Arméniens sont plus pieux, plus honnêtes, ils se convertissent en grand nombre : le point sur lequel ils s'écartent de la doctrine catholique est le Mystère de l'Incarnation. Les Arméniens professent avec Eutychès qu'en J.-C. il y n'a qu'une seule nature.

Le schisme compte encore à Jérusalem 130 Cophtes qui ont un évêque et une petite chapelle contiguë au Saint-Sépulcre, quelques Ethiopiens et quelques Syriens.

Un dernier ennemi se glisse à Jérusalem, *le*

protestantisme, en apparence pour convertir les Juifs, en réalité pour faire apostasier les catholiques. Afin de les séduire, il a pris le manteau de la charité et il s'est présenté avec un temple de deux millions, un hôpital, une école et beaucoup d'argent.

Mais détournons nos regards de cette Babylone apostate et ennemie de Jésus, pour considérer la vraie Jérusalem, la *cité de Dieu*.

La diversité des religions scandalise l'esprit léger et il devient sceptique ; un esprit réfléchi, au contraire, découvre dans cette opposition les caprices de la pensée humaine contre la vérité immuable, et il conclut avec Pascal ; « Je vois plusieurs religions contraires, par conséquent toutes sont fausses excepté une. »

Cette unique religion se reconnaît, à Jérusalem, facilement. Comme nombre, elle est imperceptible. Sur une population de vingt-cinq mille âmes, il n'y a pas deux mille catholiques. Mais, de même que dans une vaste nécropole, quelques hommes qui se promènent entre les tombeaux personnifient toute la vie, ainsi à Jérusalem le petit troupeau de catholiques manifeste seul par ses œuvres la vérité.

Pendant six siècles, les Franciscains, glorieusement surnommés Pères de Terre Sainte, ont presque exclusivement représenté l'Eglise en Palestine. Leur histoire est peut-être la plus belle page du livre des missions.

Lorsque le royaume chrétien de Jérusalem tomba, en 1291, l'Eglise d'Orient faillit crouler avec lui. Dans la prévision de ce malheur, Saint François d'Assise avait amené à Jérusalem douze pauvres moines qui sauvèrent tout. On les massacra jusqu'au dernier. Mais les grandes œuvres se fécondent dans le sang ; d'autres vinrent à leur place, ils obtinrent une demeure sur le mont Sion, à côté du Cénacle, et périrent à leur tour. Leurs successeurs parvinrent jusqu'au Saint Sépulcre. Peu à peu, moyennant le double tribut de l'or et du sang, ils devinrent possesseurs de tous les Saints-Lieux. Lorsque leurs titres furent contestés, les rois de France intervinrent et firent reconnaître à la Porte, par des traités ou firmans, au nombre de neuf cents, les droits absolus des Franciscains.

Mais que valent les traités et la foi jurée pour certains gouvernements ? Ce n'est pas seulement à Tibère que s'applique la parole de Tacite : « *Auferre, rapere imperium appellant*, voler, piller, voilà ce qu'on appelle gouverner. » Il faudrait des volumes pour énumérer les concussions inouies dont les pauvres Franciscains ont été victimes. Après leur avoir octroyé les sanctuaires à des prix exorbitants, on les leur reprenait pour les leur revendre, deux, trois, quatre fois. Souvent même on refusait de revendre, afin de les donner aux Grecs, ou d'y mettre ceux-ci de moitié. Les Franciscains se jetaient alors résolument en travers des profanateurs ; leur sang coulait ; ils en appelaient à l'Europe, mais les réclamations venaient expirer sur le fait accompli.

D'ordinaire, celui qui ne peut rien se lasse de vouloir ; les Franciscains, au contraire, redoublaient d'ardeur avec leur impuissance. Toujours rebutés, jamais découragés, ils ont ainsi défendu pied à pied le terrain sacré pendant six cents ans.

Enfin l'immortel Pie IX, dès le commencement de son pontificat, tourna ses regards vers l'Eglise si désolée de Jérusalem, et pour faire face à tant d'ennemis, rétablit le patriarchat. Cette restauration a élevé le catholicisme sur un piédestal où il apparaît aux yeux des infidèles plus beau et plus fort. Un patriarche possède un crédit, une autorité, des ressources que n'obtiendront jamais de simples moines.

Mgr Valerga, à peine entré dans Jérusalem (janvier 1848) donne le branle à toutes les œuvres. Il appelle d'abord des religieuses. En Orient, ce n'est que par les femmes qu'on peut atteindre la famille.

Le diocèse d'Albi eut la gloire d'envoyer aux Saints-Lieux le premier ordre de femmes qu'on y ait vu depuis les croisades, les sœurs de Saint-Joseph de l'Apparition, institut fondé à Gaillac en 1833 par Mlle Emélie de Vialat. Elles s'établirent en 1848 à Jérusalem, sous la direction de sœur Emélie Julia, de Gaillac, compagne de la fondatrice et seconde supérieure générale, puis à Jaffa, à Bethléem, à Ramleh, où elles dirigent des écoles très nombreuses, tiennent des hôpitaux, des dispensaires, visitent les malades à domicile, etc.

A leur suite arrivèrent, en 1856, les Dames de Sion, conduites par le Père Alphonse-Marie, de Ratisbonne (Juif converti). Elles achetèrent à un prix inouï l'emplacement de l'*Ecce homo*, le lieu même où le peuple déicide a crié : « *Sanguis ejus super nos et super filios nostros*, que son sang retombe sur nous et sur nos enfants ! » C'est là qu'elles ont ouvert un pensionnat et qu'elles poursuivent, avec une ardeur admirable, leur œuvre d'expiation et de civilisation chrétienne.

Les dames de Nazareth s'étaient établies à Nazareth en 1854, puis à Caïpha et à Chefa-Amr. Elles y dirigent couvents, écoles, orphelinats. Les sœurs du Rosaire ont une maison à Jérusalem ; les Tertiaires Franciscaines deux : l'une à Jérusalem, l'autre à Jaffa. En 1875, les Carmélites vinrent sur la montagne même des Oliviers, puis à Bethléem, seconder avec les armes de la prière et de l'immolation les travaux de ces vaillantes ouvrières de Jésus. A cette heure (mars 1886), les sœurs de Saint-Vincent-de-Paul s'installent à Jérusalem où elles ouvriront un hospice d'incurables. Merci à

Dieu d'avoir, en si peu d'années, si bien doté la Palestine. Les sœurs sont l'*alphabet du christianisme.* On ne peut les voir longtemps sans entendre bientôt toute la langue.

Une œuvre plus importante encore attirait la sollicitude du patriarche, la formation d'un clergé indigène. Mgr Valerga, durant sa longue carrière de missionnaire dans le Levant, avait compris ce que Léon XIII vient de déclarer lui-même : « Qu'il faut songer à convertir l'Orient par des hommes nés en Orient. » De là la création du petit et du grand séminaire de Beit-Djala, près Bethléem.

D'autre part, les Missionnaires de Notre-Dame d'Afrique viennent de fonder, à Sainte-Anne de Jérusalem, une école apostolique pour les Grecs-Unis. Elle compte déjà une trentaine d'élèves, vifs, ardents, intelligents, pleins de ressources.

Ce sont là deux belles pépinières d'apôtres qui donnent les plus grandes espérances pour un avenir prochain. Ces prêtres arabes, répandus au milieu de leurs compatriotes, dans la Palestine, la Syrie, l'Asie-Mineure, en convertiront infailliblement un grand nombre ; témoins les succès des premiers élèves de Beit-Djala, qui ont déjà fondé des missions et des paroisses très florissantes.

De ce nombre sont bien les missions de la région d'au-delà du Jourdain appelée Troisième Palestine. J'emprunte pour exemple à un correspondant de l'*Univers* (18 janvier 1886), le récit d'une de ces fondations :

A 4 kilomètres d'Erbedt, l'antique Arbella de la Décapole, est situé un village qui s'appelle Hosson ; il compte environ 2.000 habitants qui, pour la moitié sont chrétiens et suivent le rite grec schismatique. Depuis plus de deux ans ces chrétiens de Hosson demandaient un missionnaire à Mgr le Patriarche latin de Jérusalem. L'an passé (1885), ils vinrent le trouver à Nazareth pendant sa tournée pastorale et le conjurèrent d'exaucer enfin leur vœu. Mgr Bracco les reçut avec sa bonté ordinaire et les encouragea à persévérer dans leur bon désir d'embrasser le catholicisme. Son Excellence insista cependant, comme c'était son devoir, sur la convenance pour eux de se convertir au catholicisme sans changer de rite — Vous appartenez au rite grec, leur dit-elle, appelez un prêtre catholique de ce rite et vous rentrerez dans le giron de la sainte Eglise ; vous pouvez, pour cela, vous adresser directement au patriarche ou bien à Mgr l'évêque d'Acre. Si vous le désirez, j'appuierai votre demande. — Nous vous remercions, Monseigneur, de votre bonne volonté ; mais ce n'est pas ce que nous voulons. Les grecs catholiques ne font pas notre affaire ; plutôt que de nous unir à eux, nous resterions ce que nous sommes, si votre Béatitude refusait de nous recevoir dans l'Eglise latine. Ce fut en vain que Mgr Bracco s'efforça de les persuader, ils persistèrent, et leur dernier mot fut celui-ci : Nous serons latins, ou bien nous resterons ce que nous sommes.

Cependant, de retour à Jérusalem, Mgr le patriarche prit à cœur d'avertir le Vicaire du patriarche grec catholique résidant en cette ville. Celui-ci s'empressa de porter le fait à la connaissance de son supérieur hiérarchique, et sans retard l'évêque du Hauran reçut l'ordre d'envoyer à Hosson quelqu'un des siens pour persuader à ces chrétiens de passer au catholicisme sans changer leur rite. En vertu de cet ordre, l'évêque du Hauran envoya à Hosson un de ses prêtres, accompagné de deux laïques des notables de sa nation. Ceux-ci ne négligèrent aucun argument pour convaincre les Hossonites de la nécessité de conserver le rite oriental, mais ils ne purent obtenir d'autre réponse que celle-ci : Notre dessein est bien mûri et bien arrêté, nous voulons nous donner au patriarche latin ; rien au monde ne nous fera changer de résolution ; pas besoin d'autre ambassade, elle resterait aussi inutile que la vôtre, dites-le bien à celui qui vous a envoyés.

Cependant, ils continuaient à écrire au patriarche latin pour le presser d'accéder enfin à leurs désirs. Celui-ci leur répétait toujours la réponse qu'il leur avait donnée à Nazareth. Mais enfin, tremblant pour la perte de ces âmes, il résolut de leur envoyer un missionnaire.

Pendant ces négociations, qui durèrent environ un an, le patriarche grec schismatique, averti par les siens, ne resta point les bras croisés. Mgr Nicodème est un homme d'action ; bien différent de ses prédécesseurs, il s'occupe activement de son troupeau, et prend à cœur la charge de le maintenir intact, enchaîné dans les liens du schisme. Il ne pouvait donc rester indifférent à ce qui se passait. Une lettre autographe fut tout d'abord expédiée à Hosson. Cette épitre, commencée par une effusion de tendresse extraordinaire, se terminait par les menaces et par les plus formidables malédictions. La lettre patriarcale tomba dans le vide. Une ambassade la suivit : les ambassadeurs étaient des personnes choisies dans le clergé et parmi les notables. Les plus grands efforts d'éloquence de ces personnages trouvèrent nos Hossonites inébranlables. — Nous vous bâtirons une belle église, nos employés près le gouvernement à Erbedt et à Damas prendront vigoureusement en main vos affaires, vous serez énergiquement protégés, etc., etc. — Nous avons souvent entendu pareilles promesses, répondirent les Hossonites; elles ne se sont jamais réalisées ; nous savons à quoi nous en tenir. Transmettez nos remerciements au patriarche qui vous a envoyés, et dites-lui que dorénavant nous pouvons nous passer de lui.

Les protestants, qui, depuis environ dix ans, sont établis à Hosson, se réjouissaient grandement de cet état de choses, et en suivaient le mouvement avec intérêt, se promettant bien d'attirer dans leurs lacets ces pauvres gens que le patriarche latin hésitait à satisfaire et qui ne voulaient point se donner aux grecs melchistes, ni rester sous la houlette détestée du grec schismatique. Leur espoir fut déçu ; Mgr Bracco, ému de tant de constance de la part de ces bonnes gens, ainsi que du danger que couraient leurs âmes, après avoir épuisé tous les moyens pour leur faire accepter un prêtre grec, se décida enfin à leur envoyer deux missionnaires latins. Ils partirent de Jérusalem la semaine de Pâques (1885). Les pluies les arrêtèrent longtemps en chemin, et ce ne fut que le 20 avril qu'ils arrivèrent dans cette localité, escortés par plusieurs des principaux chrétiens qui étaient venus les chercher à Nazareth. La mission latine de Hosson était fondée.

Au bout de quinze jours, voici comment le supérieur en rendit compte dans une lettre adressée au patriarcat : « Nos chrétiens de Hosson ont fait leur « possible pour solenniser notre arrivée au milieu « d'eux. Ils sont venus nous attendre, qui à che« val, qui à pied, à une grande distance du vil« lage. Nous sommes descendus chez le chef « Aïssa-el-Abdallah, et toute cette foule a envahi « la maison et soupé avec nous aux dépens de cet « homme extraordinairement généreux. Cepen« dant chacun des principaux de nos néophytes a « tenu à honneur d'égorger à tour de rôle le mou« ton traditionnel, et il nous a fallu subir cette « cérémonie tous les soirs, tantôt chez l'un, « tantôt chez l'autre de nos futurs catholiques ; un « refus les aurait blessés, et nous avons cru devoir « nous soumettre à cette épreuve pour le bien de « la mission.

« Pendant ce temps, nous avons affermé deux « maisons, dont une a été immédiatement con« vertie en chapelle provisoire. Nous l'avons « couronnée d'une petite niche où nous avons « placé notre cloche, dont les premiers sons ont « émerveillé le pays tout entier. Ni les schisma-

« tiques ni même les protestants n'avaient encore « osé sonner la cloche dans ce pays toujours « imbu du fanatisme musulman, et nous ne « sommes pas sans appréhension pour la nôtre, « surtout à cause de la jalousie de nos frères en « religion. »

Telle est, entre mille autres, l'œuvre du clergé indigène et son action sur les chrétiens égarés de l'Orient.

Les Pères de Sion et les frères de la Doctrine chrétienne n'aideront pas peu de leur côté à cette régénération de l'Orient. Les premiers dirigent, à Jérusalem, un orphelinat de garçons et une école d'arts et métiers. Les seconds, qui ne datent que d'hier dans la Ville-Sainte, possèdent un magnifique établissement où affluent les enfants de toutes les religions. Quant aux Franciscains, leurs œuvres sont innombrables. Ils conservent et défendent les Saints-Lieux, pourvoient aux missions, donnent l'hospitalité aux pèlerins. A Jérusalem, ils sont tout à la fois gardiens du St-Sépulcre, missionnaires, curés, médecins, pharmaciens, hospitaliers, et tous leurs services sont absolument gratuits. La plupart des écoles de garçons et de filles sont à leur charge, ainsi que les ouvroirs et les établissements pour les jeunes apprentis. Bien plus, leur charité subvient à tous les besoins temporels des fidèles presque tous indigents, donne le pain, paye les loyers, fournit la dot et le trousseau des jeunes filles, assiste

(1) L'argent est, en effet, leur grand moyen d'apostolat. « On annonce, écrivait le missionnaire d'Hosson dont nous avons donné plus haut le récit, une visite imminente d'un évêque grec schismatique envoyé par le patriarche de Jérusalem. S'il faut en croire la renommée, le but de ce voyage serait précisément de paralyser celui du nôtre. Le prélat viendrait en grande pompe pour affirmer le prestige du patriarche grec, et il serait porteur de précieux cadeaux destinés à corrompre les principaux néo-catholiques et des plus brillantes promesses pour le gros de la population. »

les veuves, recueille les orphelins, etc., etc.

A côté de ces charges immenses, il faut nécessairement des ressources. Ici la plaie d'argent serait mortelle. Or, la mission de Terre-Sainte n'a, pour se soutenir, que les aumônes de la chrétienté et une légère subvention de la Propagande. Tandis que les patriarches, grec et arménien, sont richement dotés (1), le patriarche de la vraie religion se trouve dans le dénûment. Aussi le Saint-Père a-t-il ordonné, dans tous les diocèses, et les évêques recommandent-ils instamment, chaque année, une quête, le Vendredi-Saint, pour les œuvres de Terre-Sainte.

Quel que soit le prix de la liberté, dit Pierre de Blois, *il faut savoir le payer.* A plus forte raison, lorsqu'il s'agit de la liberté de Jésus et de son Eglise. Ne sommes-nous point les fils des Croisés et les continuateurs d'office de leur entreprise ? Ah ! si la France catholique donnait pour cette mission de Jérusalem comme l'Angleterre protestante, le Croissant disparaîtrait bientôt de la Terre-Sainte, et la croix y brillerait de tout son éclat.

La générosité des catholiques français, lors des grands pèlerinages, jointe à leur piété, faisait dire à un agent diplomatique que le premier pèlerinage avait obtenu un plus grand résultat que trente années de mission : témoignage confirmé par le R P. de Ratisbonne, dans ses annales de N.-D. de Sion (juin 1882) : « L'impression produite sur les Orientaux est profonde ; elle peut avoir d'immenses conséquences. Le pèlerinage, a non seulement rehaussé l'idée de chrétiens en général, mais rendu aux catholiques force et courage, et relevé beaucoup la France aux yeux des Musulmans. »

A cette heure surtout, le prestige de la France a besoin d'être soutenu en Orient. Les différentes

(1) Voir la note de la page précédente.

pour saper notre protectorat séculaire : de toute nécessité, il faut donc protester, et la plus énergique protestation est celle des pélerinages populaires. Pour la cinquième fois (1) les P. P. de l'Assomption se préparent à reprendre le chemin des croisés : Pour Dieu et pour la France, que leurs efforts soient couronnés de succès !

(1) L'organisation de cette nouvelle croisade pacifique est poussée activement (mars 1886). La croix qui protégera le navire sera portée, après le retour heureux, à Sainte-Anne d'Auray de Bretagne.

CHAPITRE II

JÉRUSALEM

HISTOIRE, TOPOGRAPHIE

Il n'est point de ville au monde comme Jérusalem pour avoir des origines aussi profondes et une histoire aussi sacrée. Le nom qui lui a été donné de *Ville Sainte* est bien le résumé de ses annales. Les Juifs y eurent leur temple, et aujourd'hui encore, ils viennent en vénérer les ruines ; les Chrétiens y trouvent les monuments de la mort de leur Dieu et ils viennent de partout y méditer le plus incompréhensible des mystères ; les Musulmans y rencontrent le souvenir de leur Prophète et ils viennent à la mosquée d'Omar avec la même piété qu'à la mosquée de La Mecque. Pour les uns et pour les autres, Jérusalem est la Ville Sainte ; elle justifie au point de vue moral la légende dans laquelle on la désigne comme le centre du monde (1).

(1) Dans la Basilique du Saint-Sepulcre, un hémisphère marque le point que l'on prétendait autrefois, fort naïvement, être le centre de la terre : cette légende était appuyée sur ces paroles de David : « Dieu a opéré notre salut au milieu de la terre. »

Les termes dont se servent les prophètes quand ils entreprennent de chanter ses destinées n'ont rien d'exagéré. Elle est vraiment la *Reine des nations.*

Son histoire est trop connue pour qu'il soit besoin de la rappeler dans les détails, contentons-nous de quelques notes.

Deux mille ans environ avant Jésus-Christ, Melchisédech, que le F. Liévin identifie avec Sem, fils de Noé, fonda sur le *Mont Acra* une ville qu'il appela Salem (demeure de la paix) ; 50 ans après, les Jébuséens, descendants de Chanaan, s'en emparèrent et bâtirent sur le *Mont Sion* une forteresse à laquelle ils donnèrent le nom de *Jébus*, leur père. Les deux noms se confondirent bientôt dans la mémoire des peuples pour former *Jébusalem* puis *Jérusalem.*

L'heure vint à sonner où Dieu résolut d'installer son peuple dans la terre de Chanaan. Jcsué le conduisit sous les murs de cette ville déjà célèbre ; l'an 1445 avant J.-C., Jérusalem fut prise, la forteresse de Sion (l'ancienne Jébus) seule fut laissée aux vaincus. Ceux-ci ne devaient pas en jouir longtemps, car le roi David, pour les punir de leur cruauté, les chassa définitivement de leur retraite (1045 av. J.-C.) et établit son palais sur les ruines de leur cité arrogante.

Jérusalem était dès lors la *capitale du royaume voulu de Dieu.*

Sur une colline voisine, *Mont Moriah*, Salomon construisit un temple au Très-Haut, et fit de cette cité la plus splendide des villes. Mais il n'entrait point dans les plans de la Providence que les destinées de Jérusalem fussent prospères et tranquilles. La division s'étant mise parmi les tribus d'Israël, la ville, à cause de son temple, fut condamnée à servir de théâtre aux luttes des nations et des princes. Sans parler des rois de Samarie, et pour ne citer que les plus illustres parmi les rois des nations, Sisach, roi d'Egypte, Nabuchodonosor, roi des Assyriens, Antiochus-Epiphane, roi de Syrie, Pompée, le rival de César, vinrent successivement y promener le glaive, y semer l'incendie.

Malgré l'héroïsme des Machabées, aux jours où le Messie entra dans ce monde, la Judée était province romaine et Jérusalem était la résidence du nouveau gouverneur.

A cette époque de l'histoire, Rome et Jérusalem sont en présence comme deux reines jalouses de dominer : c'est le paganisme triomphant qui veut étouffer dans son berceau une religion nouvelle. Tout près de la Ville Sainte, sur le *Mont Gareb*, le Christ ou Messie est mort sur une croix, et du haut de son gibet, il convie à lui toute l'humanité. De la cime qui fut arrosée de son sang, s'échappe une voix qui appelle les nations, et comme pour lui imposer silence, les empereurs mettent plusieurs fois Jérusalem à feu et à sang et raient son nom du catalogue des villes (1).

On crut un instant (IVe siècle) que Jérusalem allait pour jamais recouvrer son ancienne gloire, mais ce ne fut qu'une espérance. Au VIIe siècle, Chosroës, roi de Perse et peu après les disciples du Coran, sous la conduite d'Omar Ier, renouvelèrent à Jérusalem les atrocités de Nabuchodonosor. L'Occident intervint, mais son intervention n'eut pas tout l'effet qu'elle aurait dû avoir ; les croisés ne surent point fonder d'une manière durable le royaume chrétien de Jérusalem.

Les Soudans d'Egypte sont pendant quelque temps les maîtres de Jérusalem, mais en 1517 la Ville Sainte passe avec toute la Syrie sous la do-

---

(1) Jérusalem, dit un pèlerin du XVIe siècle, n'est plus qu'un simple crayon de ce qu'elle était autrefois, non pas même le crayon puisqu'on ne peut seulement remarquer à présent un seul trait ou vestige de sa première beauté.

mination du sultan ottoman Sélim II. Elle subit dès lors toutes les vicissitudes de l'empire turc. Annexée pendant longtemps au pachalick de Damas, elle forme aujourd'hui, avec ses environs, une province qui relève directement de Constantinople. Son gouverneur, Raouf-Pacha, est assisté pour l'administration du district, de plusieurs membres choisis dans les diverses religions (1) ; ainsi un chanoine du Saint-Sépulcre siège au grand conseil près des chefs spirituels grecs, arméniens, juifs, etc. N'est-ce pas un libéralisme dont nous pourrions être jaloux ?

A Jérusalem même, les étrangers trouvent un consul de leur nation près duquel ils ont recours dans les circonstances difficiles. Le consul de France a sur tous les autres une supériorité incontestable ; n'est-il point là pour affirmer notre droit au *Protectorat des Lieux-Saints* (2) ?

L'histoire de Jérusalem n'est point complète si on se borne à résumer les annales qui contien-

(1) La création de cette institution, dont le caractère libéral est frappant, remonte au hatti-chérif de Gul-Haneh (1839).

(2) Depuis le mois d'octobre 1885, notre consul, est M. Ledoux, précédemment consul à Zanzibar.

On prendra connaissance avec intérêt du cérémonial de l'entrée d'un consul de France à Jérusalem. Le voici :

La chancellerie du consulat fait annoncer aux divers consulats et aux maisons religieuses que tel jour, à telle heure, le consul de France arrivera à Kolonieh, dernière halte de la route de Jaffa à Jérusalem, à une heure de la Ville Sainte. Tous les consuls envoient donc à Kolonieh leurs chanceliers accompagnés des drogmans et précédés de cavas aux couleurs nationales.

Chaque maison religieuse envoie son délégué : Mgr le patriarche, un de ses chanoines ; le R. P. Custode, un de ses religieux : les membres français du conseil de Terre-Sainte, accompagnés des drogmans et cavas. — Après avoir souhaité la bienvenue au nouveau consul, tous montent à cheval et prennent la route de Jérusalem. En tête s'avancent sur deux rangs les cavas, tenant majestueusement de la main droite leur longue canne à

nent le récit de ses malheurs ; il y a, dans la topographie de la Ville Sainte des indications précieuses à recueillir. « Voyez, écrit l'abbé Mourot, de toutes les capitales du monde antique, Jérusalem est la seule qu'on trouve sur le point culminant des montagnes : *Fundamenta ejus in montibus sanctis* (1). Séparée du monde par les défilés qui l'entourent, sans mer, sans fleuve, sans voies commodes d'accession, elle n'était pas faite pour le trafic ni pour la conquête. Son rôle providentiel était de conserver les traditions reli-

---

pomme d'argent dont l'extrémité repose sur la pointe de leur pied.

Les cavas de France, au brillant costume chamarré d'or, ouvrent la marche. Autour du consul chevauchent les chanceliers et les ecclésiastiques délégués ; les drogmans ferment la marche.

Arrivés à la porte de Jérusalem, la garde turque présente les armes, tous mettent pied à terre et dans le même ordre on s'achemine vers le Saint-Sépulcre, les cavas battant de leur canne en cadence les dalles ou pavés de Jérusalem.

En entrant dans la basilique du Saint-Sépulcre, devant la *pierre de l'onction*, le nouveau consul s'agenouille ; le R. P. Vicaire custodial de Terre-Sainte lui souhaite la bienvenue. Aussitôt après on entonne le *Te Deum*, et le nouveau consul, conduit par le R. P. Vicaire, qui est toujours français de nation, entre dans l'intérieur du saint Tombeau, y prie un instant et de là se rend dans la chapelle de l'Apparition, prend possession de sa stalle ornée au chœur des religieux, le consul de France étant le représentant de la puissance protectrice des Lieux-Saints.

Le consul nouvellement arrivé descend ordinairement à l'hospice des PP. Franciscains. Le soir même de son entrée à Jérusalem, il va saluer le Patriarche et le P. Custode : le lendemain et les jours suivants, il reçoit toutes les visites officielles ; chaque consul vient avec tout son personnel en grand uniforme et précédé de ses cavas. Le consul rend ses visites avec le même cérémonial. Il visite également toutes les maisons religieuses, et au premier jour libre se rend solennellement à Bethléem.

(1) Elle est à 780 mètres au-dessus de la Méditerranée.

gieuses, héritage sacré de l'avenir, et Dieu, qui voulait séparer les Hébreux des autres peuples, pour les mettre à l'abri de leurs attaques et de l'idolâtrie, avait à dessein caché leur capitale dans un lieu protégé par les accidents de terrain les plus étranges. »

Jérusalem a son assiette sur un terrain très inégal (plan incliné) qui forme comme une presqu'île ne tenant aux terres environnantes que par le *nord* (mont Acra); de ce côté elle aboutit à un large plateau. De tous les autres côtés, elle est entourée de ravins profonds, tels que le ravin de l'*est* ou vallée de Josaphat, le ravin du *sud* ou vallée de Hinnon, le ravin du *nord* ou vallée de Gihon. La ville proprement dite est construite sur une double rangée de collines parallèles d'inégale hauteur, séparées par des plis de terrain, déjà peu profonds au temps d'Hérode et que les ruines amoncelées depuis J.-C. ont à peu près fait complètement disparaître.

La rangée orientale forme à elle seule trois plateaux : Bézétha, Moriah, Ophel.

La rangée occidentale présente la même disposition : Acra, Gareb, Sion.

Ne cherchez point toutefois dans la topographie de la ville ce que votre imagination, comme la mienne, y avait peut-être entrevu, c'est-à-dire des montagnes aux cimes redoutables et escarpées ; le terrain est fort accentué; n'est-ce pas assez pour que reste vraie la parole du prophète : « *Les bases de Jérusalem sont sur des hauteurs*. »

Suivez-moi maintenant sur le Mont des Oliviers et contemplez : Jérusalem est en face avec ses murailles crénelées qui lui servent de ceinture, il est facile d'en distinguer toutes les parties (1).

(1) L'enceinte actuelle de Jérusalem date de 1535 et paraît répondre assez exactement aux murailles qui protégeaient la ville à l'époque des Croisades. — L'histoire

Au premier plan se détachent donc 3 collines : à l'est, c'est le Bézétha (nouvelle ville), véritable faubourg de la ville sainte. Depuis quelques années, les chrétiens ont pu y fixer leur demeure et reconquérir plusieurs sanctuaires vénérés : l'arc de l'*Ecce-Homo*, la Maison de Sainte Anne, le lieu de la Flagellation. La France est là en plein quartier musulman. Quand y possèderons-nous et la caserne qui occupe l'emplacement du Prétoire et les premières stations du chemin de la croix ?

A peine séparé du Bézétha, s'étend le *Mont Moriah*, dont la plate-forme répond encore à l'emplacement du temple de Salomon. Cette noble enceinte (Haram ech schérif) est aujourd'hui complètement déserte et ne renferme que deux mosquées : la célèbre mosquée d'Omar, bâtie sur le lieu même qu'occupait jadis le Saint des Saints et la mosquée El Aksa qui remplace l'ancienne église de la Présentation, construite par Justinien (VIe siècle).

Au sud du Moriah commence la petite colline triangulaire d'*Ophel* dont la base s'appuie sur l'ancien temple et dont le sommet se termine en pente abrupte près la piscine de Siloé.

La ligne de démarcation qui, du nord au sud, séparait les collines occidentales des collines orientales est à peine visible. Elle était tracée par trois grandes vallées dont une seule (le val du Tyropéon) (1) subsiste en partie : c'était la vallée du Tyropéon, le large ravin et la vallée des Cadavres.

---

nous apprend que par deux fois depuis son origine, la première enceinte de Jérusalem (celle de David) fut modifiée : 1° Sous les rois de Juda ; 2° Sous Hérode, après Jésus-Christ.

(1) Le val du tyropéon ou des Fromagers était large et profond ; Salomon en fit combler une partie pour y construire un nouveau quartier qu'on appela *Mello*. C'est aujourd'hui le quartier juif.

Le val du Tyropéon isolait Sion dans sa partie supérieure de Gareb et d'Acra, dans sa partie inférieure d'Ophel et de Moriah. Le large ravin séparait Acra de Bézétha. La vallée des Cadavres séparait Acra de Gareb (1).

Par delà ces vallées, trois autres collines s'étagent parallèlement aux trois dont nous avons parlé, à savoir : Sion, Gareb et Acra, c'est le second plan du panorama qui se déroule de la cime du Mont des Oliviers.

Sion, à demi renfermée aujourd'hui dans le mur d'enceinte, n'est plus que l'ombre d'elle-même ; on ne reconnaît plus en la voyant la fière cité de David, mais elle conserve des ruines qui la font toujours aimer. Dans l'intérieur de la ville (quartier arménien), c'est la Tour de David, le palais d'Hérode, l'emplacement de la maison d'Anne et de Caïphe ; à l'extérieur, c'est le Cénacle.... C'est surtout la réalisation de la prophétie de Jérémie : « *Sion sera labourée comme un champ.* »

La colline de *Gareb* ne faisait point partie de la ville il y a dix-neuf siècles, son premier contrefort était le lieu des exécutions capitales. Après que fut plantée dans ses flancs la croix de J.-C., le cordeau fut porté jusque sur la colline de Gareb et il tourna autour de Goatha (Golgotha) (2). Gareb fit dès lors partie de la ville et c'est aujourd'hui le quartier chrétien. Il possède le Saint-Sépulcre.

Acra serait aujourd'hui sans intérêt pour le pèlerin, si elle ne possédait plusieurs stations du Chemin de la Croix.

Telle est Jérusalem.

Nous n'avons tant insisté sur sa topographie que

(1) En sens inverse, une quatrième vallée, la vallée des Cendres, séparait Bézétha du mont Moriah.

(2) Ceci arriva sous Hérode, 10 ans après J.-C. : ainsi l'avait annoncé Jérémie.

parce que nous nous en sommes servi pour grouper avec ordre nos notes et nos souvenirs.

Chacune des montagnes de la Ville Sainte fera, l'objet d'un chapitre spécial dans lequel entrera ce qui a rapport aux sanctuaires et aux ruines qui recouvrent ses flancs.

Qu'on nous laisse, avant de commencer, rendre hommage aux artistes qui, dans un panorama grandiose fixeront bientôt Jérusalem à Paris. Ce sera la vraie topographie de la Ville Sainte.

Une idée à la fois grandiose, lumineuse et pratique, écrivait le *Matin* (avril 1886) a surgi dans la tête d'un artiste français, doublé d'un archéologue et d'un croyant : reconstituer le grand drame du Calvaire, reconstituer la Jérusalem du Christ et la montrer telle qu'elle était le jour de la mort du divin supplicié, la montrer avec son Golgotha, avec ses croix dressées sur sa montagne, avec ses Romains silencieux et forts, et ses Juifs à la fois violents et asservis, avec les grandeurs et les beautés de ses édifices, avec les fureurs de ses foules, la faire toucher du doigt, la prendre à la Judée et la transporter telle qu'elle est ici chez nous, à Paris.

Puis, après avoir emprunté à l'archéologie, à l'histoire, à la tradition, la Jérusalem du Christ, emprunter au soleil immuable qui vit le supplice de Jésus l'image fidèle et photographique de la Jérusalem actuelle, avec ses décombres, ses décrépitudes, et les discussions éternelles des représentants des diverses religions chrétiennes.

Et cela, grâce aux procédés tout modernes du panorama et diorama combinés.

Une caravane artistique a en effet quitté la France sous la direction du promoteur du projet, M. Olivier Pichat. Elle a dû arriver à Jérusalem le vendredi saint 23 avril 1886. Les artistes qui la composent fixeront sur le verre et la toile l'aspect des lieux et l'aspect du ciel. Ils s'imprégneront des horizons où se déroula la tragédie. Ils retrouveront l'azur qui lui servit de fond et qui n'a pas vieilli. Ils feront le tableau du jour en même temps que l'esquisse des lieux.

Puis ils reviendront en passant par Rome pour mettre leurs travaux sous l'égide du Vicaire du Christ, pour puiser dans les sources du Vatican la fidélité des traditions.

Et enfin, entourés des conseils d'un comité d'archéologues et de membres de l'Institut, des documents les plus irréfutables de la science, de l'histoire et de la tradition, ils ressusciteront sur une toile de deux mille mètres de superficie, Jérusalem le jour où mourut Jésus-Christ.

Cette toile, qui exigera l'effort d'un véritable régiment d'artistes, cette toile qui sollicitera et obtiendra le pinceau des grandes illustrations de la peinture moderne, aura pour étui, pour cadre et pour écrin un édifice en fer démontable et transportable, où deux mille personnes assises pourront contempler à la fois l'épopée divine, au bruit des lamentations des grandes orgues, aux accents des orchestres et des chœurs, exécutant les grands oratorios sacrés, sous l'archet des grands maîtres musiciens.

Ce qui séduit, attache et enthousiasme, c'est le côté intellectuel, moral, social, spiritualiste de cette œuvre.

C'est cette protestation vivante et colossale en faveur de l'art religieux, le grand art, aujourd'hui dédaigné par des écoles incapables de comprendre l'âme et la vie sous les formes qu'elles disputent à la photographie.

C'est le grand enseignement qui se dégagera de Jérusalem, qui descendra du Calvaire sur les spectateurs, et qui ramènera vers le souvenir du Christ Rédempteur des hommes, toutes ces âmes qu'on éloigne de la croix pour les rejeter dans la barbarie. C'est cette prédication muette et irrésistible qui sortira du pinceau, et, saisissant la conscience des foules, les rendra meilleures en leur montrant Celui qui a dit aux hommes de *s'aimer les uns les autres*, et qui, avec cette simple parole, a détruit l'esclavage et fondé parmi nous, la *véritable égalité*, la *véritable fraternité*, la *véritable liberté.*

Montrer au monde moderne, montrer à la France en particulier, le Fondateur de notre civilisation, de notre indépendance, de notre dignité, c'est montrer à un fils tenté de se déshonorer le portrait de l'ancêtre dont il va se rendre indigne.

Nous faisons des vœux pour que cet enseignement nous arrive vite : il aura du succès, car « *La Terre du Christ et la France sont sœurs.* »

CHAPITRE III

LE MONT BEZETHA

LE CHEMIN DE LA PASSION
BASILIQUE SAINTE-ANNE, ETC.

La colline Bézétha, dont le nom signifie *nouvelle ville*, n'est pas mentionnée dans l'Ecriture Sainte, mais l'historien Josèphe nous apprend qu'elle était comprise dans la nouvelle enceinte d'Hérode-Agrippa. Elle forme aujourd'hui la partie N.-E. de la ville actuelle et constitue, avec le Mont Moriah, le quartier musulman : deux portes y donnent accès, la porte Saint-Etienne et la porte de Damas.

La naissance de Marie Immaculée, le jugement et la condamnation de Jésus, sont les deux principaux souvenirs que nous avons à recueillir ici.

§ I. BASILIQUE SAINTE-ANNE

La naissance de la Très Sainte Vierge.

La Tradition *orientale* place la naissance de

Marie à Jérusalem, dans la maison de ville qu'y possédaient saint Joachim et sainte Anne, au lieu où s'élève aujourd'hui l'église Sainte-Anne, jadis appelée Sainte-Marie. Ces saints personnages avaient une autre résidence en Galilée, à Séphoris, près du Mont-Carmel et à Nazareth, non loin de là. C'est ce qui a donné lieu à deux autres opinions qui veulent que la sainte Vierge soit née dans l'une ou dans l'autre de ces bourgades. Une quatrième opinion place cette naissance à Bethléem, mais elle est tout à fait dénuée de fondement, aussi bien que celle qui réclame en faveur de Séphoris. L'opinion, dite *occidentale* parce qu'elle a cours parmi les églises d'Occident, affirme que la Sainte Vierge vit le jour à Nazareth, dans la *Santa-Casa*, qui est aujourd'hui à Lorette. Quoique cette opinion n'ait pas de grandes racines dans l'antiquité, elle est cependant digne de respect, surtout par l'appui que lui donnent les Bulles de plusieurs Souverains Pontifes, qui lui sont favorables, sans toutefois trancher la question. Ainsi la Bulle de Jules II, après avoir dit que la *Santa-Casa* est le lieu, non pas précisément de la naissance, mais de la conception de l'Immaculée Marie, a soin d'ajouter : *ut piè creditur*, c'est-à-dire *comme on le croit pieusement*. L'opinion qui fait naître Marie à Jérusalem a toujours prévalu en Orient. Les Franciscains l'y ont trouvée vivante lorsqu'ils y sont venus, il y a plus de six siècles et demi. Il serait facile de citer en sa faveur bon nombre d'anciens auteurs (1). Cette opinion d'ailleurs a gagné beaucoup de terrain depuis que l'on s'occupe davantage de la visite et des études des saints Lieux. Un rescrit de la Sacrée-Congrégation des Rites, publié par ordre de Léon XIII, le 26 août 1880, porte ces mots significatifs : « Au « nombre des plus célèbres sanctuaires de Jéru-

(1) F. Liévin, p. 248.

« salem et de la Terre-Sainte, il faut placer à juste « titre l'ancienne église consacrée à Dieu en l'hon- « neur de sainte Anne, mère de la très Sainte « Vierge. C'est là, comme le remarque une « constante tradition, confirmée principalement « par le témoignage de saint Jean Damascène et « de saint Sophrone, patriarche de Jérusalem, que « s'éleva la maison où fut conçue et naquit la « bienheureuse Vierge Marie elle-même. »

Cette maison de saint Joachim et de sainte Anne a toujours été vénérée près du Temple : c'est sans doute cette proximité qui leur fit préférer alors le séjour de Jérusalem à celui de Nazareth ou de Séphoris. Dans leur affliction de voir leur race s'éteindre, faute d'enfant, ils allaient, à l'exemple d'Anne, mère de Samuel, prier assidûment dans le Temple du Seigneur. Ce ne fut qu'après avoir obtenu la naissance de Marie qu'ils se retirèrent dans leurs maisons de campagne de Nazareth et de Séphoris, d'où ils allaient souvent jusqu'au mont Carmel. Sur l'emplacement de la maison de sainte Anne s'élevèrent, dès les premiers siècles du christianisme, une belle église et un couvent qui eurent toutes les vicissitudes des églises et des couvents de la Terre-Sainte.

Lors de l'expulsion des Croisés de Jérusalem (1187), Salah ed-Dine transforma Sainte-Anne en collège pour les docteurs de l'Islam, et lui donna le nom de Salahiéh, qu'elle garda jusqu'au xve siècle. A cette époque, l'école ayant été abandonnée, les murs du couvent tombèrent, mais l'église resta toujours debout (1).

En 1856, elle fut cédée à la France par le gouvernement ottoman, comme prix du secours qu'il avait reçu de nous, pendant la guerre de Crimée ; elle était alors dans un état de délabre-

(2) Une inscription arabe sculptée en relief sur la porte principale de la Basilique conserve encore le souvenir de cette transformation.

ment dès plus misérables. Le gouvernement français en entreprit la restauration complète. La vieille église des Croisés a été refaite pierre à pierre, sans rien changer de ses lignes primitives, et Sainte-Anne semble aujourd'hui sortie des mains des artistes du douzième siècle ; aussi l'impression que sa vue produit sur les visiteurs est-elle très-vive. Le minaret et la coupole qui la couronnent rappellent la domination musulmane.

Ce sanctuaire a été confié en 1878, par le Saint-Siège et par la France, à la Société des Missionnaires d'Alger, fondée et dirigée par Son Eminence le cardinal Lavigerie, archevêque d'Alger (1). Sur le vœu du Souverain Pontife Léon XIII, les missionnaires ont annexé à la Basilique un séminaire pour la formation de maîtres catholiques appartenant au clergé grec-uni. Ce pauvre Orient a tant besoin d'instituteurs et de prêtres ! Le schisme de Photius compte en effet quatre-vingt millions d'adeptes, en Russie, en Grèce, en Turquie et en Egypte, alors que les Grecs catholiques ne dépassent pas cent mille. C'est ce grain de sénevé qui peut devenir un grand arbre, avec l'aide de Dieu.

Entrons visiter ce sanctuaire privilégié de la future mère de Dieu. Vers le milieu de l'église, sous la coupole, s'ouvre un escalier de 15 à 20 marches par lequel on descend à la *Vénérable Crypte de la naissance de la Très Sainte Vierge.* Par suite des nombreuses transformations qu'a subies l'édifice, le sol s'est trouvé considérablement exhaussé et la chambre habitée par Joachim (2) est devenue un caveau ou crypte. Cette crypte, entièrement creusée dans le roc, a été restaurée comme l'église supérieure, sans qu'on ait altéré en

(1) La Consécration en fut fixée au 9 juin 1886.

(2) Sous l'église de Sainte-Anne est un oratoire érigé dans la chambre où l'on croit que la bienheureuse Vierge Marie a été conçue et mise au monde. (Quaresimius).

rien sa forme primitive. Le 25 mai 1884, j'ai pu célébrer le Saint-Sacrifice de la messe sur l'autel qui occupe le lieu du berceau de Marie.

Agenouillons-nous en esprit avec les anges autour de ce précieux berceau, qui contient les espérances du monde. Cette aimable enfant, qui sourit à sa bienheureuse mère, c'est la Fille de la Promesse, l'Eve nouvelle que le genre humain appelle de ses vœux depuis quatre mille ans. Enfin la voilà qui paraît, « belle comme l'aurore, douce « comme les rayons de la lune, brillante et pure « comme l'éclat du soleil, terrible aux enfers « comme une armée rangée en bataille. »

On ne quitte pas l'établissement de Sainte-Anne sans visiter les ruines de la célèbre piscine *probatique*, Bethséda, ainsi nommée parce qu'on y lavait autrefois les brebis que l'on devait immoler dans le Temple de Salomon, ou parce qu'elle avoisinait une bergerie de saint Joachim (1). Elle avait 5 portiques, où gisait une grande multitude de malades, attendant qu'un Ange du Seigneur en agitât l'eau. Le premier qui pouvait s'y plonger alors était guéri. C'est là que Notre-Seigneur guérit d'un mot un paralytique qui y venait depuis trente-huit ans sans pouvoir arriver à devancer les autres. Saint Jean Damascène célébrait ainsi, au VIIIe siècle, les glorieux souvenirs de ce lieu : « Salut, « ô Probatique, maison des ancêtres de notre « Reine ! Salut, ô Probatique, toi jadis bergerie « de Joachim, maintenant église du troupeau « spirituel et image du ciel ! Aujourd'hui (8 « septembre), le salut du monde a commencé, car « il nous est né dans la sainte Probatique, c'est-à- « dire dans la maison des brebis, celle qui devait « être la Mère du Fils de Dieu qui efface les péchés « du monde. »

(1) Le 8 Juin 1886 on annonçait de superbes découvertes à la piscine Bethséda, avec source d'eau pure.

§ II. LE CHEMIN DE LA PASSION

Un second ordre de souvenirs se présente dès lors à notre vénération, souvenirs plus sacrés puisqu'ils sont relatifs au grand Mystère de Notre Rédemption.

Afin de donner plus d'intérêt, je me permets de m'écarter du plan que je me suis assigné et de réunir sous un seul titre tout ce qui, le Calvaire excepté, regarde la Passion de J.-C. Dans ce but, je reproduis les articles déjà parus dans la *Semaine Religieuse de Châlons* (3e année).

A Jérusalem, écrivais-je le 27 mars (1), un souvenir efface tous les autres, c'est le souvenir de la Passion de Notre-Seigneur : aussi la première chose que le pèlerin veut voir dans la Ville Sainte, après le Saint-Sépulcre, est-elle le chemin qu'a suivi J.-C. depuis Gethsémani jusqu'au Calvaire. Le trajet de Gethsémani à la maison de Pilate s'appelle *Voie de la Captivité*, et le trajet de la maison de Pilate au Calvaire, *Voie douloureuse*. Nous allons essayer de suivre pas à pas les traces sanglantes de l'Homme-Dieu devenu péché pour notre salut ; nous ferons les stations qu'il a faites lui-même.

A l'orient de la Ville Sainte et à la distance de sept à huit cents mètres, à vol d'oiseau, apparaît le Mont des Oliviers. Il est séparé de Jérusalem par la vallée de Josaphat, traversée elle-même par le torrent de Cédron. Gethsémani se trouve, au pied de la Montagne, sur la rive du torrent opposée à Jérusalem. Gethsémani émeut peut-être plus que la Voie douloureuse. C'est à Gethsémani que commence le grand œuvre de la Passion, c'est là que le Christ, comme autrefois Jacob avec l'ange, a dû se mesurer pour ainsi dire avec Dieu ; là que, dans un combat surhumain, nous voyons l'Homme-

(1) *Sem. Relig. de Châlons* (3e année, n° 26 et suiv.).

Dieu triompher de l'épreuve et s'offrir en victime à la justice du Père.

Un jardin et une grotte, propriété l'un et l'autre des Franciscains, furent le théâtre de ces grandes merveilles. Le Jardin, celui-là même où le Sauveur, durant sa vie, aimait à se retirer pour prier et où dormaient les disciples pendant son agonie, est aujourd'hui un magnifique parterre de fleurs, long de 20 mètres et large de 50. Huit oliviers y sont debout, les mêmes qui ont ombragé la prière de l'Homme-Dieu : leurs troncs de huit mètres de tour portent bien la date d'une vingtaine de siècles. (F. Liévin, 267). Rien n'est plus vénérable que l'aspect de ces vieux oliviers. Ils sont les patriarches de la montagne, les rois légitimes de la vallée, vieux comme les juges de l'Ancien Testament ; mais ils ne meurent pas. Ils semble réservés comme Hénoch et Hélie pour rendre témoignage aux derniers jours du monde.

Quand, après l'Institution de l'Eucharistie, Jésus se dirigea vers ce Jardin, ses disciples le suivirent. Pierre, Jacques et Jean furent seuls admis à l'accompagner jusque là ; les autres, sur l'ordre du divin Maître, demeurèrent près du tombeau d'Absalon. C'est à l'entrée du Jardin des Oliviers que les trois Apôtres privilégiés s'endormirent, oublieux des avertissements de Jésus ; le rocher jadis recouvert d'un oratoire sous le vocable du Sommeil des Apôtres apparaît dans sa nudité primitive.

A la distance d'un jet de pierre, conformément au récit de l'Evangile, on vénère le *lieu de la prière et de l'agonie* du Sauveur. C'est, contre le tombeau de la Très Sainte Vierge, une grotte devenue aussi sainte et aussi célèbre que le Calvaire. Taillée dans le rocher (8 marches y conduisent), elle mesure douze mètres de long sur huit de large. Trois piliers naturels la soutiennent ; une ouverture a été pratiquée à la voûte pour y donner un peu de clarté. Contre la roche, du côté de l'Orient, s'élève l'autel principal. C'est donc là que l'auguste Victime tomba la face contre terre, qu'elle éprouva une sueur mystérieuse comme des gouttes de sang ruisselant jusqu'à terre. C'est là que le fils de Dieu a répété cette supplication : « Mon Père, éloignez de moi ce calice ; cependant, « que votre volonté soit faite et non la mienne. »

Je n'oublierai jamais le saisissement que j'éprouvai le 17 mai 1884 en célébrant la messe dans ce sanctuaire. Rien ne distrait l'âme des saintes pensées qui se pressent en elle et ne l'empêche de s'unir aux sentiments qui remplirent le cœur de Jésus durant les heures de sa suprême et douloureuse oraison : c'est, sans ornementation, le même rocher, contre lequel s'est appuyé Jésus, le même sol qu'il arrosa de son sang.

La troisième fois qu'il vint trouver ses disciples près du Jardin, Jésus, dit l'Evangile, leur dit : « C'est assez, l'heure est venue ; le Fils de l'homme « va être livré entre les mains des pécheurs. » Et, de fait, le perfide Judas s'approchait pour le livrer à ses ennemis : le lieu de cette infâme trahison forme la Ire STATION de la Voie de la Captivité. Une simple colonne encastrée dans un mur en forme d'abside perpétue ce triste souvenir.

Suivons maintenant le divin captif. Le sinistre cortège, à la lueur des flambeaux, côtoie pendant quelque temps le torrent de Cédron et le traverse en face du tombeau d'Absalon (1). Après une vingtaine de minutes, il arrive sur la montagne de Sion où demeuraient Anne et Caïphe. Sur l'emplacement de la maison d'Anne (C'EST LA IIe STATION), s'élève aujourd'hui un couvent de religieuses arméniennes schismatiques. Une chapelle latérale

---

(1) D'après une tradition, N.-S. poussé rudement tomba sur un rocher du torrent où l'on vénère l'empreinte de ses genoux et de ses mains : ainsi fut accomplie la parole du Prophète : « Il boira dans sa route de l'eau du torrent. »

de leur église marque le lieu où N.-S. subit son premier interrogatoire et où il fut indignement souffleté par un valet du grand prêtre (S. Jean, XVIII). Dans leur jardin, on admire des Oliviers qui seraient des rejetons de l'arbre auquel fut attaché le Sauveur pendant qu'on délibérait sur son sort.

Anne renvoya Jésus chargé de liens au grand-prêtre Caïphe qui l'interrogea de nouveau. (C'EST LA IIIe STATION). Sa demeure était peu éloignée de celle de son beau-père ; elle est aujourd'hui hors des murs, convertie en un couvent d'Arméniens schismatiques. Dans l'intérieur de l'église, on vénère le cachot où Jésus fut horriblement maltraité pendant les dernières heures de la nuit du Jeudi au Vendredi Saint. La pierre qui y sert de tombeau à l'autel s'appelle la *Pierre de l'Ange*, parce que c'est une partie de celle qui fermait l'entrée du S. Sépulcre au moment de la Résurrection du Sauveur. C'est dans la cour du couvent que Pierre renia son maître. Au sortir de là, on va pleurer avec lui ses propres infidélités dans la grotte appelée Gallicante *(in galli cantu)*.

CHAPITRE IV

LE MONT MORIAH

LE MONT OPHEL

LE TEMPLE DE SALOMON

LA MOSQUÉE DE LA PRÉSENTATION

Les Turcs ont donné au mont Moriah un nom qui résume bien son histoire ; pour eux, ce vaste plateau est la *noble esplanade*, (Haram ech-chérif) à cause des souvenirs qu'y ont laissés les patriarches, et un des illustres disciples du Prophète. Pour nous, le mont Moriah sera toujours sacré parce qu'il fut le premier lieu consacré à la divinité. On y entrait jadis par la *Porte dorée*.

Là, dit un auteur, s'élevait comme un géant de pierre, un temple immense avec ses trois terrasses en gradins, resplendissant de toutes les richesses terrestres, avec ses bois précieux et ses murailles sur lesquelles couraient des pampres d'argent portant des grappes de raisin en or massif, imposant enfin de toute la majesté de l'inconnu, avec son Saint des Saints mystérieux que l'œil humain ne profanait jamais et autour duquel les prêtres circulaient comme des ombres blanches.

Faire l'histoire de ce temple fameux sera faire en partie l'histoire de la montagne entière.

§ I. — LE TEMPLE DE SALOMON

Le temple de Jérusalem n'existe plus aujourd'hui que par le souvenir ; la prophétie de Jésus s'est réalisée à son égard, il n'en est pas resté pierre sur pierre. C'est un désert au centre même de la ville, image d'Israël sans Dieu.

Le mont Moriah, sur l'esplanade duquel il avait été construit, est à cette heure couronné d'une mosquée (mosquée d'Omar) dont la gloire est de protéger l'emplacement du Saint des Saints contre les injures des saisons. Le chrétien, maintenant, peut y aborder sans péril, pourvu qu'il soit muni de l'autorisation d'un consul et décidé à payer le droit d'entrée.

Nous allons essayer sur place de nous faire une idée de ce temple magnifique.

Dès le commencement, le culte du Très-Haut n'était point réglé par des lois positives ; le chef de famille était prêtre et par là même chargé d'offrir les sacrifices.

Quand Moïse est préposé à la formation régulière du peuple de Dieu, un code de lois religieuses (le Lévitique) est promulgué, et le tabernacle devient le centre de tout culte.

C'est David qui, le premier, eut l'idée d'élever un temple au Très-Haut, là même où Abraham avait résolu d'immoler son fils Isaac (1880 avant J.-Ch.), là où, sur l'ordre du prophète Gad, il avait offert un sacrifice pour fléchir le Seigneur et se faire pardonner son orgueil. Ce lieu était l'aire d'Ornan le Jébuséen. Il fut donné à David de le choisir, il lui fut donné de recevoir les plans, il lui fut donné de rassembler les matériaux qui devaient servir à l'édification du temple futur, mais l'exécution de ce dessein était réservée à Salomon. *Hœc omnia venerunt, mihi scripta manu Domini,* disait le roi David, remettant à Salomon les devis.

C'est en présence des princes d'Israël que le vieux roi en fit solennellement la tradition à son fils : « J'aurais voulu, disait-il, édifier la maison où reposera l'arche, et j'ai préparé toutes choses. » Mais le Seigneur en avait décidé autrement: « Tu n'édifieras pas une maison en mon nom parce que tu es un homme guerrier et que tu as répandu le sang. » Les guerres que David avait soutenues, avaient pourtant été entreprises par l'ordre de Dieu et pour le salut d'Israël ; mais le Seigneur voulait un roi pacifique, et il réservait toute la gloire de la construction du Temple à Salomon.

Cette gloire avait été révélée à David. Il avait vu la maison de Dieu et ses parvis. Il donna à son fils la description des portiques du Temple et des celliers qu'il aurait à construire, du Cénacle et des « chambres ès-lieux secrets, dit une ancienne traduction française, et de la maison de la propitiation, ensemble aussi de tous les parvis qu'il avait excogités et des chambres tout à l'entour, dedans les trésors de la maison du Seigneur, et dans les trésors des choses sacerdotales et lévitiques, en toutes les œuvres de la maison de Dieu. » Après avoir signalé ces plans, *descriptionem,* David énumère les trésors qu'il a amassés pour la construction et l'ornementation du Temple ; et il explique comment cet or, cet argent, ce cuivre, ce fer, et ces pierres précieuses, ces marbres et ces onyx doivent être employés aux divers vases et aux chandeliers, aux autels, aux tables et à tout le mobilier du culte ordonné par Dieu. « Toutes ces choses-là, ajoute-t-il, sont venues à moi, écrites de la main du Seigneur, afin que je puisse entendre les détails et comprendre toutes les œuvres de l'exemplaire qui m'a été montré. »

C'est, selon cet exemplaire, que fut élevé le

Temple. Il fut commencé 1012 ans avant J.-C.; soixante-dix mille ouvriers y travaillèrent à Jérusalem, quatre-vingt mille taillaient les pierres dans la montagne, trente-mille israélites, se relevant par troupes de dix mille, étaient dans le Liban occupés, avec les ouvriers tyriens, à couper les cèdres et les sycomores. Salomon avait écrêté le mont Moriah ; des murs immenses de terrassement, remplissant et comblant les vallées, couvrirent les flancs de la montagne et contribuèrent à en agrandir la plate-forme où s'éleva le Temple, avec ses divers étages, ses immenses parvis et toutes ses magnificences. On y travailla sept ans, dit le texte sacré, et ce court espace de temps pour l'achèvement d'un si grand œuvre n'est pas, malgré la multitude des ouvriers, une des moindres merveilles de cette construction gigantesque. Aussi, la science et la curiosité modernes, malgré le témoignage répété des Livres Saints, ont-elles bien quelque tendance à soutenir que le Temple de Salomon ne fut pas tout entier bâti par Salomon. Le fils de David n'en aurait construit que la partie principale pour sa sainteté et la moindre dans son étendue, tandis que les portiques et les parvis auraient été élevés et disposés par ses successeurs. Nous ne voulons pas rappeler ici le détail que le chapitre VI du troisième livre des Rois donne par le menu, et en en mesurant chaque partie, de tous les travaux ordonnés, entrepris et achevés par Salomon ; il suffit de citer le dernier verset de ce chapitre, qui conclut: « Or, la onzième année du règne de Salomon, la maison (du Seigneur) fut parfaite dans toute son œuvre et dans tous ses ameublements » : *In omni opere suo et in universis ustensilibus suis.*

Ce Temple, dont Dieu avait dressé le plan, ne devait pas subsister : il subsista 406 ans, puis fut brûlé par Nabuchodonosor ; renversé par les Assyriens, il fut relevé à l'issue de la captivité de Babylone par Zorobabel. Cyrus y fit replacer les vases sacrés, et les Juifs fidèles étaient accourus de toutes les parties du royaume de Babylone pour unir leurs efforts et leurs ressources. Elles étaient chétives ; et les ouvriers étaient loin d'atteindre au nombre de ceux de Salomon. Néanmoins, on écarta constamment des chantiers les Samaritains qui, se piquant de connaître et d'adorer le même Dieu, offraient leur concours. Plutôt que de communier avec les schismatiques, Zorobabel préféra interrompre des années entières sa chère et grande œuvre de piété et de patriotisme. Elle fut terminée à l'aide des trésors de Darius, mais resta privée de son faîte. Le nouveau Temple n'égalait donc ni la hauteur ni la magnificence de celui de Salomon.

Il devait cependant en dépasser la gloire, puisque ses portiques et ses parvis ont vu le Messie, et ont retenti de ses enseignements. Quand le Verbe de Dieu fait chair fut présenté au Temple, Hérode venait de faire réparer et compléter tout l'édifice ; il en avait rétabli les parties élevées que Cyrus n'avait pas voulu laisser reconstruire.

Les livres saints ne se contentent pas des indications que David avait, d'après le plan divin, données à son fils ; ils ne se bornent pas non plus à l'énumération sommaire des travaux exécutés par Salomon. Durant la captivité, pendant que le Temple était renversé, cinquante ans avant Zorobabel, le prophète Ezéchiel eut une vision. Transporté sur une montagne, il vit devant lui des constructions superbes et immenses. Un ange, un calame à la main, l'attendait aux portes de l'édifice et l'y introduisit. Il lui fit monter les divers degrés, parcourir les parvis, pénétrer dans l'intérieur des constructions. « Partout, de son calame, l'ange me mesurait les divers espaces, calculait les hauteurs, comptait les colonnes » ; le prophète, dans les trois derniers chapitres de sa vision, a consigné toutes ces notions relevées devant lui.

Cette vision, historique, prophétique et mystique, est encore architectonique. Les divers interprètes y ont reconnu la figure de l'Eglise de Jésus-Christ, et aussi la description exacte et détaillée du Temple. Etait-ce celui de Salomon ? Celui de Zorobabel ? Celui d'Hérode ? Au fond, il n'y a eu qu'un Temple, Zorobabel a observé le plan divin : il a relevé les constructions anciennes, il en a respecté jusqu'aux moindres dimensions. Hérode, en prodiguant l'or et les richesses, n'a fait que restaurer ce que Zorobabel avait élevé et rendre à l'édifice de Salomon toute sa hauteur avec quelque chose de sa magnificence. Le Temple, que les soldats de Titus ont brûlé, était bien selon les plans que David avait reçus du Seigneur et selon les diverses mesures que l'ange avait dictées à Ezéchiel.

L'historique complet du Temple est donné par le F. Liévin, page 344.

Un savant Jésuite, le P. Pailloux, ressuscitant l'œuvre gigantesque du P. Villapand (XVIe siècle), vient de publier aussi complète que possible une monographie du Temple de Salomon (1).

---

(1) Voici ses conclusions :

Le Temple ou, si l'on veut, les deux Temples consistaient : 1° En un péribole immense formant clôture à la propriété sainte et l'entourant en entier d'un carré parfait, dont chacun des côtés mesurait six cents coudées (près de 4.000 mètres). C'était le Portique des Gentils renfermant un vaste chemin de ronde appelé plus tard le Parvis des Gentils.

2° En un second péribole ou Portique aussi carré et complètement embrassé par le chemin de ronde. C'était le Portique d'Israël, invariablement nommé par l'Ecriture : Portique extérieur. Il encadrait de ses quatre faces à trois étages le Parvis d'Israël ou parvis extérieur ou

Ce serait faussement se représenter le Temple que de s'imaginer un vaste édifice recouvrant le mont Moriah. La majeure partie, à l'exception des portiques et du Saint des Saints, était à ciel ouvert.

Grande esplanade. — Quand on avait franchi le mur d'enceinte qui séparait la ville des bâtiments consacrés au Très-Haut, on était dans une première cour appelée *Temple des Gentils* (500 mètres sur 300) ; elle était environnée tout autour de galeries couvertes sous lesquelles le peuple pouvait se retirer en cas de mauvais temps ; il était permis à tout le monde de venir là adorer le vrai Dieu : des stèles monitoriales rappelaient aux Gentils et aux Israélites non purifiés la défense de pénétrer plus avant sous peine de mort. M. Clermont-Ganneau en a découvert une en 1871.

---

grande basilique, ainsi que l'appelle le *Livre des Paralipomènes.*

3° En un péribole encore ou Portique intérieur environnant à son tour par des constructions à trois étages le Parvis intérieur ou Parvis des prêtres. Ce dernier parvis mesurant 240 coudées, en longueur, de l'orient à l'occident, par 100 coudées en largeur, du nord au midi, se divisait au moyen d'une faible barrière de marbre en deux parties inégales. L'une occupant le point central du terrain sacré et de ses bâtiments, formait un carré en plein air, cent coudées sur cent, où s'élevait l'autel des holocaustes et s'immolaient les victimes. L'autre s'allongeait vers l'occident en rectangle de 140 coudées sur 100, destinée à recevoir l'assiette du sanctuaire du Temple proprement dit.

4° En un sanctuaire enfin composé de trois compartiments distincts séparés par deux murs, à savoir : le Vestibule, le Saint et le Saint des Saints. Ces deux derniers étaient entourés au nord, à l'ouest et au sud d'une triple ceinture de chambres superposées. Le tout se mesurant à 100 coudées de long sur 60 de large hors-d'œuvre. Les hauteurs étaient variées. Le Saint et le Saint des Saints, grâce au Cénacle dont ils étaient surmontés, s'élevaient à 90 coudées, et le Vestibule, en tant que portique du sanctuaire et couronné de la tour frontale, atteignait 120 coudées.

Plate-forme. — Un escalier de 6 marches, orné d'un portique donnait alors accès dans le second temple ou *Parvis d'Israël* (170 mètres sur 140). C'est là qu'eurent lieu les principales scènes rapportées par l'Evangile. Ce parvis consistait en une grande cour bien pavée, environnée comme le Parvis des Gentils, de galeries et de magnifiques portiques. Les vrais israélites, les hommes d'un côté, les femmes de l'autre, y étaient admis.

Cour des Prêtres. — Avant de pénétrer dans la *Cour* ou *Parvis des prêtres*, on passait près des Chambres du Trésor, et près du lieu du Lavage des Holocaustes (8 tables). Ce troisième parvis était encore à ciel ouvert ; les Lévites seuls devaient y entrer. Devant les deux colonnes symboliques, il y avait là l'Autel des Holocaustes et la Mer d'airain.

Le Temple. — Un vestibule (10 mètres carrés) ou pylône donnait alors accès dans le Temple proprement dit (30 mètresde long sur 20 de large). Il se partageait en deux sanctuaires le *Saint* et le *Saints des Saints*.

Le Saint (20 mètres sur 10) : le prêtre y entrait deux fois par jour pour offrir l'encens au Seigneur ; on y voyait :

Le Chandelier à sept branches ;

La Table d'or des pains de proposition ;

L'Autel des Parfums.

Sous la coupole actuelle de la Mosquée d'Omar se trouve l'emplacement du Saint des Saints, où le Grand Prêtre n'entrait qu'une fois par an ; il renfermait :

L'Arche d'Alliance :

Les Chérubins ;

Le Propitiatoire.

C'est là le rocher sacré par excellence, le seul vestige du Saint des Saints : Abraham y disposa le bûcher où son fils devait être brûlé ; David y dressa un autel pour rendre grâce au Seigneur ; durant 406 ans, l'Arche sainte y reposa ; durant les croisades, l'autel principal de l'église élevée sur le mont Moriah y fut installé (10 mètres carrés). Cette pierre est donc vénérable entre toutes et c'est avec raison qu'on lui a donné le nom de *Sakra*.

Quant aux Musulmans, ils ajoutent à ces souvenirs bibliques, des détails merveilleux relatifs à Mahomet, qui sont de pures fables et des mensonges palpables (1).

Tel était donc, dans son ensemble, le Temple de Jérusalem ; la mosquée El-Aksa n'en était qu'une dépendance ; nous en parlerons plus loin.

Son histoire est assez connue : Commencé l'an 1012 par Salomon, il fut achevé l'an 1005 avant Jésus-Christ et subsista jusqu'en 599.

Zorobabel en releva les ruines après la captivité de Babylone. La gloire de ce nouveau temple devait surpasser celle du premier, mais sa destinée ne devait pas être plus tranquille. Les travaux se prolongèrent longtemps. 332 ans avant Jésus-Christ, Alexandre-le-Grand vint y adorer le vrai Dieu.

164 ans avant Jésus-Christ, Antiochus Epiphane y fit adorer les idoles. (Judas Machabée le purifia).

L'an 17 avant Jésus-Christ, Hérode, pour gagner les faveurs des Juifs, embellit et restaura le temple, toujours inachevé, de Zorobabel.

C'est dans ce temple que Zacharie reçut la nouvelle de la naissance de Jean-Baptiste, dans ce temple qu'eurent lieu les scènes évangéliques.

---

(1) Citons : Le Khemeh, l'Empreinte de la main de Gabriel archange, Bouclier de Hamgeh, oncle de Mahomet, Empreinte d'un des pieds de Mahomet, Deux poils de la barbe de Mahomet, les Selles d'El-Borak, la Jument du Prophète, etc., etc. — La crypte est aussi féconde en légendes : Lieux de prières, le Puits des âmes. — Se rattachent encore à la Mosquée d'Omar, la Légende des deux Pies, la plaque de Jaspe avec ses 19 clous d'or, la Balance du dernier jugement.

Ses heures étaient comptées ; le Christ avait prédit sa destruction totale et sa parole ne pouvait faillir. Ce n'est pas à Jérusalem seulement que Dieu dès lors voulait être honoré, mais sur tous les points du globe.

L'an 70 avant Jésus-Christ, Titus vint cerner la ville et le temple fut brûlé, le nom même de la cité fut changé en celui d'*Œlia-Capitolina*.

Un siècle après (134), Jupiter avait un temple sur l'emplacement de celui de Jéhovah ; l'empereur Adrien avait une statue sur le mont Moriah.

En 327, Ste Hélène fit cesser le culte des idoles.

En 361, Julien l'Apostat veut relever le temple, mais en vain. Afin désormais d'empêcher toute nouvelle tentative de ce genre, Dieu permit que ce lieu devînt le réceptacle d'une partie des immondices de la ville.

Vers le milieu du VIIe siècle (636), le calife Omar se rendit maître de Jérusalem (P. Ubald, 237). Son culte des patriarches le porta à rechercher la pierre sur laquelle reposait Jacob quand il eut sa vision du paradis, on lui donna comme telle la pierre du mont Moriah, et lui, aussitôt, sans réfléchir, de donner l'exemple pour déblayer un endroit aussi saint. Il l'enferma ensuite dans une mosquée qui devint la rivale de la mosquée de la Mecque. Dans son état actuel, de forme octogone, elle a 56 mètres de diamètre et occupe un espace plus grand que celui de l'ancien temple.

Les jugements de Dieu sont adorables, et ses ennemis lui servent pour exécuter ses desseins.

L'histoire rapporte que, sous la domination romaine (IIe siècle), les Juifs furent chassés de Jérusalem et que ce ne fut qu'à prix d'argent qu'ils obtinrent de venir une fois par an, pleurer sur ses ruines. Aujourd'hui, il ne leur est plus permis de venir pleurer sur l'emplacement même de leur temple ; ils doivent se contenter de verser leurs larmes devant le reste de l'ancien mur d'enceinte du Temple de Salomon *(Mur des pleurs)*. Tous les vendredis de l'année, on les voit venir là prier et gémir sur les maux qui les accablent depuis dix-neuf siècles. Ils baisent avec respect et arrosent de leurs larmes les restes qui leur rappellent des temps plus heureux.

En 1885, les annales de N.-D. de Sion publiaient la note suivante :

« Il se rencontre fréquemment à la porte de Jaffa des Juifs qui viennent de tous les points du monde se fixer à Jérusalem. Leur nombre va toujours croissant. Aussi n'est-ce plus seulement le vendredi qu'ils s'assemblent pour pleurer sur les ruines du Temple, mais presque chaque jour voit se renouveler cette scène de gémissements stériles et d'impuissante douleur. »

Pauvres Juifs ! »

Ils m'ont fait l'effet de ces enfants insupportables qu'un père irrité a mis à la porte et qui, à toute force, veulent rentrer. — Voilà dix-neuf siècles qu'ils pleurent et leurs larmes n'ont pas encore dissous le nuage qui leur cache la lumière !

Quel mystère que ce peuple, et ce Temple et tout Jérusalem.

§ III. LA MOSQUÉE DE LA PRÉSENTATION (1)

Sur le mont Moriah, l'Ancien et le Nouveau Testament se donnent la main.

Dans le précédent chapitre, nous avons décrit le lieu béni où se leva l'aurore du Soleil de justice ; nous avons dit que le théâtre de la Conception Immaculée et de la Nativité de Marie était désormais propriété française. L'église Sainte-

(1) *Semaine religieuse* de Châlons, (3e année n° 10).

Anne de Jérusalem proclame à sa façon que la France reste le royaume de Marie *Regnum Galliæ, Regnum Mariæ.*

Nous voulons grouper maintenant les souvenirs qui, sur le mont Moriah et aux environs, se rapportent à l'enfance de la mère de Jésus.

« Marie, à peine arrivée en ce monde, ne peut, dit le P. Ubald, supporter le commerce des hommes. Cette fleur du ciel, tombée sur la terre, ne peut s'épanouir au milieu de l'atmosphère du monde ; il lui faut à elle un air plus pur, l'air embaumé qu'on respire dans la maison du Seigneur. » Elle vient donc, à l'âge de trois ans, se réfugier au Temple, pour vivre au milieu des vierges consacrées au service des autels ; « là, dit saint Jean Damascène, elle croissait comme un bel olivier planté dans la maison du Seigneur, et fécondé par la douce rosée de l'Esprit-Saint. »

Dans l'enceinte du vaste emplacement du temple de Jérusalem (extrémité méridionale), aux lieu et place de l'église bâtie par Justinien, en mémoire du mystère de la Présentation, une mosquée affirme cette tradition : c'est la mosquée El-Aksa, dite par les chrétiens *Mosquée de la Présentation.* Quand, au VIe siècle, le calife Omar s'empara de Jérusalem, c'est dans l'église Sainte-Marie qu'il fit sa première prière ; aussi fut-elle la première consacrée au culte du Dieu de l'Islam sous le nom d'El-Aksa *(l'éloignée).*

Du VIIe au XIIe siècle elle fut plusieurs fois ruinée et renversée : elle est aujourd'hi à peu de chose près ce qu'elle était sous les croisés.

Construite en forme de parallélogramme (90 mètres de long sur 60 de large) la mosquée El-Aksa rappelle certaines églises d'Europe ; elle a sept nefs, est surmontée d'une élégante coupole.

Celle-ci indique l'emplacement présumé de l'ancienne habitation de Marie (1).

Un autre monument récemment exhumé par M. V. Guérin se rapporte à la même époque : je veux parler de l'*Ecole de la Très Sainte-Vierge*, découverte à Jérusalem le 11 mars 1884. Plusieurs anciens pèlerins assuraient avoir rencontré sur la Voie Douloureuse, l'école dans laquelle Notre-Dame apprenait à lire et affirmaient que cette école était placée « entre l'Eglise du Spasme et le prétoire de Pilate, au pied de l'Arc de l'*Ecce homo.*» Cette tradition semblait perdue,quand un jour, à la suite d'explorations à travers les ruines de l'église du Spasme (3e station du chemin de la Croix), M. Guérin se vit en face d'une petite mosquée appelée par les indigène *Sissi Mariam* (maison de Notre-Dame Marie). A n'en pas douter, on était sur les ruines de l'Ecole de Marie.

Il est vrai que cet endroit est un peu éloigné du temple dans lequel ou auprès duquel habitait Marie avec les autres jeunes filles consacrées à Dieu ; mais cette difficulté disparaît, si l'on considère que les quatre splendides portiques qui entouraient le temple étaient si vastes qu'ils touchaient à la tour Antonia et aux faubourgs de la ville, comme l'observe Flavius Joseph. Par conséquent, rien n'empêche d'affirmer que cette école

---

(1) La description de cette mosquée ne saurait être d'un grand intérêt ; les ornements d'ailleurs, y font absolument défaut ; ce qui pique la curiosité du visiteur, ce sont les différents monuments de quelques fictions musulmanes plus extraordinaires les unes que les autres: ainsi la Citerne de la Feuille, les Colonnes de l'Epreuve. — sous la basilique s'étend un vaste souterrain désigné sous le nom d'écuries de Salomon. — La tradition place à l'angle sud-est de la mosquée, l'habitation du vieillard Siméon où Jésus-Christ aurait passé quelques jours. — A titre de mention, signalons encore les deux légendes musulmanes qui ont trait au dernier jugement (Pont Sirath) et à la justice de Salomon (siège de Salomon).

était une des dépendances du temple même, et que la Vierge Marie pouvait aisément s'y rendre tous les jours avec ses jeunes compagnes pour y apprendre l'Ecriture Sainte.

Voilà donc les deux anciens sanctuaires où tant de filles de Sion amassaient des trésors de science et de vertus : *Multæ filiæ congregaverunt divitias.* Mais, ô Marie, combien vous êtes plus riche qu'elles toutes, vous dont la beauté a ravi l'amour du divin Esprit et attiré dans votre sein le Fils de l'Eternel. *Tu supergressa es universas.*

CHAPITRE IV

LE MONT GAREB

LE SAINT-SÉPULCRE

BASILIQUES NOUVELLES

Nous sommes ici en quartier chrétien. Originairement, le mont Gareb ne faisait point partie de Jérusalem ; ce fut seulement après la mort de J.-C. que, pour agrandir la ville, Hérode-Agrippa fit passer au-dessus de sa cime la nouvelle enceinte de murailles à laquelle il attacha son nom. Six siècles avant l'accomplissement, Jérémie l'avait ainsi prédit : « Le cordeau sera porté jusque sur la colline de Gareb et il tournera autour de Goatha (Golgotha) ».

Jérusalem n'a point de lieu plus vénérable, de souvenirs plus attachants : c'est là que les premiers chrétiens se sont groupés d'instinct, là que le pèlerin aime à venir souvent méditer et prier.

Nous avons commencé à grouper les notes relatives à notre séjour dans la *Ville Sainte* sous des titres spéciaux ; au lieu de suivre jour par jour, comme précédemment, le pèlerinage, nous avons rappelé tout ce que nous savions des Sanctuaires dont nous voulons parler. Le plan, pour n'être pas aussi conforme à l'idée que nous inspira ces lignes, intéressera peut-être davantage à cause de l'importance des souvenirs qu'il s'agit de recueillir.

Sur le mont Gareb, la Basilique du Saint-Sépulcre et plusieurs édifices modernes attirent notre attention :

§ I. LE SAINT-SÉPULCRE

La *Semaine religieuse* de Châlons (17 avril 1886) a publié déjà le résumé de nos notes et impressions sur cet important sanctuaire : nous suivions alors les traces de Jésus sur la Voie Douloureuse. Contentons-nous de reproduire ces articles.

Le dernier contrefort du mont Gareb, au pied duquel Jésus tomba pour la troisième fois, porte indifféremment les noms de Golgotha et de Calvaire (1) : c'était, avant que « le cordeau soit porté sur la colline de Gareb et ait tourné autour du Goatha *(Golgotha)* » (2), le lieu des exécutions capitales. Là donc, où tant de criminels subirent le dernier supplice, devait couler le sang du divin Condamné. « Et ils vinrent, dit saint Mathieu, au lieu appelé Golgotha ou Calvaire et ils le crucifièrent. »

Trois siècles s'écoulèrent avant que ce lieu béni

---

(1) *Golgotha* signifie rondeur, tête arrondie ; le nom de *Calvaire* (crâne) paraît venir de ce que des têtes de suppliciés se trouvaient enfouies dans les flancs du monticule, ou encore de ce que la tradition prétend que la tête du premier homme fut ensevelie sur cette montagne. Sous le Calvaire, une grotte consacre cette tradition : c'est la *Chapelle d'Adam.* A côté de l'emplacement des tombeaux d'Adam et de Melchisédech, se montrent les Tombeaux des deux premiers rois latins de Jérusalem, Godefroi et Baudoin.

(2) Jérémie, XXXI.

fût honoré du culte que la reconnaissance humaine lui devait rendre. Comment aurait-il été possible au Ier et au IIe siècle de toucher au Calvaire, quand les Evêques de Jérusalem semblaient n'être créés que pour le martyre ? Qui jamais aurait osé résister publiquement aux entreprises sacrilèges de l'empereur Adrien, si jaloux d'étouffer les moindres souvenirs chrétiens ? Les efforts de ce dernier eurent pourtant un résultat précieux ; loin d'ensevelir le Calvaire dans un oubli perpétuel, les monuments qu'il éleva aux faux dieux en consacrèrent plutôt les mystérieux souvenirs. « La folie de l'idolâtrie, dit Châteaubriand, publiait la folie de la Croix qu'elle avait tant d'intérêt à cacher. » Car ni l'infâme Vénus, ni le ridicule Jupiter ne pouvaient détruire Jésus-Christ (1). L'iniquité, en déployant toutes ses ressources, devint elle-même comme la sauvegarde du Calvaire et du Saint-Sépulcre qui dominèrent toutes les insultes et toutes les fureurs. Le jour fortuné où l'empereur Constantin fit monter avec lui (312) le Christianisme sur le trône des Césars, il ordonna de renverser ces idoles abominables et de rechercher, sous l'amas considérable de décombres qui le recouvraient, le saint tombeau du Sauveur. C'est alors que la pieuse impératrice sainte Hélène, sous la direction de saint Macaire, évêque de Jérusalem, fit dégager des flancs du mont Calvaire le rocher voisin qui renfermait la grotte sépulcrale, de manière à l'isoler de toutes parts. Une magnifique basilique à cinq nefs relia ensemble tous les Lieux Saints qui l'entouraient. Disons-le nettement, écrit le F. Liévin, cette·

---

(1) Adrien fit ensevelir sous un amas de décombres le Saint-Sépulcre et le Calvaire, et quand, selon lui, tout a disparu, il souille la sainte Montagne en y élevant un autel à Vénus, tandis que le Saint-Sèpulcre est profané par la statue de Jupiter. — Voir une intéressante étude sur l'*authenticité du Saint-Sépulcre*, publiée dans l'*Univers* du 31 août 1884 et suiv.

inspiration nous paraît regrettable, et en vérité, le chrétien aimerait mieux voir le Calvaire comme Gethsémani, dans l'état où Jésus-Christ l'avait laissé.

La Basilique de Constantin était magnifique : Chosroès la pilla et la brûla en 614. La basilique actuelle, alliance du style roman et de l'ogive sarrazine, est l'œuvre de Modeste, évêque de Jérusalem au VIIe siècle, mais sensiblement modifiée par les croisés. Cet édifice fort irrégulier, car l'on s'est assujetti aux lieux que l'on voulait y enfermer, dessine à peu près une croix latine avec une nef circulaire à l'ouest *(Saint-Sépulcre)*, un transept du nord au sud, à l'est une sorte de chœur *(Chœur des Grecs)* terminé par une abside et contourné par une galerie. Il se compose de quatre parties bien distinctes : 1° de la rotonde où est le Saint-Sépulcre ; 2° de la chapelle franciscaine de l'apparition du Sauveur à sa Mère ; 3° de l'église supérieure du Calvaire ; 4° de l'église souterraine de l'Invention de la Sainte Croix. Les Turcs en sont les gardiens ; ils en cèdent l'usage, moyennant finances, aux diverses communions chrétiennes (1).

C'est au Calvaire qu'il nous faut monter d'abord pour recueillir les dernières leçons de la Voie douloureuse. Auparavant, toutefois, suivons Jésus jusqu'à sa nouvelle prison. Les préparatifs du supplice n'étaient pas terminés : les condamnés, Jésus et les deux larrons, sont donc emmenés dans une grotte voisine. Toute liberté est laissée aux scélérats, mais de Jésus on s'en défie. Malgré l'épuisement où le voient ses bourreaux, ils enferment ses pieds dans une pierre percée de deux trous, afin de lui rendre tout repos impos-

(1) Le nombre des chapelles et des autels qui furent élevés dans l'intérieur de la Basilique s'élève à plus de vingt. Il n'est pas un souvenir de la Passion qui n'ait été l'objet d'un culte spécial.

sible. Une chapelle, construite à cet endroit même, porte le nom de *Prison du Christ*.

Enfin tout est prêt, le Christ est traîné sur le *Golgotha* où les soldats romains s'emparent de leur victime. — A gauche, en entrant dans la Basilique, un escalier de 18 marches conduit à la montagne sainte (1). C'est une plate-forme d'environ 15 mètres carrés divisée en deux chapelles parallèles et presque égales dont l'une est aux Grecs, l'autre aux Latins. Le rocher a complètement disparu sous un revêtement de marbre.

Le crucifié devait demeurer nu sur le gibet ; on arrache donc brutalement les vêtements de Jésus et l'on rouvre ainsi les innombrables plaies dont est meurtri son corps. Une rosace incrustée dans le pavé indique l'endroit de cette xe STATION.

Alors la victime est étendue sur la Croix ; les bourreaux enfoncent les clous dans ses pieds et dans ses mains adorables. Cet endroit est marqué par un grand cercle d'incrustations de marbre de diverses couleurs parmi lesquelles domine le rouge, comme pour indiquer que ce fut la place que N. S. rougit de son sang précieux. Cette place, XIe STATION, est devant un autel dit autel du crucifiement. Sur le Calvaire, la xe, la XIe et la XIIIe STATION sont propriété des Latins.

A 4 mètres de là, le trou où doit être enfoncée la croix est déjà creusé, le moment est venu de la dresser. Bientôt elle est debout ; Jésus supporte tout avec patience. Il meurt et le monde est racheté, XIIe STATION. Le compartiment, à gauche de la chapelle du Calvaire, fut le théâtre du dénouement de la Passion. Un autel y est dressé (propriété des Grecs) (2). Derrière l'autel, le mu

(1) Au moyen âge l'église du Calvaire avait un escalier extérieur, celui qui aujourd'hui conduit à la chapelle de N.-D. des Sept-Douleurs.

(2) De chaque côté de l'autel de la mort du Sauveur, à environ 2 mètres en arrière, se trouve l'emplacement des croix des deux larrons.

du fond est décoré de riches ornements, à la disposition desquels un goût peu sûr a présidé. Vient ensuite un Christ ayant à ses côtés la Vierge debout et S. Jean ; l'effet en est terrible. La table de l'autel est directement au-dessus du *trou de la Croix*, lequel est entouré d'une plaque d'argent.

Il convient de dire que la cavité qui est aujourd'hui au sommet du Calvaire n'est pas matériellement celle où fut plantée la Croix du Sauveur. Après l'incendie de 1808, les Grecs bouleversèrent le Calvaire, enlevèrent la pierre dans laquelle avait été enfoncée la vraie croix pour la transporter à Constantinople, et en mirent une autre à sa place. La véritable fut perdue dans le naufrage du bâtiment qui la portait (1).

A cette XIIe station, tout chrétien cesse d'être indifférent. Il tombe de la Croix des éclairs qui traversent. Le Christ mourant vous regarde. Son amour demande une réponse. Sa soif appelle la vôtre. Jésus s'est livré pour toi, tu dois te livrer pour lui : *Christus se tibi, tu te Christo*. Alors la honte vous vient d'être si lâche et si terrestre, votre cœur se transforme, la passion des grandes choses l'enflamme, le pécheur voit enfin Celui qu'il a transpercé.

« Lorsque le soir fut venu, un noble décurion, appelé Joseph, s'approcha de Pilate et demanda qu'il lui permît d'enlever le corps de Jésus ; en ayant obtenu l'autorisation, il descendit Jésus de la croix. » D'après la Tradition, Marie reçut dans ses bras la dépouille mortelle de son Fils et suivit tous les apprêts des funérailles. Le lieu de cette

---

(1) Non loin du lieu où fut érigée la Croix, à droite et à 35 centimètres au-dessus du sol, on remarque la *fente* qui se fit dans le rocher au moment où Jésus expira. Contrairement aux effets ordinaires des tremblements de terre naturels, le roc est ici partagé transversalement et la rupture croise les veines d'une façon étrange et surnaturelle.

XIIIe station est consacré par un autel, dit Autel de la Compassion (1).

L'embaumement du corps de Jésus ne se fit pas sur le Calvaire même, mais sur une pierre d'un rocher voisin connue sous le nom de *Pierre de l'Onction*. C'est devant cette pierre que tout pèlerin s'incline en entrant dans la Basilique du Saint-Sépulcre.

La *Voie Douloureuse* a son terme au Tombeau du Sauveur. Qu'il fait bon, après les austères leçons du Calvaire, aller y recueillir les salutaires enseignements de l'espérance !

Je n'y fus jamais plus heureux que dans l'inoubliable nuit du 23 mai où j'eus l'insigne faveur d'y célébrer la Sainte Messe.

J'emprunte encore à la *Semaine Religieuse* de Châlons l'article que je lui donnai le 4 avril 1885 sur le Saint-Sépulcre.

Sur les flancs du Calvaire, à quelques mètres seulement de la cime que Jésus venait d'arroser de son sang, Joseph d'Arimathie possédait un jardin où il avait fait creuser son tombeau. Au soir du vendredi saint, ce fidèle disciple alla trouver Pilate et obtint de détacher de la Croix le corps inanimé de son maître. Après l'avoir embaumé, avec l'aide de Marie et des saintes femmes, il le déposa dans le sépulcre qu'il s'était préparé. Dans l'intérieur de la *grande basilique du Saint-Sépulcre*, ce divin tombeau commande aujourd'hui encore le respect du chrétien. A gauche du chœur des Grecs, sous une coupole magnifique, il s'élève en forme de catafalque orné de colonnes et de pilastres, de frontons et de corniches en marbre blanc et jaune. Car on ne voit plus le rocher lui-même tel qu'il était au

(1) Une chapelle attenante à l'église du Calvaire marque la place où se tenaient la T. S. Vierge et S. Jean tandis qu'on clouait Jésus sur la croix ; elle est sous le vocable de N.-D. des Sept-Douleurs. — Les saintes Femmes étaient échelonnées sur les flancs de la colline. Le lieu en est marqué.

moment où il reçut l'adorable humanité du Rédempteur. Pour le dérober à la pieuse avidité des pèlerins qui voulaient en emporter des fragments dans leurs familles, on a dû l'enfermer dans une espèce de mausolée (style grec), qui, sous le rapport de l'art, est, avouons-le, d'un assez mauvais goût.

Pour se représenter le Saint-Sépulcre sans l'avoir vu, il faut se rappeler la disposition usitée jadis en Orient pour les tombeaux. Figurez-vous, pratiquée dans le roc vif, une galerie ou tunnel de deux mètres de profondeur, sur une largeur et une hauteur à peu près égales. Vous y pénétrez en vous courbant par une petite ouverture cintrée de soixante-quinze centimètres de haut environ. Entrez et redressez-vous. Vous voyez alors la galerie dans sa profondeur : à votre gauche monte la paroi du roc, sur votre tête s'arrondit le tunnel, mais à votre droite s'étend, dans le sens de la profondeur, une banquette qui fait corps avec la paroi latérale et avec le sol, parce qu'elle est, elle aussi, taillée dans le roc. Sur cette banquette était déposé le cadavre (1). Sortez. Vous n'avez plus devant vous que la muraille du rocher dans laquelle est pratiquée l'ouverture basse et cintrée qui sert d'entrée au sépulcre. Comment se ferme-t-elle ? Imaginez-vous une pierre meulière, posée non pas à plat, mais sur son arête. Dans cette position, elle peut rouler aisément poussée par la main d'un homme. Or, cette pierre ainsi dressée, supposez-la appliquée de face contre la muraille du roc. Elle peut être roulée contre l'ouverture du sépulcre et alors le sépulcre est fermé. Il n'y a qu'à la desceller et à la faire rouler par côté pour ouvrir le sépulcre. « *Quis revolvet nobis lapidem ab ostio monumenti ?* » (Marc, XVI, 3).

(1) Cette banquette était tantôt plate, tantôt creusée en auge : celle du Saint-Sépulcre a, paraît-il, sous son revêtement, cette dernière forme.

Telle est à Jérusalem la disposition des *Tombeaux des Rois*, telle est à Béthanie la disposition du Tombeau de Lazare, telle est aussi la disposition du Sépulcre de Notre-Seigneur. Ce sépulcre est aujourd'hui enfermé dans le monument de pierre qu'abrite la magnifique coupole dont il a été parlé plus haut. Ce monument lui-même, qui a huit mètres de profondeur sur cinq et demi de largeur, est divisé en deux compartiments. Le premier se nomme la *Chapelle de l'Ange*. Par rapport au vrai sépulcre, il en forme comme le parvis. Une partie de la pierre qui fermait l'entrée du tombeau, renversée violemment, non roulée par le Christ triomphant et sur laquelle l'Ange se tenait assis, subsiste encore : elle est au milieu de ce premier compartiment et on la baise en entrant. On a alors devant soi la porte basse par laquelle on pénètre dans le deuxième compartiment qui est le vrai sépulcre de Notre-Seigneur. Toute la partie supérieure du rocher qui formait le cintre ou la voûte de la galerie sépulcrale a été enlevée. Mais les parois latérales et la banquette du roc sur laquelle a été déposé le corps de Jésus-Christ subsistent, revêtus de marbre, pour les défendre contre la piété des croyants autant que contre les profanations des infidèles.

Que l'impie vienne donc devant ce tombeau soutenir son impiété ! Dira-t-il qu'il est apocryphe ? Mais les débris de vingt peuples qui n'ont jamais quitté la Ville Sainte déposent avec leurs traditions unanimes que c'est vraiment le lieu où on a déposé le corps de Jésus-Christ : *ecce locus ubi posuerunt eum*. Dira-t-il que Jésus n'en est pas ressuscité ? C'est alors le tombeau d'un imposteur et tous les peuples qui depuis deux mille ans se disputent la possession de ce tombeau sont dupes ou complices de la plus infâme fourberie. Il est vrai qu'on avait scellé le tombeau, mais on ne tient pas Jésus sous les scellés, et il les a brisés, quoique très soumis aux lois. Dans ce triomphe du Sauveur, l'âme chrétienne trouve le fondement inébranlable de sa foi : *Surrexit Dominus vere alleluia !* Pourquoi faut-il qu'un sépulcre si glorieux soit profané ? Nous avons vu les infidèles garder la porte de la Basilique, les schismatiques s'arrogent le droit de garder l'édicule du Saint-Sépulcre, et chaque jour les hétérodoxes grecs et arméniens y viennent faire leurs cérémonies, avant les catholiques. O Jésus, vous avez des millions d'anges et vous ne les laissez pas vous venger des sacrilèges !

Nous lisons dans l'histoire des Croisés que, tous les soirs, avant que les soldats se livrassent au sommeil, un héraut d'armes criait dans tout le camp : « *Seigneur, secourez le Saint-Sépulcre !* » Il prononçait trois fois ces paroles et toute l'armée les répétait, en levant les yeux et les mains vers le ciel.

Volontiers nous pousserions le même cri d'alarme si, dans cette surveillance jalouse et farouche de sectes opposées, nous ne voyions pas comme une garantie contre les ricanements de l'incrédulité.

J'ai dit un mot des deux principaux sanctuaires de la Basilique ; je ne veux point m'étendre davantage. Qu'il me suffise, pour être complet, d'énumérer, à la suite de la procession qui chaque jour part de la chapelle de l'Apparition de Jésus à Marie, les autres chapelles où se conservent les moindres souvenirs de la Passion.

A trente mètres environ du Sépulcre que Joseph d'Arimathie s'était préparé pour lui-même dans sa propriété, existait, contiguë à celle-ci, une maison de campagne. Le disciple de Jésus qui avait cédé à son Maître son tombeau, abandonna sa maison à la Mère de son Maître. Au comble de ses vœux, Marie put donc ne pas s'éloigner trop du corps de son divin Fils, et attendre ainsi l'accomplissement des prophéties. C'est là, selon la tradition, que Jésus, au matin du jour de Pâques, serait venu consoler sa Mère et la dédommager, elle la première, des angoisses qu'elle avait partagées avec lui sur le Calvaire.

La maison fut convertie en oratoire (lequel est enclavé dans la basilique du Saint-Sépulcre) et aujourd'hui les Pères Franciscains y chantent constamment les louanges du Seigneur. On l'appelle aussi *Chapelle latine*. Depuis le XIVe siècle elle possède, comme relique, une partie considérable (1) de la *colonne de la flagellation* qui primitivement était conservée sur le mont Sion, dans l'église du Cénacle. L'autel où elle est conservée s'appelle l'*autel de la flagellation*. C'est de cet autel que part le cortège.

Après avoir vénéré la colonne de la Flagellation on se rend à la sombre chapelle appelée *prison du Christ*, où le Sauveur fut jeté pendant qu'on creusait le trou de la croix sur le Calvaire, (nef septentrionale,) — On visite ensuite dans l'abside, la *chapelle de saint Longin*, où ce soldat, converti après avoir frappé Notre-Seigneur de sa lance, vint pleurer son péché. Cette chapelle possédait la sainte Lance, la sainte Eponge et le Titre de la Croix, qui sont présentement à Rome. — Plus loin est la *chapelle de la Division des vêtements*, au lieu où les soldats se partagèrent les habits du Sauveur et tirèrent au sort sa robe sans couture. — On descend ensuite par un escalier de plus de quarante marches, taillé dans le flanc de la colline du Calvaire, dans une vaste chapelle souterraine : c'est le *sanctuaire de l'Invention de la sainte Croix*, qui devait former comme la crypte de l'édifice primitif. C'est là que l'impératrice sainte Hélène découvrit, profondément enfouie dans la

---

(1) Elle est en porphyre et mesure environ 60 centimètres de haut. Le samedi 31 mai, le R. P. Custode fit enlever la grille qui la dérobe aux pieuses curiosités des fidèles afin que nous puissions la vénérer plus librement.

terre et sous les décombres, les instruments de la Passion. — On remonte alors à la *chapelle de Sainte Hélène*. Là se tenait en prière la pieuse impératrice, tandis que, sous ses yeux et un peu plus bas, on exécutait les fouilles qui amenèrent la découverte de la Croix du Sauveur. — Revenue dans la galerie circulaire de la Basilique, la procession s'arrête à la *chapelle des Impropères*, où l'on conserve un tronçon de la colonne en marbre gris sur laquelle les Juifs firent asseoir Notre-Seigneur et l'abreuvèrent d'injures et d'opprobres. — On avance ensuite vers l'escalier du Calvaire que l'on gravit pour faire une station à la *chapelle du Crucifiement*, et une autre à la *chapelle de la plantation de la Croix*. — On redescend par l'autre escalier du Calvaire pour s'arrêter à la *Pierre de l'onction*. — Les dernières stations se font au *Saint-Sépulcre*, à la *chapelle de sainte Marie Madeleine*, enfin dans la *chapelle de l'Apparition*, devant le grand autel où l'on croit, comme nous l'avons dit, que le Sauveur ressucité se montra à sa sainte Mère.

Il y a dans cette série de souvenirs je ne sais quoi de doux et de profond. Un mot, une simple syllabe que le prêtre ajoute à l'oraison commune, qu'il récite à chaque station, fait tressaillir l'âme plus que tous les discours. *Hic*, c'est ici que Jésus a été crucifié ; *Hic*, c'est ici qu'Il est mort ; *Hic*, c'est ici qu'Il est ressucité.

§ II. ÉDIFICES MODERNES

Le quartier chrétien s'est depuis quelques années véritablement transformé : l'impulsion donnée aux œuvres d'Orient s'est traduite à Jérusalem sous une forme grandiose ; il était temps de montrer aux Turcs que la Russie schismatique ne saurait prétendre à renverser la France de son droit au respect, à l'estime et à l'amour.

Dans l'espace de vingt ans, plusieurs édifices ont surgi autour du Saint-Sépulcre, comme jadis on voyait autour de la cathédrale, ou de la modeste église, s'élever de nombreuses habitations. Le *Patriarcat latin* a été réédifié ; l'*Eglise paroissiale latine de Saint-Sauveur* a été construite à neuf ; une *Ecole de Frères* a été installée, et, en dehors des murs, un *Hospice français* a été inauguré, tandis que s'élève la *grande Hôtellerie des Pèlerins de la Pénitence* et l'*Eglise Saint-Etienne.*

1° LE PATRIARCAT LATIN

C'est un vaste palais qui sert de demeure à la fois à Son Eminence, aux chanoines et aux séminaristes.

L'ancien patriarcat latin existe encore, adossé à la Rotonde du Saint-Sépulcre, mais il a été impossible d'en négocier le rachat ; ainsi, l'ancienne résidence des Patriarches de Jérusalem sert d'asile aux pèlerins musulmans.

Contre le palais a été construite, dans un style gothique assez pur, une basilique qui est appelée *pro-cathédrale*, le Saint-Sépulcre restant toujours la première cathédrale de Jérusalem. C'est là que, le jour de la Pentecôte, nous avons vu Mgr Bracco officier pontificalement ; là que fut célébré, le 23 mai 1884, un service solennel pour le repos de l'âme de celui de nos compagnons qui s'était noyé dans le Jourdain.

2° ÉGLISE DE SAINT-SAUVEUR

A la suite des Croisés, saint François d'Assises était venu en Palestine et, avant de mourir, il avait la consolation de voir ses disciples établis à Jérusalem sur l'emplacement du Cénacle. Jusqu'en

1549, ceux-ci, souvent au prix de leur sang, demeurèrent sur le mont Sion ; mais, à cette époque, ils durent s'exiler et ce n'est que dix ans plus tard qu'ils purent se fixer dans l'intérieur même de la ville, au lieu qu'ils occupent aujourd'hui. Leur modeste chapelle bénéficia dès lors de tous les privilèges qui avaient été concédés au Cénacle. « Mais, écrivait un religieux, le 17 janvier 1885, cet ancien sanctuaire, simple grenier à blé, transformé en église au temps des persécutions sanglantes, était devenu tout à fait insuffisant aux œuvres paroissiales ; il y avait donc lieu d'en créer un autre plus vaste, afin de pouvoir y donner de temps en temps des retraites et des missions.

» S'il ne s'était agi que de bâtir un chœur pour les religieux et un lieu de réunion pour les simples fidèles, on eût pu se contenter d'une construction très ordinaire ; mais, quand on saura que le Souverain Pontife, Léon XIII, glorieusement régnant, a jugé à propos de conférer à l'*église de Saint-Sauveur* les indulgences si nombreuses accordées par ses prédécesseurs au Cénacle, devenu malheureusement une mosquée par suite d'évènements qu'il serait trop long de relater ici, on ne s'étonnera plus de l'importance de l'édifice. C'est un monument catholique, c'est le temple de la chrétienté tout entière. Les Pères de Terre-Sainte, qui ne font rien sans l'approbation du Saint-Siège, ont donc été autorisés à faire appel aux fidèles répandus dans les diverses contrées de la terre et à élever au Dieu de la Crèche et du Cénacle des asiles dignes de sa Majesté Suprême.

» Déjà Bethléem possède sa nouvelle basilique, et bientôt Jérusalem n'aura plus rien à lui envier. Les aumônes des pieux chrétiens n'ont point fait défaut jusqu'à ce jour ; si l'empereur d'Autriche s'est signalé par un don de 60.000 francs, la France a eu également à cœur de contribuer largement à l'érection du sanctuaire universel, si je puis m'exprimer ainsi.

» La pose de la première pierre a eu lieu le 29 novembre 1882, jour de la fête de tous les saints de l'Ordre séraphique ; le gros œuvre et une partie de la décoration intérieure sont aujourd'hui terminés; cependant il reste encore beaucoup à faire pour l'entière exécution du plan tracé de main de maître par un religieux Franciscain.

» Les cloches, offrande d'un généreux bienfaiteur, après avoir été mises en place, ont été bénites solennellement par Son Excellence, Mgr le Patriarche latin de Jérusalem, le 29 novembre 1884, second anniversaire de la pose de la première pierre. Elles sont au nombre de cinq ; leur son harmonieux et leur parfait accord excitent l'admiration de toute la ville, voire même des Schismatiques et des Musulmans. Les orgues, de facture vénitienne, arriveront bientôt ; les chaises et les stalles seront confectionnées sur les dessins d'un religieux, dans les ateliers du couvent des Pères de Terre-Sainte ; enfin, les peintures décoratives, déjà commencées, auront aussi pour auteur un disciple de saint François.

» Le style corinthien forme le caractère principal de l'édifice, de sorte que les pilastres et les chapiteaux rappellent, bien qu'en petit, ceux de l'incomparable basilique de Saint-Pierre, à Rome. J'espère que ce simple aperçu suffira pour inspirer à de futurs pèlerins le désir de venir contempler un monument qui, sous un gouvernement musulman, étonne encore moins par la hardiesse de sa conception que par la réussite de son exécution. La Sublime-Porte a fait un acte de vraie liberté en accordant aux catholiques le même privilège qu'aux sectes dissidentes et aux Musulmans. Là où les Grecs et les Arméniens schismatiques possèdent de riches sanctuaires, pourquoi les Latins, comme on appelle ici les catholiques, n'auraient-ils pas également à offrir à leurs coreligionnaires un lieu de prière digne du Dieu trois fois saint, qui réside véritablement dans le Sacrement de l'autel ? »

Aujourd'hui, l'œuvre est accomplie : le 29 novembre 1885, Mgr Bracco consacrait ce nouveau sanctuaire.

Un clergé très nombreux, régulier et séculier, et des députations des diverses Communautés religieuses assistaient à cette consécration qu'honoraient de leur présence M. Ledoulx, Consul de France, en grand uniforme, escorté de tout le personnel du Consulat, ainsi que M. le Consul d'Autriche, également en uniforme.

Voici donc les Franciscains de Jérusalem pourvus aujourd'hui de tout le nécessaire : ils ont une église digne du Dieu qu'ils adorent ; un couvent où les exercices de la vie religieuse peuvent être facilement accomplis, un hospice où ils peuvent donner aux pèlerins une hospitalité convenable (1).

3° ECOLE DES FRÈRES

Le gouvernemement français suit une double politique : à l'intérieur, il pourchasse le clergé et les Frères des Ecoles chrétiennes ; à l'extérieur, il les protège. Ainsi, c'est grâce à lui que la Palestine possède trois écoles catholiques dirigées par des congréganistes : Jérusalem, Jaffa et Caïffa ne se plaignent point de ces faveurs. — La maison des Frères de Jérusalem présente une particularité assez remarquable : elle possède à son sous-sol les restes de la *Tour Psephina* construite par Hérode-le-Grand ; les travaux du persécuteur des Innocents servent aujourd'hui à soutenir les voûtes qui portent une école chrétienne. L'enseignement n'est-il pas plein d'actualité ? — Une cérémonie grandiose dans les jardins de l'école a marqué notre passage à Jérusalem. C'était le 30 mai 1884 : une grotte, édifiée sur le modèle de la grotte de

(1) Cet hospice, connu sous le nom de *Casa Nova*, a été complètement terminé en 1872.

Lourdes, devait recevoir la bénédiction de Mgr Bracco. Nous y étions tous et Jérusalem avec nous. La fête se prolongea jusqu'au soir. Après la bénédiction, les pèlerins, groupés sur les terrasses de leur hôtel respectif, chantaient l'*Ave Maris Stella*, alternaient le *Magnificat* et saluaient par des feux de mousqueterie la nouvelle Reine de la Ville Sainte. Le lendemain, il y eut messe à la grotte, salut solennel à six heures et, le soir, grand feu d'artifice. La Sainte-Vierge eut ainsi à Jérusalem des honneurs sans pareils au dernier jour du mois qui lui est consacré. Puisse-t-elle, en retour, y exercer sa puissance comme à Constantinople!

4° HOSPICE FRANÇAIS

Jérusalem offre un bel exemple de ce que le Dr Cretin appelle l'*Organisation hospitalière libre et libérale ;* grâce à la générosité d'une famille française, elle possède un hôpital libre qui ferait le ravissement des philanthropes modernes. Nommer l'hôpital Saint-Louis, nommer Mme la comtesse de Piellat et son fils, c'est nommer deux grands bienfaiteurs et une œuvre de grande bienfaisance. Les nommer, c'est faire leur éloge. Le vendredi 30 mai, nous assistions à la bénédiction de la chapelle : là, il n'y eut qu'une voix pour saluer en M. de Piellat le précurseur des grands pèlerinages français.

5° COUVENT SAINT-ÉTIENNE

Nous avons quitté le mont Bézétha pour classer au nombre des édifices modernes l'hôpital Saint-Louis qui est hors les murs : qu'on nous permette de renfermer dans cette digression une courte notice sur deux établissements plus modernes encore, également situés hors les murs.

Après cinq siècles d'exil, l'ordre de Saint-Dominique veut revenir au Tombeau du Christ : un de ses membres, pèlerin de 1882, le P. Matthieu Lecomte a conçu ce noble désir et aujourd'hui ce désir est réalisé.

Le 27 décembre 1883, avec l'autorisation de S. S. Léon XIII et de ses Supérieurs majeurs, il achetait, en dehors de la ville, un terrain que des découvertes récentes avaient désigné pour le lieu authentique de la *Lapidation de saint Etienne* (1). Le 13 mai suivant, nous inaugurions, sur l'emplacement du nouveau couvent, le culte de N.-D. du Rosaire : nous entendîmes alors le P. Lecomte nous exposer le plan de sa fondation (2).

---

(1) L'ensemble du terrain acheté entre la porte de Damas et la porte Saint-Etienne forme deux hectares et demi : c'était l'emplacement d'une ancienne église, de l'*ânerie* ou caravansérail, construite par Saladin, et de l'ancien abattoir. Après l'acquisition, le P. Lecomte y a continué les fouilles que le premier propriétaire avait commencées. Voici comment en parle M. Victor Guérin, dans son rapport à M. le Ministre de l'Instruction publique :

« Je dois signaler des fouilles d'un grand intérêt qui ont été pratiquées sous mes yeux à Jérusalem par le R. P. Matthieu Lecomte, de l'ordre des Dominicains. Ce religieux a découvert, non loin et en dehors de la porte de Damas, plusieurs gros tronçons de colonnes monolithes et trois grands fragments d'une immense mosaïque qui, par les croix qu'on y remarque, offrent un caractère évidemment chrétien et paraissent avoir appartenu à la superbe basilique érigée jadis par Eudoxie en l'honneur de saint Etienne. La pensée lui est venue de relever, dans des dimensions naturellement beaucoup plus modestes, le sanctuaire de ce premier confesseur de la foi, et de bâtir un monastère alentour. Je fais des vœux pour la réussite de son projet. Si un couvent de cet ordre s'établissait à Jérusalem, j'y verrais un nouvel et puissant auxiliaire de plus pour l'influence catholique et française. Il est urgent, en effet, de réagir contre les autres influences, de jour en jour grandissantes, qui cherchent à amoindrir et à supplanter celle-là. » (V. *Bulletin de l'Œuvre des Ecoles d'Orient*, n° de septembre 1884.)

(2) *Année Dominicaine*, n°s 278, 301, 302.

« Au XIIIe siècle, nous dit-il, notre ordre comptait, en Palestine, jusqu'à dix-neuf couvents; nous voulons renouer ici de vieilles traditions et continuer la mission de nos Pères. » Puis il nous fait l'histoire des ruines que nous foulions aux pieds, nous rappelle les convenances du culte de saint Etienne et nous expose le but qu'il veut atteindre.

Depuis cette première bénédiction, l'œuvre a grandi : nous sommes heureux de savoir qu'au 26 décembre 1884, la colonie dominicaine prenait possession de son couvent et qu'au 10 janvier 1885, Mgr Bracco bénissait sa modeste chapelle. — C'est un des fruits des Pèlerinages de Pénitence.

6° HÔTELLERIE DES PÈLERINS DE LA PÉNITENCE NOTRE-DAME DE FRANCE

Il nous faut encore parler de cette œuvre, la plus récente, car elle est l'œuvre des pèlerins de 1884. Jusqu'alors, la France était l'unique nation qui n'eût point offert d'asile aux siens dans la Ville Sainte ; il y avait un hospice russe, un hospice autrichien, etc. ; il n'y avait point d'hospice français.

La lacune est aujourd'hui comblée. Le vendredi 6 juin 1884, pendant la traversée du retour, le P. Bailly avait consulté les pèlerins sur l'opportunité de cette œuvre ; fort de notre assentiment, à notre arrivée à Marseille, il télégraphiait à Jérusalem que l'emplacement désiré était accepté.

Quelques jours après (10 juillet 1884), le R. P. Bailly nous écrivait :

« Nous sommes revenus ensemble de Jérusalem, il y a un mois, et sur le bateau du retour, nous constations que nous avions dépensé toutes nos économies comme nos pères des croisades qui vendaient tous leurs biens pour aller délivrer les Saints Lieux ; nous n'avions plus d'autre richesse que la joie d'avoir été choisis pour propager le magnifique mouvement qui entraîne l'Occident vers le tombeau du Christ.

» Aussi quel enthousiasme dans les lettres où vous nous annoncez, de différents côtés, que vous ramènerez toute une compagnie de pèlerins, que vous en enverrez en 1885 un bataillon entier !

» Cet enthousiasme, courageux, surtout au lendemain des fatigues, me donne aussi le courage de vous rappeler l'acte audacieux que nous avons accompli, sur le bateau, au moment même de notre détresse financière : nous avons décidé — par acclamation — qu'il fallait, en rentrant à Marseille, télégraphier à Jérusalem d'acheter, au nom du Pèlerinage de Pénitence, un terrain de 80.000 francs, plus les frais, pour fonder l'hospice où les pèlerins trouveront dans l'avenir un foyer, un centre de réunion, et où ils trouveront en outre, pour se réconforter dans un voyage parfois pénible, tous les usages français. Là, nous aurions *chacun* notre cellule pour prier et nous reposer.

» Ce terrain contigu à l'hôpital de M. le comte de Piellat, dans lequel les bonnes sœurs de Saint-Joseph prodiguent leurs soins, nous permettra, quand vous serez installé, de faire soigner les moindres indispositions ; tout est pour le mieux, le télégramme a été envoyé à Jérusalem, la réponse est venue, vous êtes propriétaire.

» Des païens de la vieille Rome, après la défaite, ont une fois mis à l'encan le terrain occupé par l'ennemi, et des acheteurs se sont présentés, mais ces acheteurs avaient au moins l'argent ; ne nous étonnons pas si des chrétiens du XIXe siècle, plus confiants encore dans l'avenir de Jérusalem que de pauvres païens dans l'avenir de Rome païenne, ont osé acheter ainsi un terrain au loin sans avoir même une partie de l'argent.

» Il suffit donc, aujourd'hui, de trouver la somme, et cela presse ; nous savons que vous ne nous ferez point faire banqueroute. »

Les PP. de l'Assomption ont dans la Providence une confiance qui, jusqu'ici, ne les a point trompés : encore cette fois, elle leur a été favorable. Déjà, pendant son séjour à Jérusalem, le pèlerinage de 1885 avait pris possession du terrain (5.000 mètres) : une tente monumentale y avait été dressée ; c'était comme le symbole de la magnifique hôtellerie qu'on devait bientôt y admirer.

Mais la tente fut enlevée et « maintenant, écrivait le 10 juin 1885, M. de Piellat, les pierres s'amassent.

» Les fondations sont déjà creusées. Le bâtiment reposera sur un roc vif, un rocher franc et dur. A l'ouest, le roc est à fleur de terre et il n'y aura pas de fondation ; mais le rocher, de l'ouest à l'est, s'abaisse de trois à quatre mètres, ce qui permet de faire, à l'est, un sous-sol et des cuisines. — On fait sauter avec la mine les rochers qui gênent pour les futures plantations. — Ils sont d'une bonne pierre dure renommée, *mizi ioud* ou *mizi-juif*, c'est-à-dire, selon le style imagé de l'Orient : *dure comme la tête d'un juif*.

» On taille les pierres et, le 20 juin, on commencera la maçonnerie. »

Pendant ce temps, les listes de souscription se couvrent promptement : c'est à qui voudra son mètre de maçonnerie, à qui donnera à une *cellule* le nom du saint qu'il aime le plus. Le prix de la cellule est de 700 francs ; le prix du mètre cube de maçonnerie est de 20 francs. Les 20 francs et les 700 francs s'entassent jusqu'à fournir au 15 août une somme de 24.392 francs. Mais les timides s'effraient. Les Turcs, disent-ils, ne chercheront-ils pas à entraver une pareille entreprise ? — Rassurez-vous, leur répondent les PP. de l'Assomption, le terrain a été acheté devant les autorités turques, qui, à cet égard, respectent aujourd'hui le droit de propriété un peu plus que la République française, et il a été payé entièrement, ce qui est rare dans les entreprises modernes. De plus, les plans de l'*hôtellerie* des Pèlerins ont été acceptés par le Pacha.

Et en même temps ils publient une lettre de M. de Piellat qui se terminait ainsi :

« Quand vous recevrez cette lettre, depuis longtemps tout le sous-sol (cuisines et citerne) et le nivellement général seront terminés. Le rez-de-chaussée sera en train, les ouvriers ne voulant pas s'arrêter.

» A la solidité nous avons joint un peu d'élégance, une couronne ou chapiteau aux piliers, une console ou corbeau sculpté aux retombées des voûtes. Au dehors, le mur de façade est formé par de belles assises à taille de bossage énorme, ce qui donne à la construction un aspect de force née et rappelle l'appareil des croisés dans diverses de leurs constructions, au château de Kérak, par exemple.

» Maintenant, espérons que la cuisine très sobre qu'on fera sur les fourneaux répondra à la cuisine que viennent de faire les maçons. Ceux-ci ont fini et les cuisiniers vont pouvoir commencer. Vous savez que nos pères, les croisés-pèlerins que nous essayons d'imiter (nous sommes encore loin de leur zèle pour bâtir sanctuaires et forteresses), avaient donné des noms à toutes les rues de Jérusalem : rue Saint-Etienne, rues de Josaphat, de David, des Palmes, rue du Change des Syriens (ils apportaient déjà leur or pour le changer contre la pauvre monnaie du pays), rue des Patriarches, rue *Malcuisinat !...* parce qu'en cette rue étaient les rôtisseurs publics, chez lesquels les pèlerins pauvres allaient acheter leur nourriture. Il paraîtrait que *déja* l'art culinaire n'était pas très développé en Orient, aussi avait-on baptisé cette rue Malcuisinat ou rue de la *mauvaise cuisine.*

» C'est aux organisateurs à décider si nous ressusciterons, par dévotion pour l'antiquité, ce nom en faveur de la rue qui aboutit à nos vastes cuisines.

» Derrière la cuisine est cachée la citerne, dans le terrain qui monte ; c'est chose aussi importante et plus nécessaire que la cuisine. En tournant simplement un robinet, on aura aussi de l'eau fraîche dans cette cuisine et l'on pourra se croire en France. Jusqu'ici, en Orient, il a toujours fallu tirer l'eau des citernes avec un seau attaché à une longue corde, comme Rébecca le fit pour les chameaux d'Eliézer, ou Jacob pour les brebis de Rachel, et chacun emporte sa corde ; nous aurons un robinet.

» Toutefois, c'est un puits creusé par la bourse des constructeurs, comme Abraham et Isaac creusèrent les leurs par les bras de leurs serviteurs, près de Gérare (Genèse, XXXVI). Un puits était alors une richesse: il en est de même aujourd'hui. Tous ces puits avaient des noms. Comment s'appellera le vôtre ? Qui ne se souvient du puits de Bersabée, du *Puteum viventis et videntis me :* puits de Celui qui est vivant et qui me voit, ainsi nommé par Agar, fuyant loin du Saraï, lorsque l'ange lui apparut dans le désert (Gen. XVI) et que les malheureux musulmans pensent être celui de la ville sainte de La Mecque, dont il aurait donné origine.

» Notre puits n'a-t-il pas aussi de grandes destinées et ne faut-il pas non plus le baptiser, mais au moins le nommer ?

» Ce ne sera pas le puits de *Calumnia,* ni *Inimicitias*, ainsi appelé par Isaac, lorsque les pasteurs de la Gérare lui faisaient la guerre ; ce serait plutôt le puits de *Latitudo* qu'il creusa aussitôt que la paix fut rétablie, disant : *Nunc dilatavit nos Dominus, et fecit crescere super terram* ou le puits d'*Abundantia* (Gen. XXVI). »

A Jérusalem, les travaux sont poussés activement ; ainsi, le 30 septembre, M. de Piellat écrivait :

« Le rez-de-chaussée est terminé. Nous voilà lancés dans le premier étage » ; et, après avoir décrit le chantier, il ajoutait : « Nous ne ferons qu'un rez-de-chaussée et un premier étage, mais nous les finirons : on pourra y habiter au prochain pèlerinage ». M. de Piellat sera en mesure de tenir parole.

« D'ici à peu de temps, écrivait le F. Liévin (10 novembre 1885), plus de 50 chambres seront couvertes » ; et, un mois après, le *Pèlerin* publiait une lettre de M. de Piellat annonçant que, « en dépit de toutes les difficultés, les voûtes étaient terminées et qu'on faisait le *battuto* ou *medeh* (1) ».

Le principal est donc terminé ; les cellules seront baptisées en juin 1886 et, avec la bénédiction, recevront les noms désignés par les souscripteurs (2).

(1) Sorte de béton destiné à résister aux intempéries des saisons : c'est un composé de sable, cendre, chaux et gravier.

(2) Les dépêches du Pèlerinage de 1886 nous apprennent que, sur la proposition de Mgr Poyet, l'*hôtellerie des Pèlerins de la Pénitence* est solennellement acclamée du nom de *Notre-Dame de France.* Les plus belles fêtes ont eu lieu en juin 1886 dans ce monument qui répètera à tous les âges que

« La Terre du Christ et la France sont sœurs. »

CHAPITRE VI

SION — ACRA

Les deux collines qu'il nous reste à dépeindre furent les premières assises des deux cités qui, plus tard, devaient composer Jérusalem. Sur le mont *Acra* était construite *Salem* ; sur le mont *Sion* se dressait la forteresse de *Jébus*.

Je n'ai rien recueilli du mont Acra ; tout l'objet de ce chapitre sera donc le mont *Sion*, son histoire et ses souvenirs.

Quatre siècles environ après l'établissement des Hébreux sur le mont Acra, dans la huitième année de son règne, David s'empara de Jébus et en fit la capitale de son royaume (1). Dès lors le mont Sion porte le nom de *Cité de David.* Toutes les pages du livre des *Psaumes* disent à quel point le Roi-Prophète chérissait cette colline. Il la nomme à tout instant ; il en fait l'emblème de la force, de la joie, de la beauté ; c'est « la Sainte Montagne, Dieu l'a choisie, Dieu l'a fondée, Il chérit ses portes, Il y habite ; toutes ses bénédictions en descendent ». Un palais magnifique y fut construit, dans lequel Salomon composa ses immor-

(1) Hébron était auparavant sa résidence royale.

tels ouvrages, où la reine de Saba vint admirer la sagesse du fils de David. Un temple au Seigneur devait y être bâti ; sur l'ordre formel du Très-Haut, l'Arche d'Alliance fut transportée d'Obédédon sur ce plateau illustre et elle y demeura jusqu'à l'achèvement du temple.

Déplorable Sion, qu'as-tu fait de ta gloire ?
Tout l'univers admirait ta splendeur,
Tu n'es plus que poussière et de cette grandeur
Il ne nous reste plus que la triste mémoire.

Depuis les années du Psalmiste, en effet, Dieu ce semble a versé sur Sion la colère de son indignation. « *Viæ Sion lugent* ». La Tour de David est encore debout avec la fenêtre qui vit le péché et la pénitence du Prophète ; mais la plus grande partie de la colline est rejetée hors des murs et, suivant la prophétie de Jérémie, « *Sion est labourée comme un champ* ». Quoi qu'il en soit, nous sommes là en quelque sorte au berceau de l'Eglise juive et de l'Eglise chrétienne.

A. SION *intra muros*

C'est près la Tour de David que commence le pèlerinage du mont Sion. Nous l'avons entrepris le mercredi 13 mai 1884 ; nous suivrons fidèlement les notes écrites sur place, nous contentant de nommer les souvenirs que nous avons déjà consignés (chapitre III) dans la description de la Voie de la Captivité.

1° *Tour de David.* — La citadelle qui, à l'extrémité N. de Sion, commande la porte de Jaffa, est, dans ses fondations, d'origine jébuséenne ; la tour qui lui est adossée remonte au temps de David. Je n'en fais tant mémoire qu'à cause de la Vierge dont elle est le symbole. *Turris Davidica.* Jamais aucun conquérant n'a cherché à prendre d'assaut la Tour de David ; jamais non plus l'ennemi du genre humain n'essaya de triompher de l'âme de

Marie. — La Tour de David ne fut-elle pas aussi le sanctuaire de la vraie pénitence : de la terrasse, David avait vu Bethsabée, femme d'Urie, et avait médité un crime (1) ; dans une chambre de la même tour, David pleura son égarement et traduisit son repentir par le *Miserere*. Sous les yeux des gardiens de la citadelle, nous nous mettons à genoux pour invoquer Marie, Tour de David, et pour réciter les psaumes de la Pénitence ; puis, à travers un labyrinthe de rues plus ou moins propres, nous visitons en détail le mont Sion.

2° Presque en face, la citadelle était jadis le *Palais d'Hérode-le-Grand.*

Un temple protestant a dignement remplacé la résidence du bourreau des SS. Innocents Le temple est élégant et le presbytère paraît confortable. Ces messieurs de la Réforme ne sont pas en mission pour rien. Une des choses contre lesquelles ils protestent le plus volontiers, c'est le vœu de pauvreté. Luther leur a donné, sous ce rapport, un exemple toujours bien suivi.

3°, 4°, 5°. Les moindres souvenirs, dès lors qu'ils se rattachent à la vie de J.-C. ou à celle de ses Apôtres, mériteraient quelque honneur. Nous gémissons de voir qu'il n'en est plus rendu aucun au *Lieu où N. S. ressuscité apparut aux trois Marie* ;

à l'*Emplacement de la maison où Pierre se retira pendant la nuit, à sa sortie miraculeuse de la prison* (Actes des Apôtres, XII) ;

à l'*Emplacement de la maison de saint Thomas.*

Il nous faut donc passer et nous résigner à ne nous arrêter qu'à la IIe station de la *Voie de la Captivité* (chapitre III).

6° C'est l'*Emplacement de la maison du*

---

(1) Non loin de *Casa Nova*, on montre encore l'emplacement de la maison d'Urie. II Rois XI.

grand-prêtre Anne. Des religieuses arméniennes schismatiques ont leur couvent autour du sanctuaire qui abrite le lieu où N. S. fut interrogé, pour la première fois, le matin du Vendredi-Saint.

7° Tout près, est le patriarchat arménien et ses dépendances. La cathédrale seule a pour nous quelque attrait, parce qu'elle possède une chapelle sur le *Lieu précis du martyre de l'apôtre saint Jacques.* L'emplacement de tous ces édifices est immense. « Il est, dit l'abbé Létard, peu inférieur dans sa beauté et dans son ensemble à l'esplanade de la mosquée d'Omar et aux récentes constructions russes au N.-O. de Jérusalem. Les reliques de saint Jacques furent, on le sait, vénérées de tout temps en Espagne où les avaient transportées saint Théodore et saint Athanase (1).

B. SION *extra muros*

Sur Sion, les cyprès poussent encore comme au temps de Salomon, « *Cypressus in monte Sion* » ; à peine avons-nous admiré ceux qui ornent les jardins du patriarche arménien qu'il nous faut sortir de la ville. Ils nous rappelaient Marie dont ils furent le symbole et nous préparaient à méditer fructueusement deux mystères de sa mort qui eut lieu à proximité du Cénacle.

C'est en effet à Jérusalem, et non point à Ephèse, que mourut la Mère de Dieu.

1° L'*Emplacement de la maison de la Sainte Vierge* fut vénéré toujours sur le plateau de Sion et des pèlerins du VIIe et du XVIIe siècles affirment l'avoir vu occupé par un modeste oratoire. Marie termina donc sa vie à l'ombre du Cénacle : elle y recevait chaque jour la Communion eucharistique des mains de saint Jean, son fils adoptif ; elle y

(1) Lettres apostoliques de S. S. Léon XIII, novembre 1884 : *Semaine religieuse* de Châlons, 2e année 101, 588.

reçut du Ciel l'annonce de sa délivrance, elle y mourut, dit le F. Liévin, vers l'an 58 de J.-C., à l'âge de 72 ans.

2° Un autre monument confirme cette tradition, je veux dire la colonne marquant l'*Endroit où fut arrêté le cortège funèbre de la T. S. Vierge*. C'est l'emplacement d'une chapelle construite dès les premiers siècles en mémoire des miracles que Dieu avait accomplis à l'honneur de sa mère.

3° Nous signalons, sans la décrire, la *Maison de Caïphe* (IIIe station de la Voie de la Captivité, ch. III).

4° Le grand souvenir de Sion hors les murs, c'est le Cénacle. Nous y sommes enfin. L'Evangile nous dit ce qu'il était du temps de N. S. : *Cœnaculum magnum, stratum*, une salle grande et ornée. D'après la tradition, il appartenait à saint Joseph d'Arimathie... Les premiers chrétiens le transformèrent en église. Sainte Hélène y fit construire une basilique qui fut détruite par les Turcs. Les Franciscains la relevèrent au XIVe siècle ou plutôt ils bâtirent sur l'emplacement la petite église qui existe encore (1) ; mais dans quel état !

Ce Cénacle où Jésus a institué plusieurs sacrements : l'*Eucharistie*, l'*Ordre*, la *Pénitence* (plusieurs ajoutent la *Confirmation*) ; où il a lavé les pieds à ses disciples, prédit le renoncement de saint Pierre et la trahison de Judas, prononcé l'admirable discours de la Cène, promis un Consolateur, apparu deux fois après sa résurrection ; cette église première et mère de toutes les églises, où les Apôtres se sont réunis tant de fois, où ils ont reçu le Saint-Esprit en compagnie de la Sainte Vierge, où saint Mathias a été élu au sort pour remplacer Judas, où saint Jacques le Mineur a été consacré premier évêque de Jérusalem, où

(1) Elle a 14 mètres de long sur 9 de large ; les deux étages sont encore conservés.

saint Etienne et les autres diacres ont été élus ; ces murs trois fois saints qui ont vu la première messe, la première communion, la première retraite, la première prédication, la conversion du premier incrédule, le premier concile ; ce vaisseau à jamais sacré d'où sont sortis l'Evangile, l'Eglise, le Prêtre, la Religion, le Missionnaire, le Chrétien ; ce lieu enfin, le plus auguste du monde, est aujourd'hui une mosquée, pire que cela, un lieu des plus souillés de Jérusalem !

Après avoir possédé le Cénacle pendant trois siècles, les Franciscains en furent chassés par les Turcs, en l'année 1551, sous le prétexte qu'une de ses salles renfermait le tombeau de David et qu'il ne convenait pas que des *chiens* possédassent le corps du Roi-Prophète.

Depuis cette époque, le Saint-Sacrifice n'a pas été célébré au Cénacle, si ce n'est une seule fois, en 1860, par Mgr Spaccapietra.

Nous empruntons le fait aux *Annales de Sion :*

En 1860, Mgr Spaccapietra, archevêque de Smyrne, avait passé quelques mois en Terre-Sainte, édifiant Jérusalem par sa charité et sa piété, lorsque aux approches de la Semaine-Sainte, arriva l'illustre princesse de Hohenzollern, de la branche catholique de la famille royale de Prusse. La princesse avait formé dans son cœur un désir impossible ; c'était de faire dire la sainte messe au Cénacle le Jeudi-Saint.

On eut beau lui objecter que le Cénacle avait été transformé en mosquée depuis des siècles, que ni le pacha, ni le cadi, ni même le sultan ne pouvaient lui accorder cette faveur et enfin que les gardiens de cette mosquée étaient tellement fanatiques, qu'il serait plus que téméraire de leur faire une semblable proposition. Mais ce que femme veut, et surtout ce que princesse veut, il faut que tout le monde le veuille et que cela se fasse.

La princesse savait que le *Bakchiche* serait la seule clé du Cénacle, elle n'en employa point d'autre pour s'en faire ouvrir les portes ; elle le voulait à tout prix, et elle y tenait d'autant plus que c'était impossible. Elle fit appeler l'effendi gardien de la mosquée, lui offrit une somme fabuleuse, lui promit qu'en deux heures tout serait terminé et que la plus stricte discrétion présiderait à tous les arrangements ; quelques personnes seulement devaient être admises.

Il y allait de la vie des uns et des autres. La princesse ne s'était pas trompée. En Orient, l'or est le seul et le plus puissant argument dans toutes les rencontres. L'effendi accepta le marché.

La veille du Jeudi-Saint, à la nuit tombante, un petit autel portatif et tous les accessoires nécessaires pour la célébration du saint sacrifice furent apportés dans une caisse soigneusement fermée. Toutes les issues furent prudemment closes et le vigilant propriétaire gardait lui-même l'unique entrée praticable.

Mgr Spaccapietra fut invité par la princesse à renouveler le mystère de la sainte Cène, au même lieu et au même jour que Notre-Seigneur Jésus-Christ l'accomplit en présence de Marie et au milieu de ses Apôtres.

En mémoire de cette action divine, douze prêtres furent choisis par Mgr Spaccapietra pour assister à cette nouvelle réunion du Cénacle et pour participer au corps et au sang de la nouvelle et éternelle alliance.

Les heureux invités se présentaient à la porte de la mosquée, ou seuls, ou deux à deux, et la porte s'ouvrait et aussitôt se refermait.

Lorsque la réunion fut au complet, de nouveaux scrupules s'emparèrent de la conscience du rusé musulman. Sachant à qui il avait à faire, il refusa absolument de laisser dresser l'autel. Les surenchères de la noble princesse rassurèrent enfin le trop timoré effendi. Il fit fortune ce jour-là.

Mgr Spaccapietra désigna le Père Marie

Ratisbonne pour être un des servants du banquet sacré.

Dire les émotions de l'assistance et l'abondance des larmes du célébrant serait chose impossible. Par moments, le Père Marie Ratisbonne croyait que le saint archevêque ne pourrait pas achever le Saint Sacrifice commencé, et il se tenait prêt à le recevoir dans ses bras.

Deux heures ne furent pas de trop pour l'accomplissement de cette mystérieuse solennité pascale ; elle se termina sans accident et les mêmes précautions, qui avaient été prises à l'entrée, furent répétées à la sortie du Cénacle, *propter metum Judæorum.*

Les pèlerins de la Pénitence ne sauraient prétendre à une pareille faveur. Tout ce que nous pûmes obtenir fut de visiter le Cénacle et d'y prier quelques instants à voix basse. Hélas ! que cette visite coûte cher ! Nous ne parlons pas du droit d'entrée, un chrétien ne compte pas cela, mais de la honte et de la douleur qui vous suffoquent, en traversant cette vaste écurie dont la barbarie musulmane a fait le vestibule de ce Saint des Saints.

En 1881, les premiers pèlerins tentèrent une démarche pour pouvoir célébrer au Cénacle la fête de la Pentecôte. La démarche, on le conçoit, fut vaine. D'autre part, on insistait pour solenniser quand même la Pentecôte sur le mont Sion. De ce pieux désir jaillit une idée magnifique qui, jusqu'ici, est chaleureusement suivie.

Le mont Sion est le lieu de sépulture des chrétiens. Chaque communion y possède son cimetière séparé. (Les Turcs n'ayant pas encore imaginé cette invention de l'*Etat laïque*, qu'on appelle la promiscuité des sépultures.) Ne pourrions-nous pas, dit alors un pèlerin, célébrer la messe dans notre cimetière ? La pensée fut adoptée d'enthousiasme. Sous une vaste tente, des autels portatifs furent dressés dans le *Campo Santo* et là, sur les restes de nos frères, à côté du *Cénacle*, à vingt pas du *Lieu de la dormition de la Sainte Vierge*, nous célébrâmes les Saints Mystères et nous fîmes retentir le *Veni Creator*, le *Pange lingua* et le *De Profundis*.

En 1884 comme en 1881, cette scène des catacombes avait une majesté incomparable. Les catholiques de Jérusalem pleuraient d'attendrissement ; les schismatiques se pressaient aux deux portes du cimetière, admirant la sublimité de nos cérémonies ; et les infidèles étaient suspendus aux remparts, honteux sans doute de leur intolérance pour une religion si belle.

Quand donc le Cénacle, ce ciel de la terre, sera-t-il rendu à Celui qui l'a fait ?

5° Un pèlerinage au mont Sion se termine à la *Grotte du Repentir de saint Pierre.*

C'est dans la cour de Caïphe que saint Pierre renia N. S. ; c'est dans la même cour qu'au chant du coq il conçut le repentir de sa faute : c'est un peu plus loin qu'il se retira pour « pleurer amèrement ». Au XIIe siècle, il s'élevait encore en cet endroit une église, nommée Eglise de Saint-Pierre en Gallicante (*in galli cantu*), mais aujourd'hui la grotte seule existe, la même qui servit d'asile à saint Pierre pénitent.

Un acte de contrition marqua donc la fin et le commencement de notre excursion.

J'ai fini de grouper tous mes souvenirs et toutes mes notes sur la Ville Sainte. Je les résume dans ces lignes du P. Ratisbonne :

« Jérusalem, écrivait-il en 1858, est un labyrinthe de ruines plongées dans une épaisse poussière ; poussière sainte, si vous le voulez, poussière de Prophètes, de Pontifes, de Rois et de tous les peuples de la terre ; mais c'est toujours de la poussière, dernière expression de l'histoire humaine. Partout où l'on creuse, on trouve des tombeaux ; et au-dessus de ces tombeaux, d'autres tombes. Cette ville merveilleuse a été vingt fois renversée et rebâtie ; en sorte que les ruines de toutes les époques sont couchées les unes sur les autres et forment des montagnes de décombres étagées par siècles. A chaque pas, on monte et on descend ; on s'engage dans des rues ou plutôt dans une série de défilés qui sont de vrais tunnels et on soulève à mesure qu'on avance des monceaux de poussière ; poussière d'Adam et d'Eve, poussière de Melchisédech, poussière d'Abraham, poussière de Josué, poussière de Salomon, poussière des anciens géants et des modernes héros des Croisades, poussière des pèlerins de tous les temps et de toutes les contrées du monde. Tout cela, pêle-mêle, est confondu dans une même enceinte, le cadre de l'Ancien et du Nouveau Testament.

Toujours des tombeaux ! Il n'y a que cela à Jérusalem ; la ville tout entière n'est qu'une silencieuse nécropole, une vaste agrégation de sépulcres rangés autour de la Tombe d'où sont sorties la Résurrection et la Vie.

Pourtant, Jérusalem, dans sa désolation, dans son morne silence, force encore les cœurs à s'élever vers Dieu. Le Seigneur, en la rendant autrefois si belle et si glorieuse, semble avoir voulu nous donner une esquisse de la vraie Jérusalem qui est au Ciel ; si bien qu'après que Jésus-Christ nous a ouvert l'accès de la divine patrie, il a ruiné la patrie terrestre comme le peintre efface le crayon quand le tableau est achevé. L'ombre a dû disparaître, quand la réalité s'est manifestée. En effet, aujourd'hui, Jérusalem n'est plus que le vieux cadre d'un tableau effacé. Il faut aller à l'original, à l'idéal qui est en haut. On peut dire de Jérusalem ce qui a été dit de Jésus-Christ : *Non est hic !* Elle n'est pas ici ; elle est au Ciel. On ne peut s'empêcher de soupirer vers le Ciel dans cette triste cité qui présente l'image des bouleversements et des désastres de la fin du monde. On sent ici, plus que partout ailleurs, le besoin de rentrer dans la vraie patrie, comme la colombe sortie de l'arche, qui ne trouvait nulle part sur la terre un point fixe pour s'y poser, et qui dut revenir à son arche après bien des recherches et des fatigues inutiles. C'est l'impression qu'éprouve le pèlerin ; impression que tous les sanctuaires, tous les souvenirs et tous les actes religieux développent et fortifient.

CHAPITRE VII

SOUS LES MURS DE JERUSALEM

VALLÉE DE JOSAPHAT
VALLÉE DE GÉHENNE — CAMP DES CROISÉS

« A l'exception du point N. qui aboutit à un vaste plateau, Jérusalem, dit le F. Liévin, est entourée de tous les autres côtés par de profonds ravins. » C'est, à l'est, la *Vallée de Josaphat* ou du Cédron ; au sud et à l'ouest, la *Vallée de Géhenne* (du carnage), (anciennes vallées d'Hinnon et de Gihon). Ces deux vallées sont liées intimement à l'histoire de la Ville Sainte : elles trouvent donc ici leur place naturelle. Le plateau Nord *(Mont Scopus)*, qui semble être destiné à devenir la Jérusalem nouvelle, sera, dans ce même chapitre, l'objet d'un article spécial à cause des anciens monuments qu'il possède.

§ I. VALLÉE DE JOSAPHAT

(Nous reproduisons l'article que la *Semaine religieuse* de Châlons a publié le 14 novembre 1885) :

De la droite du Père où il s'est assis, au jour glorieux de l'Ascension, Jésus reviendra un jour pour juger les vivants et les morts. Ce jugement solennel, si bien dépeint dans le *Dies iræ*, clôturera le temps et sera le prélude de l'éternité : tous les hommes y seront convoqués et chacun y entendra prononcer la sentence qui règlera sa destinée. « J'assemblerai toutes les nations, dit Dieu par le prophète Joël (chap. III) et je les conduirai dans la *Vallée de Josaphat* (1) où j'entrerai en jugement avec elles. » « En ce jour-là, dit le prophète Zacharie (chap. XIV), les pieds de Jéhovah reposeront sur la montagne des Oliviers qui est vis-à-vis de Jérusalem à l'Orient : cette montagne sera fendue en deux parts, de l'Orient à l'Occident, par une grande vallée, et sera séparée, la moitié vers l'Aquilon et la moitié vers le Midi... Et Jéhovah, mon Dieu, viendra et tous les saints avec lui. » « Ce Jésus qui, du milieu de vous, s'est élevé dans les cieux, il reviendra un jour, disent plus tard les anges aux disciples attristés du départ de leur maître ; le chemin qu'il a pris, il le prendra de nouveau. » (Act. I.)

Il semble, au premier abord, que le lieu précis du dernier jugement soit nettement indiqué par ces divers témoignages de nos saints Livres, et pourtant nous n'osons point émettre d'autre opinion que celle dont Châteaubriand s'est fait l'écho : « Il est raisonnable, nous contenterons-nous de dire après lui, que l'honneur de Jésus-Christ soit réparé publiquement dans le lieu où il lui a été ravi par tant d'opprobres et d'ignominies, et qu'il juge justement les hommes où ils l'ont jugé injustement. »

Cette réserve faite, descendons en esprit dans

(1) Cette vallée (Ouâdi-Silouan) est très probablement la même que celle qui, dans l'Ecriture, est appelée vallée de Save, vallée du Roi, vallée de Melchisédech, vallée du Jugement. Silencieuse comme ses tombeaux, elle est célèbre entre toutes les vallées du monde. Abraham y fut complimenté par Melchisédech, après la victoire remportée contre les rois ; maintes fois les idoles de Baal y furent brûlées par des rois soucieux de la gloire du vrai Dieu.

cette Vallée mystérieuse où pourront (1) se tenir un jour les grandes assises du genre humain. « Aucun lieu, observe le F. Liévin, n'évoque de plus solennelles pensées : c'est la vallée des larmes, du recueillement et de la mort. Rien d'animé ne distrait celui qui vient méditer dans cette triste solitude.

Une ville ensevelie sous ses malheurs, châtiment de son déicide, un torrent sans eau (torrent de Cédron), partout des monuments funèbres, des rochers nus, quelques arbres rachitiques, très peu de verdure, des montagnes arides (mont du Scandale), des tombes brisées, le souvenir des prophètes et des martyrs, l'agonie du Fils de Dieu et puis sa venue à la fin des siècles pour juger le monde, voilà ce qui saisit l'âme en la remplissant d'émotion, de tristesse et d'effroi.

Et en effet, dès le premier aspect, la glace de la mort vous saisit. Le paysage est nu, désolé, comme brûlé. Où sont les cèdres dont l'Ecriture nous affirme que Salomon planta cette vallée ? Sur le sol crayeux et rougeâtre, vous apercevez à peine quelques bouquets d'oliviers sauvages et quelques branches d'hysope. Le torrent desséché semble n'avoir jamais roulé que des pierres. Pas un petit saule sur ses bords, pas un tapis de

(1) Chiffres en mains, de forts penseurs ont voulu établir qu'il n'y aurait pas assez de place dans cette vallée, même pour le dixième des habitants actuellement vivant en Asie ; toujours à l'aide d'une autre combinaison de chiffres, un savant anglais leur a prouvé qu'il en resterait encore assez pour eux... D'ailleurs, quelle place occuperont les corps ressuscités ? Mystère. Leibnitz concevait la création tout entière réduite au volume d'un grain de sable... La science, conclut l'abbé Mourot, n'a donc pas le droit de dire : c'est impossible.

La longueur totale de la vallée, du mont *Scopus* au nord jusqu'à *Siloé* au sud, est d'environ 4 kilom. Enfermée à l'ouest entre les collines inférieures de la ville (Bezetha, Moriah, Ophel) et le mont des Oliviers à l'Est, elle se creuse sous les murs de Jérusalem comme un abîme sombre et profond, dans une largeur de 200 mètres.

gazon, toutes les fleurs de la vallée sont des tombeaux. Seul, le Jardin des Oliviers donne une teinte de fraîcheur et de vie à ce champ de mort.

En descendant, le long de l'enceinte, la rampe qui mène au Cédron, on traverse le cimetière des musulmans. Les pierres tombales ont la forme d'un sarcophage surmonté aux deux bouts de petites colonnes couronnées du turban. La rive droite de la vallée est toute tapissée de ces tombeaux : les musulmans se réservent le privilège d'occuper, dès à présent, le côté droit pour être assurés de le posséder au jour de la résurrection.

Le cimetière des Juifs, qu'ils appellent *Beth-Haïm* (maison des vivants), s'ouvre à quelques pas du jardin de Gethsémani et se prolonge au loin dans la vallée (rive gauche) sur le versant de la montagne des Oliviers. Tout près, contre le *mont du Scandale*, est l'emplacement du figuier auquel se pendit Judas. N'est-il pas étrange que le cimetière juif avoisine ce champ qui redit où conduisent une perfide trahison et un criminel désespoir ?

Chaque tombe est marquée d'une pierre couverte d'inscriptions hébraïques. De tous les points du monde, les enfants d'Abraham tournent encore leurs regards vers cette mystérieuse vallée, et, dans leurs derniers jours, un grand nombre s'expatrient pour lui demander un tombeau.

Quatre monuments à peine, dans cette nécropole, attirent l'attention (1). Le plus célèbre, moins peut-être par sa valeur archéologique que par les outrages qu'il reçoit, est le *tombeau d'Absalon*. Des Chrétiens, les Juifs, les Musulmans y conduisent leurs enfants ; ils ramassent un caillou dans le Cédron et le lancent contre le tombeau, puis ils commandent à leurs enfants de faire de

---

(1) Les tombeaux d'Absalon, de Josaphat, roi de Juda, de saint Jacques, évêque de Jérusalem, et de Zacharie, fils du grand-prêtre Joïada, appelé aussi Barachie.

même en disant : « Voilà le méchant qui a fait la guerre contre son père ».

Telle est dans son ensemble la célèbre *Vallée du Jugement*. Le feu et le soufre des volcans ne laissent pas plus de ravages au flanc d'une montagne.

Quel changement depuis le jour où Abraham, vainqueur de la Pentapole saccagée, vit venir Melchisédech au-devant de lui dans cette vallée! Quel changement depuis ces jours où David y descendait et où elle se nommait la *Vallée du Roi !* Quel changement même depuis le temps où Jésus la traversait pour aller au mont des Oliviers ou à Béthanie ! Il la traversa notamment au jour des Rameaux. Tout était en fête alors ; les hosannahs du triomphe éclataient en joyeuses acclamations. Ecoutez aujourd'hui, dit un pèlerin : vous n'entendez rien, sinon le vent du soir qui pleure parmi les tombes ; et si votre esprit évoque quelque chose, c'est le tableau sinistre de ce jugement prédit par le prophète qui rassemblera tous les humains sous le regard de Dieu.

§ II. VALLÉE DE GÉHENNE

Le village de Siloé forme comme la jonction des deux vallées de Josaphat et de Géhenne. Il est trop important pour que nous nous contentions de le signaler en passant. Plaçons-nous donc de suite dans la *Vallée de Géhenne (carnage ou enfer)*. Aucun nom n'est mieux justifié, tant sont horribles les souvenirs qu'elle rappelle. Vers la fin du royaume de Juda, les Juifs y sacrifiaient leurs enfants à Molock. Lorsque l'idole était chauffée au rouge, elle présentait un plateau incliné ; l'enfant, qu'on engageait à s'avancer de lui-même, glissait et tombait dans la fournaise. Les parents devaient assister à ce barbare sacrifice et demeurer impassibles. Dans la crainte, néanmoins, que la nature ne fût trop excitée à reprendre ses droits, les prêtres de Molock battaient le tambour, afin de couvrir les cris des pauvres victimes. Et s'il arrivait que les parents manifestassent quelque douleur, on leur disait, en les touchant sur l'épaule : « *Jehenelach* — Cela vous servira ».

Ne dirait-on pas vraiment que les prêtres de Molock ont transmis toutes leurs rubriques aux inventeurs de l'*Ecole sans Dieu* !

Aux flancs de cette triste vallée de Géhenne, on voit, taillés dans le roc, une multitude de tombeaux de toutes les époques, quelques-uns célèbres comme celui du grand-prêtre Anne et de la princesse Técla. Suivant la prophétie de Jérémie, tous ont été violés et leurs cendres jetées au vent.

Enfin, sur le plan supérieur est *Haceldama*, le champ du sang. Sainte Hélène l'enferma dans une chambre sépulcrale, qui servit de fosse commune aux chrétiens jusqu'après les Croisades. On descendait les corps par une ouverture pratiquée dans la voûte. Cette voûte a croûlé, mais les murs subsistent encore et les ossements sont là au milieu d'une multitude de têts cassés.

Aucun souvenir consolant ne peut fixer le pèlerin dans cette vallée. Avant de la quitter, on jette un dernier regard sur le *Mont du mauvais Conseil*, où Caïphe présida l'assemblée qui vota la perte de Jésus et l'on rentre à Jérusalem par la porte de Sion.

§ III. MONT SCOPUS ou CAMP DES CROISÉS

« Dès le lendemain de leur arrivée (juillet 1099), dit M. Michaud, les Croisés s'occupèrent de former le siège de la place (de Jérusalem). Une esplanade couverte d'oliviers s'étend du côté septentrional ; là, le terrain présente une surface unie et c'est l'endroit, autour de la ville, qui peut le mieux se prêter au campement d'une armée. Godefroi de

Bouillon, Robert comte de Flandre, Robert comte de Normandie dressèrent leurs tentes au milieu de cette esplanade ; leur camp s'étendait entre la grotte de Jérémie et le sépulcre des Rois. » Tout ce plateau N. de Jérusalem n'a point encore perdu le parfum de la Patrie : l'hôpital Saint-Louis et l'hôtellerie des pèlerins de la Pénitence (chap. v) remplacent le campement des Croisés. Quel heureux rapprochement !

Deux souvenirs de l'Ancien Testament, sans parler de l'église Saint-Etienne, sont à recueillir sur ce plateau, auquel nous avons donné le nom de *Camp des Croisés.*

C'est d'abord le souvenir de Jérémie. Elle est là, en effet, la *grotte* où le prophète, 600 ans av. J.-C., composa ses immortelles Lamentations. Quand on connaît Jérusalem, quand on a contemplé ses ruines, ruines matérielles et morales, le cœur est profondément remué sur le seuil de cette caverne. Les échos de la voix du prophète semblent y retentir encore : *O Vierge, fille de Sion, ta douleur est grande comme la mer ; qui pourra jamais remédier à tes maux ?* »

Le lit du prophète Jérémie n'était pas plus moëlleux que celui du prophète Elie sur le Carmel : il n'était autre qu'un sillon creusé dans le rocher.

Non loin de là, sont les *Tombeaux*, dits *Tombeaux des Rois* et les *Tombeaux des Juges.* Il ne faut y voir, dit le F. Liévin au sujet des premiers, que le tombeau d'Hélène, reine d'Adiabène, construit l'an 44 de J. C. Ces splendides palais de la mort ont été acquis, en 1878, par la famille Pereire, qui en fit don à la France en janvier 1886.

Tandis que le N.-O. du plateau, auquel aboutit la porte de Jaffa, est occupé par la Russie, l'Est tend donc à devenir quartier français. De magnifiques monuments y attestent nos droits à posséder l'ancien camp des Croisés. *Laus Deo.*

CHAPITRE VIII

LES ENVIRONS DE JERUSALEM

LE MONT DES OLIVIERS
BETHPHAGÉ ET BÉTHANIE — SILOÉ

§ I. LE MONT DES OLIVIERS

A la distance d'une journée de sabbat, *iter sabbati* (2 kilomètres environ), s'élève, parallèlement aux collines sur lesquelles est assise Jérusalem, une montagne qu'on appelle montagne des Oliviers, *Djebel Zeïtoün*. C'était là, selon le F. Liévin, que, dans l'ancienne loi, chaque année avant la Pâque, se faisait l'immolation de la vache rousse (Nombres XIX) : ses cendres, pieusement recueillies, servaient à préparer l'eau lustrale avec laquelle devait se purifier, sous peine de mort, quiconque avait touché le cadavre d'un être humain. C'était là que, dans la loi nouvelle, N. S. aimait à se retirer pour y passer les nuits en prières : à ses premières pentes, en effet, le pèlerin vénère les traces de son Sauveur dans la Grotte et dans le Jardin de Gethsémani.

Le mont des Oliviers est couronné aujourd'hui d'un petit village musulman nommé *Zeïtoün*, dont le minaret domine au loin tous les environs ;

il est assez fertile. Son altitude, d'après Schubert, est de 852 mètres.

Gravissons au milieu de rares et antiques oliviers ses flancs escarpés et rocailleux. Représentons-nous Jésus sortant du Cénacle avec ses disciples au matin du quarantième jour et s'en allant dans la direction de Béthanie, *foràs in Bethaniam* : il passe le torrent de Cédron, traverse la funèbre vallée de Josaphat, prend au milieu des tombeaux un des trois sentiers qui aboutissent au sommet de la montagne, et, sur l'heure de midi, d'après la tradition, arrive au lieu d'où il a résolu de s'élever jusqu'aux cieux.

Sainte Hélène, dans sa pieuse sollicitude pour la décoration des sanctuaires de Jérusalem, n'eut garde d'oublier ce lieu sacré de l'Ascension. Par ses soins, une belle église y fut construite, où vinrent prier saint Jérôme, sainte Paule... Son sort fut, hélas ! celui de presque toutes les basiliques de Terre-Sainte. Plusieurs fois détruite, elle fut plusieurs fois rebâtie, jusqu'à ce que les disciples de Mahomet prissent ce lieu sacré pour y construire une mosquée.

Les bénédictins, et plus tard les chanoines de St-Augustin, desservaient l'église de l'Ascension ; aujourd'hui leurs couvents n'existent plus, la basilique elle-même a été totalement renversée. Son emplacement, toutefois, a été respecté : il est entouré d'un mur, de manière qu'il ressemble à une cour. Les soubassements de colonnes conservés à l'intérieur indiquent, par la place qu'ils occupent, que l'église devait être de forme octogonale.

Au centre de cette cour s'élève, depuis le départ des Croisés, une petite mosquée qui couvre *le lieu d'où N. S. remonta au ciel.*

Il avait été précieusement enchâssé dans l'ancienne basilique ; les mahométans, en se rendant maîtres de celle-ci, eurent soin de le bien conserver.

Un pèlerin du XIIIe siècle raconte l'avoir trouvé déjà renfermé dans un petit édifice qu'il dit avoir été bâti par un riche musulman en l'honneur du grand prophète *Issa* (Jésus), afin de rappeler aux siècles futurs le souvenir de son Ascension (1).

La mosquée actuelle est, à peu de modification près, ce qu'elle était au XIIIe siècle, une construction octogonale de 6 à 7 mètres de diamètre, supportant un tambour cylindrique couronné par une coupole en maçonnerie. J'ai eu le bonheur de la visiter au jour même de l'Ascension, en 1884 ; bonheur plus grand encore, j'ai pu pu baiser, dans le vénérable *Rocher du Vestige*, la sainte empreinte du pied gauche de N. S. Saint Jérôme et plusieurs saints et savants personnages y ont cru : pourquoi, à la suite de tels hommes, ferions-nous difficulté d'ajouter foi à l'authenticité de ces empreintes et de les visiter avec une pieuse vénération ? Malheureusement, depuis longtemps déjà, la pierre sacrée de l'Ascension ne possède plus que le vestige du pied gauche.

Quelques pèlerins ont cru que l'empreinte du pied droit avait été enlevée par les musulmans et que ce pourrait être celle qui se montre dans la mosquée El-Aksa ou de la Présentation (Mont Moriah). La judicieuse critique du F. Liévin nous

---

(1) Que cette construction ait été élevée par un musulman, cela ne doit pas étonner, car il est certain que les sectateurs de Mahomet ont une grande vénération pour N. S. J.-C., qu'ils regardent comme un très grand prophète. Ils admettent même presque tous ses miracles, admirent sa doctrine et surtout vantent sa charité. Aussi, ils n'hésitent pas à dire, qu'en récompense de tant de vertus, Dieu l'a rendu tout-puissant et l'a admis vivant en lui épargnant les tristesses de la mort. Quand on leur objecte son crucifiement, ils répondent que Issa, voulant punir Judas de son infâme trahison, lui donna sa propre physionomie, et il advint de cette substitution que les Juifs, croyant mettre en croix Jésus, y mirent en réalité l'apôtre criminel (Le F. Liévin).

a complètement convaincu de l'invraisemblance de cette opinion.

Sur la montagne de l'Ascension, c'est donc le Croissant qui triomphe : toutefois, hâtons-nous de le dire, la prière catholique n'en est pas absolument exilée.

Chaque année, au jour de l'Ascension, les RR. PP. Franciscains ont le droit d'aller célébrer les offices divins sur la sainte montagne. Dès la veille, toute la communauté s'y transporte et y campe. La mosquée reçoit alors un vêtement nouveau, les murs disparaissent en partie sous les tapisseries qu'y placent les enfants de saint François. On dresse plusieurs autels portatifs et, depuis la veille jusqu'au lendemain, à midi, les chants et les prières ne discontinuent pas. Le soir, les Turcs se chargent d'illuminer la mosquée et les édifices environnants.

Enfin, la cérémonie se termine par une procession au *Viri Gallœi* (Karm-es-Saïad) : c'est un mamelon situé, de l'autre côté de Zeïtoün, à 500 mètres du rocher de l'Ascension, où les Galiléens, paraît-il, avaient une auberge nationale qu'ils habitaient pendant la célébration des fêtes juives à Jérusalem.

Serait-ce là (comme le nom paraît l'indiquer) qu'aurait eu lieu l'apparition des anges aux apôtres stupéfaits après l'Ascension ? (Act. I).

Avant de descendre la montagne de l'Ascension, le pèlerin aime à contempler le panorama vraiment unique dont on jouit du haut du minaret.

C'est la Palestine entière qu'on voit alors se dérouler, avec ses montagnes rocailleuses : à l'Ouest, le regard plonge dans la vallée de Josaphat ; à l'Est, s'étend le désert de Judée jusqu'au Jourdain et à la mer Morte ; au Nord, la vue glisse sur les hauteurs d'Ephraïm qui courent rejoindre les monts Hébal et Garizim en Samarie ;

au Sud, Bethléem se cache derrière les ondulations de la vallée des Raphaïm.

Cet aspect saisit l'âme et réveille des souvenirs qu'elle est heureuse de grouper, là même où Jésus a clôturé sa mission.

Dans cet article que publia la *Semaine religieuse* le 16 mai 1885, il n'est question que de l'Ascension du Sauveur. Au pied et sur les flancs de la montagne, des monuments nombreux rappellent d'autres circonstances solennelles de la vie de Jésus et de Marie : ainsi Gethsémani, le Carmel du *Pater*, le *Dominus flevit*, le tombeau de Marie, la chapelle du *Credo*. Nous leur devons un mot spécial.

Le *Jardin de Gethsémani* nous est déjà connu : nous l'avons décrit au chapitre v. Ce que nous n'avons point dit encore, c'est que, au-dessus de Gethsémani, un vaste terrain a été récemment acquis, toujours au compte de la Russie, pour élever une église en l'honneur de sainte Madeleine, sur l'emplacement de la maison de Simon le pharisien. Ce fait est d'autant plus digne de remarque que la permission de construire de nouvelles églises est refusée aux catholiques par l'autorité turque.

Le *Carmel du Pater* est le couvent construit par Mme la princesse de la Tour d'Auvergne sur le lieu où N. S. apprit pour la deuxième fois à ses apôtres à prier (Luc XI). On y admire un cloître formé de 32 cintres en ogive entre lesquels, le long des parois intérieures, se lit sur des plaques de faïence l'*Oraison dominicale* en 32 langues différentes.

La *Chapelle du Credo*, espèce de crypte composée de douze arcades, est située à une trentaine de mètres du cloître. C'est là que les douze apôtres dressèrent la profession de foi du genre humain. Quel accent de vérité y prennent tous les articles du symbole !

Le *Dominus flevit* est le mamelon sur lequel

N. S. était assis quand il prédit la ruine de Jérusalem. Les larmes que le Sauveur du monde versa alors sur sa propre patrie méritaient cet hommage que les siècles leur ont rendu. A l'entrée de la vallée de Josaphat, tout près de la grotte Gethsémani, se trouve le *Tombeau de la Sainte Vierge*, au fond d'une église souterraine. « Je me suis dit, écrivait en 1858 le P. Ratisbonne, au jour du jugement, cette tombe, qui a servi de marchepied à l'Assomption, deviendra un trône de grâce. Ceux qui aiment la Sainte Vierge, ceux qui s'attachent à Elle comme des enfants à leur mère ; ceux qui mettent en Elle leur confiance, les enfants de Marie, ceux-là ne périront pas, ils ne trembleront pas devant le Souverain Juge ; ils auront une avocate ingénieuse et tendre, une protectrice puissante et miséricordieuse qui les couvrira de son égide pendant les orages et les dernières convulsions du monde. Auprès de ce Tombeau, le seul avec le Saint-Sépulcre qui n'aura rien à rendre à la fin des siècles, la prière est facile, l'espérance grandit. »

§ II. BÉTHANIE ET BETHPHAGÉ

Ces deux villages eurent, au moment de la Passion de N. S., une importance considérable.

C'est à Bethphagé que les apôtres se rendirent pour chercher l'ânesse sur laquelle le Maître devait entrer triomphalement dans la Ville Sainte.

C'est à Béthanie, chez Lazare, que J.-C. passa les derniers jours de sa vie mortelle.

Rien ou presque rien ne subsiste des monuments élevés en mémoire des faits dont ces deux localités furent le théâtre. Bethphagé n'est qu'un monceau de ruines. A Béthanie, le *vénérable Tombeau de Lazare*, le *Château de Marthe et de*

Marie sont ensevelis sous les restes des basiliques qui les abritaient jadis.

Ce n'est que deux ou trois fois par an que ces lieux si chers à Notre Seigneur, pendant sa vie mortelle, sont vivifiés par la prière et l'offrande du divin Sacrifice. Espérons qu'un jour viendra où quelque Communauté pourra s'y établir et renouer la chaîne des antiques traditions.

§ III. SILOÉ

Encore un pauvre village taillé dans la montagne qui fait face à Jérusalem ! Nous n'en parlerions point s'il ne possédait pas la célèbre piscine de l'aveugle-né (S. Jean IX).

Le 19 mai 1884, pour la première fois depuis sept siècles, une messe fut célébrée près la piscine, par les prêtres de Valence, où saint Restitut (l'aveugle-né) fut évêque.

Nous sommes heureux de pouvoir analyser ici une étude de l'abbé Daniel, parue dans l'*Univers* du 7 juillet 1885 :

« La piscine de Siloé, dans son etat actuel, est un réservoir rectangulaire d'environ 16 mètres de long sur 6 mètres de large et 6 mètres de profondeur.

» L'eau a mauvais goût ; elle est saumâtre, mais à des degrés différents, selon les jours et les saisons. Les femmes de Jérusalem viennent y laver leur linge et les tanneurs leurs peaux. Le caractère le plus singulier de la fontaine de Siloé, c'est que, comme l'avait remarqué saint Jérôme, elle est intermittente. Elle coule avec une grande lenteur, remplissant peu à peu le vaste réservoir. Le trop-plein va se déverser et se perdre dans les jardins situés au-dessous.

« — C'est, dit Lamartine, le seul endroit des environs de Jérusalem où le voyageur trouve à mouiller son doigt, à étancher sa soif, à reposer sa tête à l'ombre du rocher rafraîchi de deux ou trois touffes de verdure. Quelques petits jardins plantés de grenadiers et d'autres arbrisseaux par les Arabes de Silhoa jettent autour de la fontaine un bouquet de pâle verdure. Elle la nourrit du superflu de ses eaux. » — Outre la culture de ces jardins, les Arabes qui habitent le village voisin de Kefr Siloam gagnent quelque argent en transportant dans la ville l'eau qu'ils puisent à la fontaine de Siloé et à celle de la Vierge.

» La piscine de Siloé n'est mentionnée que trois fois dans la Bible, deux fois dans l'Ancien Testament et une fois dans le Nouveau ; mais le souvenir d'un grand miracle de Notre Seigneur qui y est attaché a suffi à rendre son nom à jamais célèbre dans tout le monde chrétien.

C'est Isaïe qui nomme pour la première fois Siloé aux eaux silencieuses. Néhémie les nomme à son tour, en parlant des murs de Jérusalem. Saint Jean nous raconte que Jésus, en guérissant l'aveugle-né, lui dit : « *Allez, lavez-vous dans la piscine de Siloé* », mot qui signifie *envoyé* (1). Et il y alla, et il se lava, et il revint ayant recouvré la vue. C'est en souvenir de cet épisode évangélique que les pèlerins de la Terre-Sainte se lavent les yeux avec les eaux de Siloé

» L'histoire de la piscine de Siloé a reçu dernièrement un heureux éclaircissement. Pendant l'été de 1880, une ancienne inscription hébraïque fut découverte fortuitement sur le roc dans lequel avait été creusé le canal. Tous les mots qu'elle contient, un seul excepté, se lisent dans la Bible. L'écriture est l'ancienne écriture phénicienne, c'est-à-dire celle dont se sont servis Moïse, David et les prophètes avant la captivité de Babylone.

» En voici la traduction :

« (Ceci) est le souterrain. Et voici l'histoire du « souterrain. Pendant que les ouvriers levaient

---

(1) Isaïe VIII 6, — Néhémie III, — St Jean IX 7.

« encore leurs pics, chacun vers son voisin, et « lorsqu'il y avait encore trois coudées (à creuser, « on entendit) la voix d'un homme qui appelait son « voisin, parce qu'il y avait un excédent dans le « roc à droite (et à gauche). Et après qu'au jour « de l'excavation les ouvriers eurent frappé pic « contre pic, l'un contre l'autre, les eaux coulèrent « de la source à la piscine pendant une longueur « de douze cents coudées. Et (une partie) d'une « coudée était la hauteur du rocher au-desssus de « la tête des ouvriers. »

» Elle nous apprend donc que le tunnel avait été percé d'une manière analogue à celui du Mont-Cenis à notre époque, c'est-à-dire qu'on avait attaqué le roc par les deux extrémités à la fois, pour creuser le canal qui devait conduire l'eau de la fontaine de Gihon à la piscine de Siloé. L'art de l'ingénieur était assez avancé pour que les deux escouades d'ouvriers qui travaillaient sous terre, dans les deux sens, parvinssent à se rencontrer au milieu à peu de chose près, malgré les détours que faisait l'aqueduc souterrain. L'écart fut si peu considérable que le bruit fait par une escouade entaillant le roc fut entendu par l'autre, de sorte que l'œuvre fut complétée en perçant le fragment de roche qui les séparait. C'est ce qui nous explique les deux culs-de-sac qu'on remarque au centre du canal souterrain : ce sont les deux points extrêmes atteints par les deux bandes d'ouvriers, avant qu'ils eussent remarqué qu'au lieu de se rencontrer, ils se dépassaient.

» Il est bien regrettable que l'inscription de Siloé ne contienne pas de date. Malgré cette lacune, l'opinion générale, parmi les hommes compétents, c'est qu'elle est de l'époque du roi Ezéchias et du prophète Isaïe (7e siècle av. J. C.)

» Quel est maintenant le constructeur de l'aqueduc ? Quoi qu'on ne puisse émettre ici que des hypothèses, un grand nom se présente tout naturellement à l'esprit : c'est celui du roi Salomon.

» La découverte de l'inscription et de l'aqueduc souterrain de Siloé tranche définitivement plusieurs problèmes débattus entre les commentateurs et les exégètes. Il est indubitable désormais que l'eau qui alimente la piscine où Jésus envoya l'aveugle-né est celle de la fontaine de Marie. L'explication de l'intermittence de l'eau de la piscine s'explique ainsi par l'intermittence de l'eau de la fontaine.

» La *Fontaine de la Vierge*, appelée en arabe Aïn Ounim ed-Deredj, tire son nom d'une tradition d'après laquelle la Sainte Vierge allait laver en ce lieu. Un pèlerin du XVe siècle, Caumont, mentionne la vallée « où est la fonteyne où la « Vierge Marie lavait les drapelez de son « enfant ». La source est intermittente ; l'eau coule de trois à cinq fois par jour. On croit communément qu'elle provient d'un réservoir caché sous la Montagne du Temple (*Mont Moriah.*)

» Indiquons en dernier lieu, dit en terminant l'abbé Daniel, quelques passages de l'Evangile qui se rapportent à la fontaine de Siloé sans la nommer. Les traditions rabbiniques nous apprennent qu'un lévite était envoyé à Siloé le « dernier et grand jour » de la fête des Tabernacles. Là, il puisait de l'eau dans une urne d'or et il la rapportait au Temple, où on la versait sur la victime du sacrifice, en souvenir du miracle du rocher de Raphidim. C'est à cet usage, à cette eau et à cette fontaine de Siloé que fait allusion Notre Seigneur, lorsqu'en ce même jour de la fête des Tabernacles, se trouvant dans le Temple, il dit aux Israélites qui étaient là rassemblés : « Si quelqu'un a soif, « qu'il vienne à moi et qu'il boive. Celui qui « croit en moi, des fleuves d'eau vive couleront « de ses entrailles ».

» Le matin de la Cène, Jésus dit à ses apôtres

d'aller préparer tout ce qu'il fallait pour célébrer la Pâque. « Où voulez-vous que nous la préparions ? » demandèrent les disciples. — Jésus leur répondit ; « Allez à la ville ; en y arrivant, « vous rencontrerez un homme portant une cruche « d'eau ; vous le suivrez ». Pierre et Jean exécutèrent les ordres de leur maître. Aux portes de la ville, ils rencontrèrent un homme qui portait de l'eau. Il venait de la puiser à la fontaine de Siloé. »

On le voit, nous ne pouvions passer sous silence le village de Siloé. Ne posséderait-il pas le lieu du martyre du prophète Isaïe ; le puits où, croit-on, aurait été caché le feu sacré, avant la captivité de Babylone (*Bir-Ayoub*), qu'encore il mériterait un pèlerinage spécial.

Le jour où nous y étions, nous avons prié pour les aveugles spirituels ; Seigneur, nous vous adressons aujourd'hui la même prière.

CHAPITRE IX

EN JUDÉE

SAINT-JEAN DU DÉSERT — BETHLÉEM HÉBRON

De Jérusalem, le pèlerin aime à rayonner dans la Judée, car la moisson des souvenirs s'y annonce toujours abondante. Nous entreprenons maintenant de grouper nos notes sur la Judée.

Saint-Jean, Bethléem, Hébron fourniront la matière de ce premier chapitre. Nous nous contenterons, d'ailleurs, de reproduire des articles déjà parus dans la *Semaine religieuse* de Châlons, aux jours anniversaires des mystères dont ces lieux furent le théâtre.

§ I. SAINT-JEAN DU DÉSERT

(A) LA NATIVITÉ DE SAINT JEAN-BAPTISTE

La Vierge Marie et Jean le Précurseur peuvent être considérés comme le trait d'union placé par Dieu entre l'Ancien et le Nouveau Testament : Jean, en effet, prépare les voies au Messie ; Marie lui offre un asile, quand les temps sont arrivés où le rachat des hommes doit s'accomplir, et, par une coïncidence remarquable, le même village de Palestine fut le théâtre des mystères principaux dont ces deux grandes vies ont été signalées. Ce village, bâti dans un riant vallon, à deux lieues environ de Jérusalem, est appelé Saint-Jean dans la Montagne ou Saint-Jean du désert par les Latins, Aïn-Karim par les Musulmans (l'ancienne Karem, Josué xv, 60). C'est là (1) qu'habitaient saint Zacharie et sainte Elisabeth, là qu'est né le plus grand des enfants des hommes, là qu'a séjourné trois mois la reine du Ciel, là qu'a été composée la seconde moitié du *Je vous salue*, là enfin qu'ont retenti pour la première fois les deux plus admirables cantiques qui soient jamais montés au trône de Dieu, le *Benedictus* et le *Magnificat.*

Nulle part on ne respire un air plus frais, plus balsamique et plus pur ; mais on n'y va point par une route royale comme à Bethléem. Il faut traverser les crêtes qui forment le partage des eaux entre la mer Méditerranée et la Mer Morte, gagner tour à tour le haut des collines et le fond des vallées, par des sentiers étroits, tortueux, pleins de cailloux. L'Evangile a bien dit le mot qui peint la chose : *in montana.* Qui oserait reculer devant

(1) Une opinion trop généralement accréditée place à Hébron ou à Joussah (sud d'Hébron) le lieu de la résidence du grand-prêtre Zacharie, sous prétexte qu'Hébron était ville sacerdotale et que le lieu précis du mystère de la Visitation est indiqué par saint Luc. Le F. Liévin (p. 17) fait prompte justice de ces arguments et, la tradition en main, démontre : 1° Qu'il ne s'agit pas en saint Luc de la ville de Joussah, mais d'une ville de la tribu de Juda ; 2° que cette ville ne saurait être autre qu'Aïn-Karim. Et de fait, rien à Hébron ne rappelle la naissance de Jean-Baptiste ; pourtant, les Musulmans ont une grande vénération pour Zacharie, qu'ils appellent Prophète, et pour saint Jean, son fils. Si Hébron eût été le lieu de naissance de saint Jean, ils en auraient conservé le souvenir, comme ils ont conservé celui d'Abraham, qui y habita. Pour détruire cette tradition, « il faudrait, dit M. V. Guérin, » des témoignages précis et irréfutables, remontant à une » époque antérieure (aux Croisades) et fixant ailleurs le » lieu de ces mémorables évènements. Or, ces témoi» gnages n'existent pas, que je sache. » Donc, Aïn-Karim (Saint-Jean) est bien la patrie de saint Jean-Baptiste.

ces difficultés, sachant d'ailleurs que la route de Jérusalem à Saint-Jean est encore émaillée d'autres souvenirs.

Le pèlerinage de Saint-Jean est, pour ainsi dire, un pèlerinage préparatoire à ceux de Bethléem et du Calvaire.

En sortant de Jérusalem, on passe près du lieu où Isaïe (740 ans avant Jésus-Christ) prononça la prophétie célèbre : « Voilà que la Vierge concevra et enfantera un fils qui sera appelé Emmanuel ». Les bords de la même *Piscine supérieure* (Birkel Mamilla), où Achaz entendit cet oracle, furent encore témoins du sacre de Salomon et de la défaite de Sennachérib (champ du Foulon) (IV Rois XIX).

A mi-chemin, le couvent grec de Sainte-Croix attire l'attention du pèlerin : sous le maître-autel de l'ancienne église catholique, j'ai vu l'endroit où, d'après la tradition, aurait été coupé l'arbre dont on fit la Croix sur laquelle mourut Notre Seigneur (F. Liévin, p. 7). C'était le samedi 24 mai 1884 : de là, à travers la délicieuse vallée des Roses (Ouadi-el-Ouerd), je me dirigeai sur Saint-Jean du désert.

De loin, l'aspect en est ravissant : c'est une oasis au milieu de monts et de rochers abrupts et stériles. Autant Jérusalem a un aspect de tristesse, bien conforme aux souvenirs que rappelle la cité déicide, autant la vue de ce gracieux village dilate le cœur ; il semble que la visite de la Sainte Vierge y ait laissé une empreinte ineffaçable de joie et de consolation. Le village compte 1.200 habitants qui, 150 exceptés (1), professent le culte de Mahomet.

A Aïn-Karim ou dans ses environs, Zacharie possédait donc deux maisons, *celle de la Nativité*

(1) Dans ce nombre sont compris les membres du magnifique couvent des Dames de Sion, établi en 1860 par le P. Ratisbonne. On est heureux d'entendre là de petits orphelins arabes chanter que « Leur enfance est bercée au doux nom de la France ».

du Saint Précurseur et *celle de la Visitation*. Un couvent franciscain est bâti à la place de la première ; l'autre, situé en face, sur le versant d'une montagne, est actuellement occupée par une modeste chapelle : c'était la maison de campagne du grand-prêtre.

Arrêtons-nous d'abord au Couvent des Franciscains (1) et décrivons le *Sanctuaire de la Nativité de saint Jean*, bâti sur l'emplacement de la maison de Zacharie.

Cette église, décorée dans le goût oriental et dont les murs sont ornés de plaques de faïence jusqu'à une certaine hauteur, est une des plus belles que possèdent les PP. Franciscains en Terre Sainte. Elle a trois grandes nefs éclairées par une coupole à jour. Dans la nef à droite, près de l'autel de sainte Elisabeth, on conserve, dans un enfoncement de la muraille, la pierre traditionnelle sur laquelle le Précurseur se tenait debout, quand il prêcha la pénitence au désert. A l'extrémité de la nef de gauche, on descend un large escalier de sept degrés en marbre blanc, et l'on arrive dans une crypte, éclairée par la seule lumière des lampes. Sous la table de l'autel, on lit cette inscription : *Hic Præcursor Domini natus es.* « Ici est né le Précurseur du Seigneur. » C'était une des chambres de la maison de saint Zacharie et de sainte Elisabeth. Des bas-reliefs en marbre blanc représentent les principales scènes de la vie du Précurseur. C'est donc ici que naquit celui que Notre Seigneur a appelé *le plus grand des enfants des hommes*.

On y lit avec attendrissement, en saint Luc, la scène merveilleuse qui se passa en ce lieu même et l'on y chante de grand cœur le saint cantique de Zacharie, qui répond si bien au *Magnificat* de

(1) En exposant le mystère de la Visitation, nous aurons l'occasion de compléter le récit de notre excursion à Aïn-Karim.

la Vierge : *Benedictus Dominus, Deus Israël...* « Béni soit le Seigneur, le Dieu d'Israël, de ce qu'il a visité son peuple ». L'église de la Nativité de Saint-Jean-Baptiste sert d'église paroissiale aux catholiques d'Aïn-Karim.

A diverses époques, ce respectable sanctuaire, partageant en cela le sort de tant d'autres, fut violemment arraché aux chrétiens et consacré à un tout autre usage. Sa dernière reconstruction remonte à Louis XIV, qui en a fait les frais ; elle n'a reçu depuis que quelques embellissements, dus en grande partie à la munificence des rois de Naples et d'Espagne.

Il y a bientôt vingt siècles, l'emplacement de cette église était couvert de nombreux pèlerins. Les parents, les amis, les voisins de la famille de Zacharie et même les étrangers se pressaient en foule dans cette grotte d'Aïn-Karim, pour se réjouir de la Nativité merveilleuse du Précurseur : *Multi in nativitate gaudebunt.* A leur exemple, allons prier en esprit dans la même grotte et chantons à Dieu avec le grand-prêtre ce cantique d'actions de grâce :

« Béni soit le Seigneur, le Dieu d'Israël, de ce qu'il a visité et racheté son peuple. »

(B) LA VISITATION DE LA B. V. MARIE

Marie venait de recevoir à Nazareth la visite de l'Archange Gabriel, et sur son consentement, le Verbe de Dieu s'était fait chair dans son sein immaculé. Déjà, trois mois auparavant, ce même messager avait été député à Zacharie, et, à l'heure du sacrifice, lui avait annoncé qu'Elisabeth, son épouse, malgré sa stérilité, concevrait un fils dont la mission serait de préparer les voies au Messie.

Dès que la Vierge eut appris, par la bouche de l'ange, le miracle dont sa cousine avait été l'objet, elle « s'en alla en toute hâte au pays des montagnes », dit l'Evangile, pour la féliciter. *Exsurgens abiit in montana*. La distance (30 lieues environ), les difficultés ne l'arrêtent pas : accompagnée de saint Joseph (1), elle arrive promptement dans la ville de Juda, où devait naître le précurseur de son divin Fils.

Vraisemblablement, la pieuse caravane passa par Jérusalem, où Joseph resta peut-être avec Zacharie, tandis que Marie se dirigeait vers Aïn-Karim. La tradition nous apprend qu'elle s'arrêta d'abord au centre du village, près de la maison dont nous avons décrit l'emplacement ; n'y ayant pas trouvé sa parente, elle se rendit à la maison de campagne, bâtie sur le versant d'une montagne, en face et à dix minutes de distance.

Pour y arriver, on traverse un jardin assez bien cultivé et arrosé par une belle et abondante fontaine dont les eaux vont se jeter dans la Méditerranée. Les Arabes la nomment Aïn-Karim, du nom de la localité, et les Chrétiens *Ain-Sitti-Mariam* (fontaine de la Sainte Vierge). Cette dénomination se comprend à la seule lecture de l'Evangile et au seul aspect des lieux : selon la tradition, la B. Vierge, pendant son séjour chez sa cousine, venait y puiser de l'eau. Aussi, les Musulmans l'ont-ils eux-mêmes en grande vénération ; ils y ont élevé un petit sanctuaire où ils font ostensiblement leurs prières. Les Musulmans d'Aïn-Karim ont une mauvaise réputation ; ils sont très fanatiques et très peu bienveillants pour les *Giaours* (Chrétiens). S'ils ne se portent pas contre eux à des excès, c'est surtout par crainte de saint Zacharie (2)

---

(1) En Orient, les femmes ne voyagent jamais seules. Chez les Juifs, il était défendu aux vierges et aux jeunes femmes d'aller lentement ou de s'arrêter sur les places publiques : cette défense est passée dans les mœurs, et encore aujourd'hui, la femme d'Orient évite les réunions.

(2) Voici la légende qu'ils racontent eux-mêmes et que j'ai recueillie à titre de curiosité. A une certaine époque, ayant voulu exploiter l'église de Saint-Jean-Baptiste

On est donc maintenant en sûreté, quand on passe devant la fontaine de la Vierge, pour prier dans le Sanctuaire de la Visitation. C'est bien sur l'emplacement de ce sanctuaire, qui, avec les ruines d'un ancien couvent, forme une espèce de hameau (*Mar-Zacharia*), et non près de la Fontaine de la Vierge, que Marie salua sa cousine Elisabeth (F. Liévin, 8).

Franchissons avec respect le seuil du lieu sacré où, pour la première fois, retentirent les accents prophétiques du *Magnificat.* Au moyen-âge, il y avait là une splendide église à deux étages et un couvent ; mais les Musulmans en avaient fait un monceau de décombres que les PP. de Terre Sainte ne purent déblayer avant 1861. C'est alors que, dans les fouilles exécutées pour se rendre compte de la nature du terrain, on retrouva la partie haute de l'église primitive, le lieu témoin des entrevues mystérieuses d'Elisabeth et de Marie. On s'est contenté, jusqu'ici, de restaurer cette partie ; les ruines du couvent et de l'église inférieure attestent la splendeur de l'ancien sanctuaire. A milieu de ces ruines a reparu la source dite de *Sainte Elisabeth*, que mentionnent d'antiques traditions et qui avait disparu depuis des siècles sous des éboulements de terrain. Catherine

---

comme celle du Saint-Sépulcre, les Musulmans prirent la clé et y placèrent un portier qui rançonnait les pèlerins. Saint Zacharie, moins endurant, paraît-il, que N. S., ordonna au portier de rendre la clé aux Franciscains. Notre homme fit la sourde oreille; mais, la nuit suivante, saint Zacharie le gratifia d'une seconde visite, dans laquelle il recourut à des arguments plus touchants. Le pauvre portier reçut une volée telle que le lendemain on ne voyait sur son corps que plaies et bosses. Inutile de l'ajouter, avant l'aurore, la clé était rendue aux Franciscains. Depuis, lorsque des Musulmans étrangers soufflent à leurs frères d'Aïn-Karim de battre monnaie avec saint Jean : « *Ah oui,* répondent-ils, en levant la main en l'air comme qui vient de se brûler, *mais saint Zacharie...* »

Emmerich dit, dans ses Révélations, qu'elle avait jailli à la prière de la Sainte Vierge, sans doute pour éviter à ses saints parents la peine d'aller chercher de l'eau à la fontaine publique, qui est à une assez grande distance, et qui, nous l'avons dit, est appelée aujourd'hui *Fontaine de la Vierge.*

Le *Sanctuaire actuel de la Visitation* est petit, de forme à peu près carrée au premier plan, et il a, comme abside, une chapelle beaucoup plus étroite, en forme de grotte, ne mesurant que quelques mètres de profondeur. Au fond de cette abside singulière est le maître-autel, l'autel du *Magnificat.* J'ai pu y célébrer la messe le 24 mai 1884.

En outre (1) : « Veuillés savoir que, à senestre » partie, a une petite chapellecte en laquelle » Monseigneur saint Jehan-Baptiste fut circoncis » et baillé (donné) nom.

» Item en la dite chapelle, à destre main, a une » roche dont l'ouverture est encore apparent » dedans une fenestre, en laquelle roche les anges » boutèrent et cachèrent saint Jehan-Baptiste » quand les tirans occioient (tuaient) les innocens » et se cloy (ferma) la dite roche tant qu'ils furent » passés, et apprès ce qu'ilz furent passés la dite » roche se raouvry et en issit saint Jehan sain et » sauf. » Ce quartier de rocher miraculeux fut détaché de la montagne voisine et placé là dans une niche par les premiers constructeurs de la chapelle.

Le pèlerin ne peut s'arrêter partout où son cœur l'y engagerait ; il lui faut sans cesse passer outre ; à Aïn-Karim, quand il a redit, là où ils furent composés, le *Benedictus* et le *Magnificat*, c'est

---

(1) Je cite à dessein la description d'un pèlerin du XIVe siècle : elle convient sans restriction à l'état actuel du Sanctuaire de la Visitation : n'est-ce pas une preuve d'authenticité en faveur des récentes découvertes ?

déjà le moment de se diriger vers l'Orient, sur le théâtre de la Pénitence de Jean-Baptiste.

Toute cette contrée est appelée *le Désert*, à cause des gorges sauvages qu'elle présente, des rochers dénudés qui la recouvrent et qui dominent la *vallée du Térébinthe*, célèbre par la victoire de David sur Goliath.

Le désert de Saint-Jean n'a pourtant rien de l'aspect effrayant des déserts de Samarie et de la Mer Morte (F. Liévin, p. 14). Presque partout, les champs sont bien cultivés et les vignes de la contrée donnent le vin le plus estimé du pays ; quant aux fleurs, elles y semblent versées à pleines corbeilles ; aussi le miel abonde-t-il, comme aux jours de saint Jean, dans les fentes des rochers.

A peu de distance du Sanctuaire de la Visitation, on voit dans un enclos le *rocher* désigné par la tradition comme étant celui sur lequel se plaçait saint Jean, pour annoncer la prochaine venue du Messie (propriété des Arméniens catholiques).

En continuant, après une demi-heure de marche, on découvre un petit édicule moderne : c'est là, dit-on, qu'aurait été ensevélie sainte Elisabeth (propriété du Patriarche latin). Ce monument n'est éloigné que de quelques minutes de la *grotte* qui, durant près de trente ans, servit d'abri au grand prédicateur de la pénitence (1).

Cette chambre, fermée par la nature et sans la moindre ornementation, est d'un accès difficile : elle mesure environ 5 mètres de long sur 3 de large et 2 de haut. Au fond, un banc de rocher ayant, dit-on, servi de *lit au saint Précurseur*, est actuellement recouvert de plaques de marbre et est, à l'occasion, transformé en autel. Les

(1) Le F. Liévin, p. 13, établit que l'usage de la sauterelle comme nourriture n'a rien d'extraordinaire en Orient. S'il faut en croire quelques voyageurs, fraîches elles ont le goût de l'écrevisse, desséchées celui du hareng saur. Inutile donc de recourir au fruit du caroubier pour expliquer l'Evangile sur ce point.

Mages, au rapport de Quaresmius, y auraient passé une nuit.

A côté jaillit une source, *Aïn-Khabise*, dont l'eau est excellente et que surplombe une construction ruinée, probablement les restes d'un ancien couvent.

Tout, dans ce désert de Saint-Jean, comme au village lui-même, invite à la méditation, et j'avoue que rarement ma prière fut aussi fervente : c'est là un vrai Paradis, où la fin de l'Ancien Testament et le commencement du Nouveau s'unissent harmonieusement.

Gloire en soit rendue à Dieu et à la B. V. Marie.

§ II BETHLEEM

(A)

« Bethléem d'Ephrata, tu es petite
» entre les villes de Juda, et
» pourtant c'est de tes murs que
» sortira Celui qui doit dominer
» sur Israël. »

Près de huit siècles avant Jésus-Christ, le prophète Michée saluait ainsi les destinées glorieuses de l'humble bourgade assise sur les montagnes qui, à deux lieues de Jérusalem, bordent la route royale d'Hébron (1). Qu'était-ce alors que Bethléem ? Roboam, fils de Salomon, l'avait agrandie et fortifiée (975 ans av. J.-C.) ; le prophète Samuel y avait sacré David roi d'Israël (1072 ans av. J.-C.) ; Noémi, la belle-mère de Ruth, Booz, le trisaïeul de David, y avaient vu le jour ; et, pour remonter plus haut, Abésan, un des juges du peuple, était cité comme originaire de Bethléem (1175 ans av. J.-C.) ; mais rien ne faisait prévoir la grandeur dont Michée fut le

(1) Bethléem était fondée 1740 ans avant Jésus-Christ.

prophète. Le sort qui, dans la suite, est le sien, ne la dispose guère à devenir le berceau d'un grand chef : après la captivité de Babylone (536 ans av. J.-C.), elle est presque déserte ; la race de David lui reste, malgré tout, fidèle et nous voyons naître à Bethléem et le père de Joseph, Jacob, et Anne, la mère de Marie.

A cette époque, la terre est anxieuse dans l'attente de quelque grand mystère. Les oracles sont sur le point d'avoir leur accomplissement, le sceptre sort des mains de Juda, César Auguste fait, en signe de paix, fermer le temple de Janus. Tout est préparé... Sur ces entrefaites, un édit de dénombrement paraît, qui oblige chacun à se faire inscrire au lieu originaire de sa famille. Marie, la vierge choisie pour être la mère du Messie, est donc obligée de quitter Nazareth de Galilée et d'accompagner à Bethléem saint Joseph, son époux. Pendant qu'ils étaient en ce lieu, dit l'Evangile, l'époque de ses couches arriva. Il n'y avait point eu de place pour elle dans l'hôtellerie publique (*in diversorio*) et l'humble vierge dut se retirer pour la nuit dans une grotte voisine, où elle mit au monde son fils premier né. Depuis lors, Bethléem fut classée au rang des cités illustres. Le fait de cette naissance obscure en apparence fut pour elle le point de départ d'une ère glorieuse (1)

Bethléem est, d'ailleurs, assise comme une reine sur une colline, au-dessus de Nazareth et de Jérusalem, au-dessus du Carmel et du Thabor, au-dessus même de la montagne des Oliviers (2).

(1) Au VIe siècle, Bethléem était ville fortifiée. — Au temps des Croisades, elle devint siège épiscopal. — La population est intelligente, active ; depuis 1834, les Musulmans y sont en petit nombre : Ibrahim Pacha fit, à cette date, raser le quartier qu'ils occupaient, pour les punir de s'être révoltés contre lui.

(2) Nazareth a 340 mètres d'altitude, le Carmel 600, le Thabor 610, Jérusalem 780, le Mont des Oliviers 830, Bethléem 846.

Jésus, qui a tant recherché les montagnes pendant sa vie, a voulu placer sur une des plus élevées l'humiliation même de sa naissance. Le chemin qui y mène était jadis une des cinq routes de Jérusalem ; il était pavé, ombragé, entouré de jardins, de vignes, de roses et de plantes odoriférantes ; on le comparait au paradis. Les feuilles et les fleurs sont tombées au souffle destructeur de Mahomet, de grosses pierres s'y sont entassées, mais c'est toujours le chemin royal par où l'on va à la suite des mages au berceau du roi des rois.

La réapparition de l'étoile est marquée sur la route (Puits des Mages), ainsi que la place du Térébinthe, dont les branches abritèrent la sainte famille près de la vallée de Raphaïm (des géants), célèbre par les victoires de David contre les Philistins. Çà et là, on rencontre les plus beaux souvenirs de l'Ancien Testament : Habacuc enlevé par l'ange pour secourir Daniel à Babylone, Elie réconforté par le pain du Ciel, Rachel s'éteignant en donnant le jour à Benjamin (Tombeau de Rachel — Tantoure et Hôpital des chevaliers de Saint-Jean).

Quel contraste entre Bethléem et la Ville Sainte ! A Jérusalem, tout est lugubre, désolé, stérile ; le soleil lui-même semble obscurci par les ténèbres du Vendredi saint. La petite cité de David, au contraire, brille dans un jour pur et serein ; on dirait que l'*étoile de Jacob* et la *lumière du Christ* ont embelli toute la nature : ses coteaux verdoyants ont l'aspect d'un jardin ; dans ses riantes vallées, on devine l'églogue de Ruth et le champ des pasteurs ; les Oliviers sont moins pâles, les figuiers plus frais et les rochers variés par les arbres ne font qu'ajouter du pittoresque au paysage. Vraiment, dit un pèlerin, Bethléem apparaît au milieu des montagnes sévères de la Judée comme une fleur perdue dans les sables du désert.

L'âme achève de s'épanouir à la physionomie intérieure de Bethléem.

Les maisons sont plus coquettes et mieux tenues.

Dans toutes les villes musulmanes, vous êtes glacé par l'air impassible et souvent même dédaigneux des habitants. A Bethléem, ils viennent à vous avec cordialité, ils vous saluent en français et vous offrent leurs services ; les mères vous présentent leurs enfants, on ne se croit plus en Turquie. C'est là que le Christ triomphe. A Nazareth, les catholiques ne représentent qu'un tiers de la population ; à Jérusalem, qu'un douzième ; à Bethléem, ils sont la majorité (1). Les concerts des anges ont charmé l'Arabe, Mahomet n'a pu le retenir et, abandonnant son troupeau, il est venu, lui aussi, adorer le divin Enfant.

O délicieux Bethléem, non *tu n'es pas la plus petite entre les villes de Juda*. N'aurais-tu point donné le jour à David et au Messie, tu as la gloire incomparable de briller toi seule, en Orient, de la lumière de l'Evangile.

(B) LA GROTTE DE LA NATIVITÉ

Nous n'avons fait connaître que le cadre du divin berceau dont Bethléem tire toute sa gloire ; il est temps d'aller, avec les Mages, nous prosterner dans la Grotte de la Nativité. « *Transeamus usque Bethleem* ».

A l'extrémité orientale de Bethléem, sur la colline et en dehors des anciens murs, il y avait des grottes naturelles, servant de retraite aux caravanes et d'étable aux animaux (2). C'est dans

(1) Bethléem compte 6.000 habitants, sur lesquels il y a 3.040 catholiques, latins. Bethléem est le siège d'un évêque schismatique.

(2) Aujourd'hui encore, en Palestine, rien de plus commun que de voir les troupeaux renfermés la nuit dans les antres des montagnes. Il n'est pas rare non

un de ces réduits que Joseph et Marie se retirèrent, après avoir frappé vainement aux portes de leurs compatriotes. Dès les premières années du christianisme, la grotte mystérieuse fut entourée d'une vénération facile à comprendre et devint bientôt comme le centre de la bourgade. Un oratoire modeste s'élevait sur le lieu de la naissance de Notre Seigneur Jésus-Christ, quand l'empereur Adrien monta sur le trône. Saint Jérôme rapporte, en effet, que, l'an 135, ce féroce ennemi du christianisme essaya d'anéantir le berceau et la tombe de Jésus. Il renversa l'oratoire et, ne pouvant détruire la grotte de Bethléem, il la dissimula dans un bois planté en l'honneur d'Adonis, infâme divinité païenne.

Deux cents ans plus tard, le christianisme triomphe ; sainte Hélène, la mère du premier empereur chrétien, accourt en Palestine pour purifier les Lieux Saints. En 333, un magnifique sanctuaire s'élevait à Bethléem, au-dessus de la grotte où l'Homme-Dieu avait vu le jour. Le temps l'a respecté ; et les hommes, plus terribles aux monuments que le temps lui-même, n'ont pas osé le renverser : c'est un fait unique dans l'histoire des sanctuaires de Palestine (1). Malheureusement, le proverbe trouve ici son application : « *Les Latins ont les firmans* (titres de propriété), *les Grecs ont les sanctuaires* » ; la Basilique, propriété latine, est aujourd'hui entre les mains des Grecs et des Arméniens schismatiques. Ils se servent du chœur comme église paroissiale ; la nef est convertie en marché. Les catholiques ont élevé contre la Basilique leur église paroissiale sous le vocable de sainte Catherine.

---

plus de voir de pauvres fellahs (agriculteurs) dormir dans leur hutte en terre, côte à côte avec leurs chèvres, leurs vaches et leurs brebis.

(1) Chaque siècle apportait des embellissements nouveaux à la Basilique de la Nativité. L'historique en serait très curieux, si nous pouvions l'entreprendre.

Des deux côtés du maître-autel de la Basilique (consacré au culte grec) se trouvent des escaliers (16 marches) par lesquels on descend dans une crypte : c'est la vénérable *grotte de Bethléem.*

Là, au moins, nous sommes chez nous, pas entièrement cependant : elle appartient aux Latins, mais les Grecs et les Arméniens en partagent avec nous la jouissance qu'ils ont usurpée, grâce à la protection de la Russie et à la vénalité des Turcs ; et il n'a pas tenu à eux que nous n'en fussions tout à fait évincés en 1873. Oh ! avec quel amour, avec quel bonheur on se prosterne en ces lieux ; on les couvre de baisers, on les inonde de larmes, plus douces, plus délicieuses que toutes les joies profanes ! « C'est donc ici que le Fils de l'Eternel sortit du sein de Marie comme un rayon de soleil ; c'est ce creux de rocher qui lui servit de palais. Tout près étaient couchés le bœuf et l'âne, seuls courtisans du Roi des rois ; c'est là que le Créateur du ciel et de la terre a souffert du froid comme un pauvre enfant d'Adam, qu'il a eu besoin d'être enveloppé de langes et qu'il a fait entendre ses premiers vagissements. »

Je n'oublierai jamais ce que ces pensées firent sur moi d'impression, quand dans les journées du 13 et du 28 mai 1884, je pouvais aller m'agenouiller près du lieu où une étoile d'argent reflète cette inscription :

Hic de Virgine Maria Jesus Christus natus est.

Ici de la Vierge Marie est né Jésus-Christ.

La *Grotte de la Nativité* est en grande partie naturelle : elle a 12 mètres de longueur et près de 4 mètres de largeur : sa hauteur atteint à peine 3 mètres (1).

Le lieu où Jésus naquit, le lieu où il fut déposé dans la Crèche, le lieu où les Mages lui offrirent leurs symboliques présents sont autant d'attraits

(1) Les parois de la grotte sont en grande partie cachées par un revêtement de marbre et des tapisseries.

pour le cœur du chrétien ; se lasserait-on d'y méditer et d'y prier ? (1).

On montre dans le fond l'ouverture où, dit une ancienne tradition, une source d'eau limpide jaillit providentiellement pour l'usage de la Sainte Famille.

A côté, une porte donne entrée dans une *chapelle* dédiée à *saint Joseph*, au lieu où, dit-on, il reçut d'un ange, pendant son sommeil, l'ordre de partir pour l'Egypte avec l'Enfant et sa Mère. De là on descend par un escalier de cinq degrés dans la *chapelle des saints Innocents*. L'autel recouvre le caveau où furent immolés plusieurs de ces saints martyrs, dans les bras de leurs mères, qui s'étaient cachées en cette grotte pour les dérober au massacre ordonné par Hérode. J'ai eu le bonheur d'y célébrer la messe.

Un couloir, toujours creusé dans le roc, conduit d'un côté à l'escalier donnant dans l'église catholique de Sainte-Catherine, de l'autre aux grottes contenant *les tombeaux de saint Eusèbe de Crémone*, disciple de saint Jérôme, des *saintes Paule et Eustochie*, ces illustres Romaines qui vinrent à Bethléem fonder des monastères florissants ; enfin, du grand *saint Jérôme*, qui passa les trente-huit dernières années de sa vie à gouverner les monastères d'hommes et de femmes qu'il avait fondés à Bethléem.

(1) On vient de placer dans la Grotte de Bethléem trois tableaux dus au pinceau d'un artiste de mérite. Ils remplacent ceux qui ont été détériorés par le dernier incendie. En même temps, on a réparé le pavé qui se trouvait en fort mauvais état. Il a fallu que les chefs des trois communions : Catholique, Grecque et Arménienne schismatique, s'entendissent au préalable sur une question aussi peu importante en apparence. C'est cependant un progrès sur le passé, et désormais les pèlerins ne seront plus attristés par la vue de tableaux brûlés ou déchirés et de dalles brisées, dans un sanctuaire saint entre tous. (*Annales de Notre-Dame de Sion*, septembre 1885.)

Demandons à ces saintes âmes, qui ont vécu près du berceau de l'Enfant-Dieu, de venger bientôt l'honneur des Lieux Saints, et d'obtenir pour la France la fidélité à sa mission de « Protectrice de Terre Sainte ».

(c) ENVIRONS DE BETHLÉEM

La grotte de la Nativité est, sans contredit, le lieu le plus sacré de la cité de David, mais elle n'en est pas l'unique ornement. D'autres souvenirs lui forment une couronne dont nous voudrions esquisser la beauté.

La grotte de la Nativité fut, nous l'avons déjà insinué, le théâtre de cette adoration mystérieuse que les Mages vinrent rendre à l'Enfant-Jésus quelques jours après les bergers (1). Le texte évangélique ne saurait être invoqué en faveur d'une opinion contraire : « Les Hébreux, dit Bernard de Picquigny, appellent maison (*domum*) tout logis, même celui des animaux, à cause du va et vient continuel des habitants dans ce lieu. » Jésus enfant n'eut d'autre palais, à Bethléem, que la grotte de sa naissance ; l'Eglise, d'ailleurs, en a consacré la tradition par ces mots, dans lesquels elle expose le mystère de l'Epiphanie : *Hodie stella magos duxit ad præsepium.* Prosternons-nous en esprit devant l'*autel des Mages* et faisons un acte de foi à la royauté du Christ, à sa divinité, à son humanité.

A vingt minutes de Bethléem, vers le sud, un village charmant est l'attrait du pèlerin ; c'est *Beit-Saour* (maison des pasteurs), résidence pro-

(1) Certains auteurs ont prétendu que J.-C. avait deux ans lorsque les Mages sont venus l'adorer à Bethléem : « Cette opinion, dit le F. Liévin, me paraît erronée, puisque ces rois sont venus du vivant d'Hérode et que celui-ci mourut l'an Ier de notre ère. »

bable des bergers qui furent les premiers adorateurs du Messie (1).

Sur la route qui y conduit se trouve la grotte du lait ; à l'est du village, se déploie la plaine qui est l'ancien champ de Booz ; tout près de ce champ, se voit la grotte où dormaient les bergers quand les anges leur apprirent la naissance du Sauveur (Grotte des Pasteurs).

Quelle moisson de souvenirs !

La grotte dite *grotte du lait* fut, selon la tradition, le premier refuge de la Sainte Famille, quand, après la Purification, l'ange vint prévenir Joseph qu'il fallait fuir en Egypte : c'est là que se firent les préparatifs du voyage, c'est là que « Marie, en allaitant le divin Enfant, laissa tomber quelques gouttes de lait ».

La *grotte des Pasteurs* devint la crypte (un escalier de vingt et un degrés y conduit) de l'église bâtie par sainte Hélène, en mémoire du céleste message. Qu'il fait bon là prêter l'oreille aux échos de la montagne ! On croit les entendre redire encore : *Gloire à Dieu et paix sur la terre.*

Le F. Liévin nous donna sur place une leçon dont nous ne voulons pas être les seuls à profiter. Cette grotte (*Deir-er-Raouat*), nous dit-il, était, depuis l'origine du christianisme, considérée comme la vraie grotte des pasteurs ; récemment on voulut, au mépris de l'ancienne tradition locale, la faire passer pour apocryphe. De par la science, il fut question de déplacer la vénération des peuples et de la transporter à une autre grotte répondant mieux aux données de l'érudition : celle-ci possédait trois tombeaux creusés dans le tuf, excellent argument, disait-on, conforme à l'opinion qui place la sépulture des pasteurs au lieu même où ils avaient eu la vision céleste. C'en était fait ; M. V. Guérin, tout d'abord, s'y laissa tromper.

() Sur 700 habitants environ, Beit-Saour compte 130 catholiques latins.

Mais, continua le F. Liévin, Dieu ne permit pas que la supercherie trompât personne. Des Bethléémites m'avaient assuré que ce prétendu sanctuaire était tout simplement un établissement où jadis l'on faisait du vin ; depuis, je connus le *creuseur* des trois tombeaux. La vieille tradition triomphait. Comment, d'ailleurs, supposer que Bethléem, ville si fidèle à sa foi catholique, ait pu perdre la véritable tradition ? « Retenez-le bien, concluait le F. Liévin, en Orient, plus que partout ailleurs, la tradition locale est un critérium rarement trompeur de la vérité : la science est souvent obligée de revenir à ses indications, après les avoir dédaignées. »

Vers l'ouest de Bethléem, les souvenirs de l'Ancien Testament abondent : à Oum-et-Talaa, c'est vraisemblablement la grotte de Saül, célèbre par la générosité de David (I Rois XXIV) ; à Aadelmieh, c'est très probablement la *grotte d'Odollam* (Paralip. XI).

Du côté de l'est, sur la route royale d'Hébron, ce sont les bassins splendides de Salomon qu'alimente, aujourd'hui encore, la fontaine scellée, *fons signatus*.

Signalons, en terminant, au nord-est de Bethléem, le village de Beit-Jallah, où Mgr Bracco a son séminaire ; au nord-ouest, la citerne dont l'eau était si désirée par le Roi-Prophète, campé près de la grotte d'Odollam.

Est-il dès lors surprenant que Bethléem ait la force de l'aimant sur le cœur du pèlerin ? Par elle-même et par les souvenirs qui enrichissent ses environs, elle a de quoi éclairer l'esprit et réchauffer le cœur. Aussi, dans la cité de David, les œuvres catholiques ne chôment pas. Bethléem était nommée *Ephrata* la Fructueuse; elle a produit le vrai fruit de vie, Jésus ; elle produit chaque jour des fruits prodigieux. La terre, d'ailleurs, en est bien travaillée par un prêtre italien, D. Belloni, le dom Bosco des Lieux Saints. Grâce à lui,

Bethléem possèdera bientôt, comme complément de son orphelinat catholique, une splendide église du Sacré-Cœur. On y verra entre autres la *noble chapelle des Croisades* ; sur l'autel, une belle statue de saint Louis, roi de France, représentera le vaillant monarque, au moment où il débarque en Palestine, un genou à terre, l'oriflamme des croisades à la main et l'épée haute.

Puisse cette œuvre nouvelle attirer sur Bethléem, sur l'Orient tout entier, sur la France, patrie des *fils des Croisés*, toutes les grâces du cœur de Jésus.

§ III. HÉBRON

LES TROIS ANGES SOUS LE CHÊNE D'ABRAHAM

Quand Dieu, pour se former un peuple, eut appelé dans la terre de Ur, en Chaldée, son serviteur Abram (1940 ans av. Jésus-Christ) et l'eut introduit dans le pays de Chanaan, il lui persuada de fixer sa tente près de Béthel. (Ce lieu est à quatre heures de la Jérusalem actuelle.) (1re partie, ch. XII.)

Celui-ci obéit et y vint avec Lot, son neveu. Mais bientôt le pays ne leur suffisait pas pour demeurer l'un avec l'autre, car leurs biens étaient fort grands : ils se séparèrent donc à l'amiable. Lot choisit les rives du Jourdain ; Abram, sur l'ordre de Dieu, leva sa tente et vint demeurer près de la vallée de Mambré, qui est vers Hébron. Sous les rameaux d'un chêne gigantesque, d'autres disent un térébinthe, il dressa un autel au Seigneur.

Ce lieu, qu'on désigna d'abord par *Chêne de Mambré*, est aujourd'hui presque désert. Il est enfermé dans une enceinte rectangulaire qui mesure 65 mètres sur 50 et s'appelle Ramat-el-Kalil, Hauteur de l'ami de Dieu. C'est là que jadis

Abraham réunit des troupes, pour délivrer Lot des mains de Chodorlahomor, roi des Elamites ; là que, pour la seconde fois, Dieu fit à son serviteur de magnifiques promesses ; là que la circoncision fut imposée au peuple de Dieu, qu'Abram eut son nom changé en celui d'Abraham, etc., etc. C'est là enfin qu'eut lieu la visite des trois anges, que les SS. Pères ont toujours considérée comme une image de la Sainte Trinité.

Nous omettons de relater les évènements dont ce lieu fut ensuite le théâtre (1), pour esquisser le paysage où le Mystère de la Nature divine fut clairement proposé au père des croyants.

« Un jour, dit l'Ecriture (Genèse, XVIII), le *Seigneur apparut à Abraham* en la vallée de Mambré. Abraham ayant levé les yeux, *trois hommes lui apparurent près de lui* ; aussitôt qu'il les eut aperçus, il courut de la porte de sa tente au devant d'eux, et se *prosterna en terre.* Puis il dit : Seigneur, si j'ai trouvé grâce devant vos yeux, ne passez pas la maison de votre serviteur. Les hôtes mystérieux s'arrêtèrent : l'un d'eux prédit à Sara la naissance d'Isaac, renouvela à Abraham les promesses du Très-Haut et lui révéla la punition que Dieu voulait infliger à Sodome » (Genèse, XVIII).

Or, toujours les Pères de l'Eglise ont vu dans ces trois anges une image de la Trinité. Abraham, dit un commentateur, en voit trois et n'en adore qu'un ; il adresse la parole à tous les trois comme à un seul, il ne met pas de différence entre eux, et l'Ecriture donne, à celui qui reste avec lui, le

(1) Isaac y mourut à l'âge de 180 ans et Jacob, son fils, vint l'y visiter. — Le souvenir d'Abraham ou de l'*ami de Dieu* (Isaïe), attaché à ce lieu, contribua à en faire un lieu sacré pour les Chrétiens, les Juifs et les gentils. On y accourait en si grande foule qu'il s'y établit une foire devenue fameuse. C'est là, en effet, que, sous Adrien (IIe siècle), les Juifs révoltés furent vendus comme de vils animaux. Le berceau du peuple de Dieu faillit être ainsi son tombeau.

grand nom de Dieu, *Jehovah*, le nom incommunicable. Ramat-el-Kalil, le lieu de cette rencontre mystérieuse, est à une heure d'Hébron, à sept heures de Jérusalem (1).

Nous l'avons déjà dit, une enceinte rectangulaire (incomplète et peu élevée) le renferme présentement. Dans sa simplicité, elle apparaît là comme une des œuvres les plus gigantesques qu'ait jamais édifiée la main des hommes. Les traditions du pays en font remonter la construction à Salomon, mais tout porte à lui attribuer une origine encore plus ancienne. Vraisemblablement, au temps des Juges, « le peuple de Dieu songea à entourer son berceau de cette enceinte qu'il a voulu faire splendide, digne des grands souvenirs qu'elle était destinée à protéger et à perpétuer éternellement aux yeux des générations à venir » (Abbé Petey, p. 253).

Entrons maintenant dans cette enceinte. Nous y trouvons encore un puits, Bir-el-Kalil, dont l'origine doit certainement remonter à Abraham, puisque la Genèse en parle, et nous dit qu'il l'avait fait creuser afin d'avoir de l'eau pour son usage, celui de sa famille et pour ses troupeaux. Le 29 mai 1884, j'eus le bonheur d'y célébrer la messe sur la margelle de ce puits qui, jusqu'à Constantin, fut l'objet d'un culte idolâtrique. Non loin de l'enceinte, des ruines couvrent un assez grand espace. Ne seraient-ce pas les restes de l'oratoire élevé par Constantin et d'un village qui s'était formé près du lieu sanctifié par l'apparition du Seigneur, sous la forme des trois Anges ?

Le chêne vénérable, à l'ombre duquel Abraham, et après lui Isaac et Jacob, avaient dressé leurs

---

(1) La grande route de Jérusalem à Hébron, sur laquelle le pèlerin trouve Ramat-el-Kalil, est semée de souvenirs. J'en indique seulement les noms : Bethléem, la Fontaine scellée et le Jardin fermé, près des Vasques de Salomon, la Fontaine de Saint-Philippe (Actes, VIII). — Cette route, taillée dans les montagnes, est complètement déserte.

tentes, n'existe plus. Nous savons, par saint Jérôme, que Constantin le fit abattre pour mettre un terme aux superstitions dont il était devenu l'objet. Celui que les Russes vénèrent, dans une vallée voisine (Ouadi Sebta), est donc faussement appelé *Chêne d'Abraham*. Cependant, nous allâmes le visiter, car c'est « l'arbre le plus gros de toute la Palestine » ; nous y allâmes d'autant plus volontiers que c'était pour nous l'occasion de traverser la *Vallée de la Grappe* et de voir le *village de Marie* (1).

A une heure de l'Ouadi Sebta s'élève Hébron, l'ancienne Arbée, une des plus anciennes villes qui soient au monde. Vraiment, elle exerce sur l'imagination la double fascination du lointain dans le temps et dans l'espace, placée à l'extrémité de la Palestine et à la limite des solitudes arabiques, comme un port sur le désert ; suffisamment préservée du touriste, elle se rattache aux souvenirs les plus reculés de l'histoire, aux premiers vagissements de l'humanité. D'après une ancienne tradition (Gainet : *La Bible sans la Bible*, I-90), ce serait au lieu où est Hébron qu'Adam fut créé (champ Damascène) et vint demeurer après sa chute ; sous David, Hébron fut un instant la capitale du royaume d'Israël, et quoiqu'elle ait dû céder son privilège de capitale à Jérusalem, elle est toujours restée pour les Israélites une de leurs villes les plus saintes (2), parce qu'elle possède les tombeaux des trois grands patriarches : Abraham, Isaac, Jacob, et de leurs femmes : Sara, Rébecca

---

(1) La vallée de Mambré est appelée *Vallée de la grappe*, en mémoire de la fameuse grappe de raisin qu'y vinrent cueillir les envoyés de Moïse (Nombr. XIII). Le village de Marie (Kefr Mariam) est le lieu où la Sainte Famille passa la première nuit du voyage en Egypte.

(2) Hébron compte aujourd'hui 8.000 habitants environ ; les spécialités de son commerce consistent dans la confection d'outres et de verroteries, bracelets, etc.

et Lia (Caverne de Makpelah, Genèse, XXIII, II). Au lieu des basiliques construites au début de l'ère chrétienne, une mosquée, aujourd'hui, renferme ces tombeaux ; l'entrée en est rigoureusement interdite à tous voyageurs chrétiens.

Franchissons par la pensée l'enceinte sacrée de la mosquée d'Abraham, prosternons-nous en esprit devant le cénotaphe du père des croyants, et conjurons-le de raviver en nos âmes la foi au mystère dont il eut le premier une révélation distincte.

Gloire soit au Père, au Fils et au Saint-Esprit (1).

(1) *Semaine religieuse* de Châlons (2e année), *passim.*

CHAPITRE X

EN JUDÉE

LE MONT DE LA QUARANTAINE

JÉRICHO — LE JOURDAIN

Le 19 mai, une caravane se formait à la porte de Damas : c'étaient les pèlerins du Jourdain ; la joie était dans tous les cœurs, car les cérémonies les plus touchantes devaient avoir lieu sur les rives sacrées du fleuve où Jean-Baptiste baptisa Jésus. La route parut bien longue, car le soleil était dans son plein. On saluc, en passant, le mont des Oliviers ; on traverse Béthanie, où nous attend notre escorte ; et, après cinq heures d'une marche difficile, on arrive au *Khan du Bon Samaritain* (*Adomim*). Nul endroit ne pouvait mieux convenir à la halte : l'acte de charité, tant vanté par le Sauveur, se fit, d'après saint Jérôme, en ce lieu jadis fréquenté par les voleurs, et nous pouvions librement en méditer les graves leçons.

Bientôt, nous entrons dans la vallée de Jéricho : à l'horizon, flottent les pavillons hissés sur nos tentes, dressées près la Fontaine d'Elisée ; là, nous aurons, avec le repos, une fraîcheur bien désirable. Mais, à notre gauche, se dresse une montagne gigantesque : les intrépides proposent d'en faire l'ascension et, sous la conduite du F. Liévin, neuf seulement se décident à l'entreprendre. J'ai confié, à la *Semaine religieuse* de Châlons (3e année, nº 24), mes notes sur cette partie de mon pèlerinage au Jourdain : qu'il me suffise de les reproduire.

§ I. LA MONTAGNE DE LA QUARANTAINE

Le premier acte par lequel Jésus marqua les débuts de sa vie publique, fut un acte d'humilité : à l'âge de trente ans, il quitte Nazareth, se rend sur les bords du Jourdain, et là, sollicite du Précurseur le baptême de la Pénitence.

Aussitôt, *tunc statim*, il fut conduit dans le désert pour y être tenté par le démon. Ce désert, la tradition l'a suffisamment désigné : c'est à 2 lieues du fleuve, à 3 kilomètres Nord de Jéricho, le *Mont de la Quarantaine* (Djebel Korontoul), encore appelé *Mont du Diable*, « parce que ce fut sur le sommet d'iceluy, dit Surius, que le diable voulut tenter J.-C. »

L'Evangéliste saint Marc peint en quelques mots le théâtre de la pénitence du Sauveur : « *Tentabatur a Satana eratque cum bestiis* ». *Jésus était au milieu des bêtes.* Ce témoignage saurait-il infirmer la tradition ? Non. En vérité, les forêts du Jourdain sont remplies de bêtes, beaucoup plus que la Montagne, mais saint Marc a voulu simplement dire que N. S. était en un désert si affreux et si solitaire, qu'il était plus propre à être le repaire ordinaire des animaux que la demeure des hommes doués de raison. La Montagne de la Quarantaine est, en effet, un désert comme il s'en rencontre peu : pas un arbre, pas un buisson, pas un brin d'herbe ne verdoie sur ses flancs. La solitude, la stérilité la plus absolue, une masse affreuse et desséchée de rochers escarpés, sans chemins, sans sentiers, haute de près de 500 mètres, tel est ce mont sacré. « Je suis obligé d'avouer, dit un voyageur, que quelque tristes que soient les vastes solitudes de l'Arabie Pétrée, elles n'ont, en comparaison, rien qui ne soit agréable. »

Néanmoins, en mémoire de la rude pénitence que le Fils de Dieu y a menée et du séjour qu'il y a fait, les pèlerins, sinon les plus dévots, au moins les plus hardis, dès qu'ils la voient, sont désireux d'y monter. Ce désir, j'ai pu le satisfaire, et je m'empresse d'affirmer que l'Ascension du Mont de la Quarantaine, toute difficile qu'elle soit, n'est pas absolument impossible.

A peu près à mi-côte, se trouve la *Sainte Grotte* : c'est le lieu où, quarante jours durant, N. S. mena une vie de pénitence et de retraite. Dès les premiers siècles du christianisme, cette grotte fut convertie en chapelle ; et les grottes adjacentes servirent de cellules à de nombreux anachorètes. Au moyen-âge, la Montagne de la Quarantaine appartenait aux chanoines du Saint-Sépulcre, et des religieux, appelés Frères de la Quarantaine, y habitaient ; ce sont les Grecs schismatiques qui, depuis 1874, gardent les souvenirs de la pénitence de l'Homme-Dieu. La *Sainte Grotte* leur sert de chapelle, les cavernes voisines leur servent de logements ; les Arabes donnent toujours à l'ensemble le nom de Couvent de Notre Seigneur (*Saïdna Issa*).

De très anciennes peintures rappellent la scène évangélique dont ce lieu fut le théâtre. Saint Luc la décrit en ces termes : « Les quarante jours de jeûne écoulés, le démon s'approcha de Jésus pour le tenter. « Si vous êtes le Fils de Dieu, lui dit-il, commandez que ces pierres deviennent des pains. » Jésus lui répondit : « Il est écrit : *L'homme ne vit pas seulement de pain, mais de toute parole de Dieu.* » Les pierres de cette contrée (connues sous le nom de *lapides judaïci*) imitent dans leurs formes de véritables petits pains : peut-être le démon avait-il pris de là occasion de son allusion.

Repoussé dans sa première tentative, Satan transporta Jésus sur le point culminant de la Montagne. Il n'est pas dans toute la Judée de sommité plus élevée et plus escarpée ; on peut toutefois, avec un guide expérimenté, mais non sans fatigues ni sans périls de toute sorte, parvenir à la gravir.

L'histoire raconte que plusieurs pèlerins trouvèrent jadis la mort dans cette ascension : nous fûmes plus favorisés et, pour ma part, je remercie Dieu de la bénédiction singulière dont j'ai été l'objet. Là haut, les ruines d'une antique chapelle témoignent du fait évangélique ; le moine Boniface y a même trouvé une peinture représentant Jésus ayant le diable à ses pieds. Rien n'est comparable à la vue dont on y jouit : le regard embrasse un immense horizon et se promène sur la vallée du Jourdain, le bassin de la Mer Morte, les montagnes de la Judée, de la Samarie et même de la Syrie. On peut même distinguer les extrêmes limites des monts Syriens, le Liban et l'anti-Liban, au Nord, et jusqu'aux horizons jaunâtres de l'Egypte au Midi. Lorsque la lumière, a-t-on dit, vient à inonder cet immense panorama, on a comme une vision magique.

C'est de ce gigantesque et ravissant piédestal que le tentateur fit miroiter aux yeux de Jésus tous les royaumes du monde avec leur gloire, en indiqua la situation, l'étendue, les richesses. D'un mot encore, le Sauveur déjoua les propositions sacrilèges du démon : « Si vous m'adorez, lui avait dit celui-ci, la terre est à vous ». « Il est écrit, lui répondit le Sauveur : *Tu adoreras le Seigneur ton Dieu et tu ne serviras que lui seul.* »

Vaincu, mais non découragé, Satan fit un dernier effort pour triompher du divin pénitent. Il le conduisit à Jérusalem, dit l'Evangile, et le posa sur le haut du temple ; puis, par une fausse interprétation de nos saints livres, essaya d'éveiller en Lui un sentiment d'orgueil et de présomption : « *Si vous êtes le Fils de Dieu, jetez-vous d'ici en bas.* » La réponse de Jésus fut encore un mot de l'Ecriture : « *Tu ne tenteras point le Seigneur ton Dieu* ».

Rien n'est intéressant comme de reconstituer ainsi sur place les récits de l'Evangile.

A notre arrivée au campement, nos compagnons se pressaient autour de nous et nous questionnaient avec curiosité sur les souvenirs dont nous étions enrichis. La soirée se passa agréable sur les bords de la fontaine d'Elisée, et le lendemain, de grand matin, nous étions comme les autres prêts à marcher vers le Jourdain.

§ II. JÉRICHO

Il faut passer à Jéricho et traverser toute la vallée de ce nom. Hélas ! Jéricho n'est plus la cité des palmiers et des roses, dont les senteurs embaumées valurent jadis à cette ville le nom que les Arabes lui donnent encore : *El Richa, le Parfum* ; c'est un pauvre petit village presque exclusivement occupé par les Bédouins. (La maison de Zachée est, depuis peu, remplacée par un hôtel russe aux apparences grandioses.)

Dans la vaste plaine de Jéricho, la culture serait facile et féconde ; mais, depuis le mahométisme, tout y est délaissé. J'en ai rapporté les souvenirs, auxquels on donne pompeusement le surnom de *rose de Jéricho*, non pour eux-mêmes, mais à cause de Celle qui leur a été comparée : « *Quasi plantatio rosœ in Jericho* ». Ce n'est point une fleur remarquable : les savants la nomment *Anastatique*, « de la famille des crucifères, tige » rameuse, garnie de feuilles oblongues et terminée » par des épis de fleurs blanches. Dès que la graine

» est mûre, cette plante se pelote et se dessèche ». Cueillie à ce moment, elle jouit de la propriété de se rouvrir, quand elle est plongée dans l'eau. Mais, pourquoi donc, se demande un vieil auteur, est-elle appelée la *Rose de la Vierge* ? « Je pense, se répond-il à lui-même, que ce n'est pas tant pour sa beauté ou vertu que pour sa forme et nature, qui nous représente, en quelque façon, les nobles qualités de cette Reine des Anges. Car :

1° Comme cette plante ne croît que dans une terre déserte et stérile, ainsi la Sainte Vierge a pris sa naissance de sa bienheureuse mère, sainte Anne, naturellement stérile et inféconde ;

2° Comme cette rose est une petite plante qui ne s'élève jamais comme les autres rosiers, mais demeure toujours basse comme la moindre et la plus petite de toutes les herbes, ainsi la Ste Vierge a fait si grande estime de l'humilité, qu'étant élevée à la dignité incompréhensible de Mère de Dieu, elle s'est estimée sa très humble servante ;

3° Comme cette rose ne s'ouvre et s'épanouit jamais que quand elle est dans l'eau et qu'autrement elle est toujours fermée, ainsi cette Reine incomparable a toujours été close et fermée, tant son âme très sainte que son corps très chaste, à toutes les voluptés et vanités de la terre, et seulement ouverte à Celui qui est entré en elle comme la rosée du Ciel ;

4° Enfin, ces petites épines, dont cette plante est environnée, représentent les épines des douleurs excessives qui percèrent son cœur à la mort de son divin Fils.

» Voilà, à mon avis, conclut l'auteur précité, pourquoi la Sagesse divine a voulu comparer sa Mère, la plus haute des créatures, à une si petite fleur. » En fallait-il plus pour nous faire attacher un grand prix à la *Rose de Jéricho* ? Mais il est temps d'arriver au Jourdain.

NOTA. — Le diocèse de Châlons a contracté

une alliance étroite avec la Vierge de Roc-Amadour ; en recevant de ses mains son 96e évêque, il s'est engagé à lui payer un tribut d'hommage et de reconnaissance. L'occasion se présente pour nous de consacrer quelques lignes à Notre-Dame de Roc-Amadour ; nous la saisissons avec bonheur.

Au milieu de l'antique province du Quercy, dans le voisinage de la ville de Cahors, existe un pèlerinage dont l'origine, dit la légende, remonte au Zachée de l'Evangile. Tout invraisemblable que paraisse ce récit, nous le citons pour mémoire (1) :

« Débarqué sur le sol de la Gaule avec la famille de Béthanie, Lazare le ressuscité, Marthe et Marie-Madeleine, Zachée alla chercher une solitude pour s'y établir et y mener la vie contemplative. Il s'arrêta dans cette vallée étroite du Quercy, dite le *Val Ténébreux*, vallée qui, depuis, a pris le nom de Roc-Amadour *(Rupis Amatoris)*.

» Il éleva de ses mains une cellule et creusa dans le roc un oratoire en l'honneur de la Mère de Dieu.

» La petite statue de la Vierge, façonnée par Zachée, fit des miracles en faveur des fidèles qui venaient l'invoquer avec foi, et l'empressement des pèlerins n'a été interrompu que pendant les tristes années de la Terreur. Roland, neveu de Charlemagne, fut un des illustres pèlerins de Roc-Amadour.

» Zachée ou Amator fut enseveli d'abord dans le vestibule de la chapelle de Notre-Dame, qu'il avait fondée, et y demeura caché jusqu'en 1166. A cette époque, un habitant du pays ayant demandé d'être enseveli à l'entrée de l'oratoire, on creusa et on retrouva le corps du saint entièrement conservé. On le mit dans l'église, près de l'autel,

(1) *Histoire de Notre-Dame de Roc-Amadour*, par A. Caillau.

et une foule de miracles s'opérèrent en ce lieu.

« Malgré les profanations commises contre les précieuses reliques par les Huguenots en 1562 et par les révolutionnaires de 1793, on en conserve encore des parties notables, et Roc-Amadour reste un lieu de pèlerinage célèbre. »

Quel que soit le saint anachorète, connu sous le nom d'Amadour, les faits groupés par l'histoire, autour de ce beau sanctuaire, n'en sont pas moins authentiques.

La douce mère du Créatour,
A l'église à *Rochemadour*,
Fait tant miracles, tant hauts faits.
C'uns moultes biax livres en est faits.

Ainsi chantait un poëte du XIIe siècle Il est donc juste de placer sa confiance en la B. Vierge de Roc-Amadour. B. M. de Roc-Amadour, *in Te speravi.*

§ III. LE JOURDAIN

Vers six heures du matin, notre caravane arrivait sur les rives du Jourdain : déjà, un prêtre grec nous y avait devancés et célébrait, pour quelques fidèles, le Saint Sacrifice. Nous étions en face du *gué* où, selon la tradition, Jésus reçut le baptême de Jean-Baptiste : une cérémonei s'imposait, c'était la Rénovation des promesses de notre baptême. Après la messe solennelle, la cérémonie eut lieu : comme Catholiques et comme Français, nous vînmes tous au pied de l'autel improvisé jurer, en notre nom et en celui de notre Patrie, fidélité à Dieu et à l'Eglise.

Un deuil devait assombrir trop tôt l'aurore de cette belle journée. Voici le billet qui l'annonçait au P. Bailly resté à Jérusalem :

« Mardi 20 mai.

» Mon cher Père, la joie de la fête est changée en deuil. Pendant qu'après la messe et le sermon du P. Félicien, les prêtres renouvelaient deux à deux les vœux du baptême, un prêtre du second groupe, M. l'abbé Bertrand, de Beauvais, s'écartait après sa messe du groupe que réunissait notre cérémonie pour aller prendre un bain au Jourdain.

» La procession des Rogations, qui a suivi la messe, passait au lieu où il venait de se jeter à l'eau ; on le pria de renoncer à son bain ; le pauvre prêtre préféra s'enfoncer dans l'eau davantage et, au moment où la procession passait, nous le vîmes se débattre et disparaître. Plusieurs se jetèrent à l'eau et plongèrent longtemps. La procession se mit à genoux et pria avec ardeur les bras en croix ; mais une heure après, au moment où je vous écris, quoique les naturels cherchent encore, tout espoir est perdu. Beaucoup de prêtres n'avaient pas célébré ; l'on commence les messes du *Requiem* devant le fleuve et l'on psalmodie l'office des morts...

» Quel deuil jeté sur une si belle journée, hier au Mont de la Quarantaine et ce matin sur le bord du Jourdain !

» P. MICHEL. »

Mon compatriote et ami Victor Lacour fut, dans cette circonstance, plus admirable que jamais de promptitude et d'énergie : sans compter avec le danger, il essaya le premier de porter secours à M. Bertrand, et certainement, si celui-ci avait dû être sauvé, M. Lacour l'eût sauvé. Un morne silence accueillit cette mort imprévue : aussi, le récit de notre matinée au Jourdain ne peut-il dominer l'impression qui fut dans tous les cœurs.

M. l'abbé Daniel a donné récemment, sur le Jourdain, une étude intéressante (*Univers*, 10 février et 9 mars 1885) : nous en publierons ici quelques passages.

« Qui pourrait croire, dit-il en commençant, que le Jourdain, ce fleuve sacré de la Terre

Sainte, dont tant de bouches répètent le nom depuis la plus tendre enfance, a été, jusqu'à présent, un des cours d'eau les plus mal connus de notre globe...? Les premières notions, pleinement exactes et scientifiques sur le Jourdain, depuis sa sortie du lac de Tibériade jusqu'à son embouchure, nous ont été fournies par l'expédition américaine de 1848. Voici les principaux résultats des travaux entrepris depuis cette époque :

On peut dire que l'Hermon est le père du Jourdain. Les neiges éternelles qui le couvrent alimentent, sans s'épuiser jamais, le fleuve de la Terre Sainte. A l'époque même où tout le pays qui l'entoure est désolé et brûlé par les ardeurs du soleil d'Orient, le Scheick (roi) des montagnes, le Djèbel esch Scheitch, comme l'appellent les Arabes, conserve sa couronne d'argent, qui lui a valu aussi son autre nom moderne de Djébel et Teldy ou Mont-des-Neiges.

Les rayons du soleil fondent tous les jours ces amas d'eaux congelées ; mais, au plus fort même de l'été, si les trois cimes qui le dominent sont dépouillées de leur vêtement humide, les immenses réservoirs accumulés dans les anfractuosités des rochers et dans les déchirures de la montagne n'en fournissent pas moins chaque jour leur contingent au Jourdain, sans tarir jamais avant le retour de l'hiver. Ces eaux fondues coulent dans les vallées avoisinantes ou bien pénètrent dans les canaux souterrains cachés dans les flancs de l'Hermon, pour apparaître au bas de ces pentes, en ruisseaux jaillissants. Les sources qui sortent de la montagne et forment le Jourdain, par la réunion de leurs eaux, sont très nombreuses, depuis le village de Hasbeyia, au nord-ouest, jusqu'au nord-est de Banias, mais il y en a trois principales, auxquelles on réserve le nom de sources du Jourdain : celles de Hasbani, de Tell-el-Khadi et de Banias.

La première source du Jourdain est proche du village d'Hasbeyia (Nahr Haslani).

La deuxième source de Tell-el-Khadi (1) donne naissance à deux ruisseaux qui, réunis, portent le nom de Nahr-el-Leddan.

Le Nahr-Banias est la troisième source du Jourdain et la plus orientale. Il doit son nom à la ville de Banias (2). Il se précipite, en écumant et en mugissant, au milieu des débris de rochers et des ruines amoncelées d'antiques édifices, et il se dérobe bientôt au regard derrière le rideau d'épaisse végétation dont il couvre ses rives. Le volume de ses eaux est moindre que celui du Nahr-el-Leddan, la seconde source du Jourdain, mais il est de beaucoup supérieur à celui de Nahr-Haslani. Ce dernier, au confluent des deux ruisseaux, n'apparaît que comme un tributaire qui vient de loin rendre hommage à son seigneur et maître. Les eaux du Banias sont claires et cristallines, tandis que celles des autres sources sont troubles.

Ces trois sources réunies forment donc le Jourdain et se dirigent directement vers le Sud.

Avant de poursuivre sa course, le Jourdain doit remplir le Bahr-el-Houle, l'antique lac Mérom.

Du lac de Mérom au lac de Tibériade, il y a une distance d'environ 16 kilomètres. Quoiqu'il

---

(1) Tell-el-Khadi est l'antique « Dan » du Livre des Juges.

(2) Banias s'appelle encore Panéas, ou Ville du Dieu Pan (Juges, XVIII-29). Sous les Romains, elle s'appelait Césarée de Philippe, en mémoire du don qu'en fit à César-Auguste, Philippe, fils d'Hérode-le-Grand. Ce n'est, aujourd'hui, qu'un pauvre village de 150 habitants ; mais il existe, dans le district, plusieurs tribus de Grecs schismatiques. Depuis 122 ans, Banias n'avait pas d'évêque : le 21 février 1886, Mgr Géraïguy était sacré à Damas et envoyé pour travailler à la restauration de ce diocèse. — J.-C. a visité Banias ou Césarée de Philippe (saint Marc, VIII-27) ; saint Pierre y affirma sa foi en J.-C. (saint Mathieu, XVI-13).

n'y ait aucune chute, la pente du fleuve est très rapide.

C'est ce qu'on appelle le *Cours supérieur* du Jourdain.

Du lac de Tibériade, le Jourdain se rend à la Mer Morte, en faisant de nombreux détours. La distance qu'il parcourt entre ces deux points est, en ligne droite, de 104 kilomètres. De magnifiques souvenirs embellissent ses rives : Josué, Elie et Elisée, Naaman, David, Jean-Baptiste, Jésus, enfin, revivent dans l'esprit du pèlerin, qui ne peut séparer le fleuve des miracles dont il fut le théâtre (1).

A une heure et demie au sud d'El-Makta (le lieu du passage ou du baptême de J.-C.), le Jourdain déverse ses eaux dans la Mer Morte.

Près de son embouchure, les bords du Jourdain sont stériles et dénudés. Pendant les quatre derniers kilomètres de son cours, la végétation disparaît presque partout de ses rives. On voit seulement surgir çà et là, de la vase, des troncs d'arbres morts avec leurs branches décharnées, les cadavres de nombreux poissons, que les eaux de la mer ont asphyxiés.

Pendant la saison chaude, cette vase se couvre d'une croûte de sel et de gypse. On y rencontre aussi des couches de soufre et d'oxyde de fer, ce qui en explique la stérilité.

Il ne nous reste plus maintenant qu'à dire quelques mots de l'eau du Jourdain. Le Jourdain est décrit bien diversement par les voyageurs qui l'ont vu de près : les uns le disent clair et limpide, presque azuré ; les autres affirment que c'est une rivière de boue, charriant à la Mer Morte des ondes jaunâtres, tenant en suspension beaucoup de substances terreuses. Les uns et les autres ont raison. Au printemps et au commencement de

---

(1) Des gués nombreux mettent en communication facile la vallée du Jourdain et le pays de Moab.

l'été, le fleuve, enflé rapidement par la fonte des neiges du Grand Hermon et par les pluies diluviennes qui ont versé une immense quantité d'eau dans tous les ouadis qui aboutissent au Ghor, devient trouble, élève son niveau de plusieurs mètres, ronge l'argile de ses bords, déracine les plus gros arbres et transporte à la mer une masse énorme de débris. En été, au contraire, à partir du mois de juin, lorsque les neiges ont disparu et que les pluies ont entièrement cessé, les eaux sont presque limpides, jamais entièrement claires cependant, car elles emportent toujours les limons déposés sur ses rives. Mais à cette époque, elles sont d'un vert foncé, très agréables à boire, et proviennent surtout des sources qui se déversent au nord du lac de Tibériade.

L'eau du Jourdain est célèbre à cause de son excellent goût.

Un voyageur italien dit qu'elle est « *dolce si come il zuccaro* ». Reynand exprime ainsi l'impression qu'il éprouva : « Cette eau ne nous a pas semblé désagréable, quoique nous ayons cru y reconnaître une légère odeur de soufre. » Cette odeur était exceptionnelle et provenait sans doute d'une des sources d'eau sulfureuse, qui sont assez nombreuses dans le pays. Tous les voyageurs s'accordent à reconnaître qu'elle est agréable à boire. Quoiqu'on la puise souvent trouble, elle se clarifie rapidement à l'air. Beaucoup de pèlerins et de voyageurs ont prétendu qu'elle ne se corrompait point, quelque longtemps qu'on la conservât.

D'après Tohler, le Jourdain déverse par jour, dans la Mer Morte, six millions quatre-vingt-dix mille tonnes d'eau. Quand, au printemps, la neige fond en abondance sur l'Hermon, et que les nombreux ouadis, à sec en été, déversent leurs eaux dans le Ghor, le fleuve « remplit ses rives », mais ses eaux n'atteignent jamais l'étage supérieur de la vallée, parce que le lac Mérom et celui de

Tibériade, dont le niveau, en cette saison, s'élève de 0 m. 30 à 0 m. 40, servent au Jourdain de régulateurs.

Le bassin du Jourdain comprend, à l'ouest, un peu moins de la moitié orientale du pays montagneux de Chanaan, d'une largeur de 22 à 29 kilomètres ; à l'est, tout le pays de Moab et de Galaad jusqu'à la limite du désert d'Arabie, d'une largeur d'environ 60 kilomètres ; enfin, au nord-est, tout le pays de Basan jusqu'à l'Hermon et aux montagnes du Hauran, sur une étendue de plus de 100 kilomètres. Le bassin du fleuve, dans sa totalité, et en y comprenant les affluents de la Mer Morte, embrasse ainsi une superficie de 30 à 40.000 kilomètres carrés, à peu près comme la Moselle, près de trois fois moins que l'Euphrate, quatre fois moins que l'Elbe, huit fois moins que le Rhin.

Tel est le Jourdain, conclut l'abbé Daniel, extraordinaire par toutes les particularités physiques et singulières qui caractérisent son cours, mais plus remarquable encore par les souvenirs sacrés qui s'y rattachent et qui en font véritablement le fleuve sacré des Juifs et des Chrétiens. »

Nous souhaitons n'oublier jamais les serments renouvelés sur ses rives enchanteresses.

CHAPITRE XI

LA MER MORTE

LA FONTAINE D'ÉLISÉE

« Après nous être un peu divertis dans les belles vallées du Jourdain, dit l'ancien auteur que nous avons déjà cité, il nous faut à présent en visiter une autre, qui est d'autant plus triste et déplaisante qu'elle était autrefois belle, féconde et gracieuse. C'est celle qui est appelée en la Genèse le *Paradis du Seigneur*, c'est-à-dire un jardin de délices et de plaisir, comme elle a été, l'espace de plus de 2.000 ans qu'elle était arrosée des eaux du Jourdain ; mais, depuis qu'elle a changé de nature et a servi de sépulcre à ces cinq villes abominables : Sodome, Gomorrhe, Adama, Seboïn et Ségor, elle a pris le titre de *Vallée Sauvage*, *Vallée des Salines*, qui est couverte et abîmée sous les eaux de la Mer Morte. »

L'itinéraire n'a point changé depuis le XVIe siècle : l'excursion à la Mer Morte termine d'ordinaire le pèlerinage du Jourdain.

Une question se pose tout d'abord sur l'origine de cette mer Asphaltite. Jusqu'à notre époque, tout le monde avait pensé qu'elle n'existait pas avant Abraham : de récentes études, particulièrement celles de M. Lartet, en 1865, contredisent cette ancienne opinion (1) :

« Jusqu'à la découverte de la dépression si extraordinaire de la Mer Morte, en 1837, on croyait universellement qu'elle avait été formée au moment de la ruine de Sodome et de Gomorrhe. Depuis qu'on a étudié le caractère particulier que présente la fraction de la vallée du Jourdain et le bassin du lac Asphaltite, les savants ont rejeté cette opinion. De quelque manière qu'ils expliquent la formation du Ghôr et du lac, par fracture violente ou par érosion graduelle, les géologues qui ont exploré les lieux s'accordent à dire que la mer de Sel, comme l'appelle la Bible, est de beaucoup antérieure au temps d'Abraham et que le relief actuel, *dans ses traits généraux*, est d'une très haute antiquité, les eaux du Jourdain, pour se déverser dans la Mer Rouge, ayant dû traverser toujours la grande vallée d'Arabah.

» En effet, la grande dépression de toute la vallée du Jourdain et de la partie septentrionale de l'ouadi Arabah, la direction des vallées latérales, tous les traits de cette région, en un mot, tendent à montrer que sa configuration actuelle est contemporaine de la configuration générale de notre globe dans son état présent, et non l'effet d'une catastrophe locale.

» En conséquence, on a abandonné l'explication ancienne, et l'on a admis communément celle qu'expose M. Lartet, d'après laquelle la Mer Morte existait avant que les villes de Pentapole fussent détruites, mais ne se *prolongeait pas aussi loin qu'aujourd'hui* au sud. A la pointe méridionale, il y avait une plaine bien arrosée, où florissaient Sodome et Gomorrhe, non loin des

(1) *Univers*, 2 mars 1886.

sources de bitume (1). Cette plaine portait le nom de plaine de Siddim et servit de champ de bataille aux rois de la Pentapole. Elle fut submergée par la colère divine, et ainsi furent détruits les habitants des villes coupables. Ce grand bouleversement fut accompagné de l'inflammation de sources bitumineuses, abondantes dans ces régions, ce qui nous explique pourquoi la Genèse dit que Sodome et les villes coupables furent anéanties par une pluie de feu. Ce qui confirme cette explication, c'est que ce n'est guère que dans cette partie du lac que l'on voit apparaître l'asphalte et que là les eaux sont très peu profondes, tandis qu'elles atteignent au-dessus de la lagune une très grande profondeur.

Cette digression scientifique fermée, promenez

(1) Le bitume était utilisé dans les constructions d'autrefois. Ainsi les ruines de la ville d'Ur, en Asie, la patrie d'Abraham, sont appelées M'Gayer, *la ville du bitume*, parce que les briques de ses murs sont reliées entre elles par des couches de bitume, au lieu de l'être par du mortier de chaux ou de ciment. Au reste, dit M. de Rivoyre, c'est ainsi que fut construite la tour de Babel : « Les enfants de Noé, lit-on dans la Genèse (XI, 3), se servirent de bitume au lieu de ciment. » Nombre de bâtiments de Babylone et de Ninive furent bâtis de même. Ibn Batoutah nous indique deux sources de bitume : l'une qui dut servir aux constructions de la Babylonie, l'autre à celle de l'Assyrie. La première est située dans le bassin de l'Euphrate, entre Coûfah et Bassorah.

Au temps d'Ibn Batoutah, Bagdad importait ce bitume en grande quantité : on en enduisait les maisons, en en faisait le pavé des terrasses et des salles de bain. La source de bitume assyrienne est à peu de distance de la rive droite du Tigre, au village d'Alkayarah, à trois journées de marche au nord de Técrit et à deux journées au sud de Mossoul. Ces deux sources de bitume appartiennent sans doute à la même formation géologique que celles de la Mer Morte, lesquelles devaient être exploitées dès les temps les plus anciens ; la Genèse (XIV, 10) parle des « nombreux puits de bitume que possédait la Vallée-Silvestre », vallée où s'élevaient, au temps d'Abraham, les villes de Sodome et de Gomorrhe. (*La Croix*.)

avec moi vos regards sur la Mer Morte. A première vue, le lac Asphaltite n'a point l'aspect horrible qu'on pourrait se figurer : ses eaux sont claires et limpides (1). Deux murailles de montagnes, hautes de trois mille pieds, l'enferment de trois côtés, dit le P. Ubald, à l'orient, à l'occident et au midi ; nous trouvons la surface des eaux parfaitement unie, calme et immobile. Le vent ne peut soulever ces eaux pesantes et huileuses ; mais toute cette étendue resplendit du plus vif éclat : on dirait un immense creuset rempli de métal en fusion. Seulement, de légères colonnes de vapeur s'élèvent de place en place en tournoyant dans les airs : sous une apparence gracieuse, elles portent le trépas dans leurs flancs. Ce sont ces exhalaisons empestées qui tuent tout ce qui approche de ces bords malsains, les plantes, les animaux comme les hommes. Aucune barque ne sillonne ces flots de plomb, aucune voile ne blanchit à l'horizon, aucun chant de batelier ne trouble ces échos solitaires. La mort seule règne sur ses rivages ; cette mer est un tombeau, une vaste nécropole où sont ensevelies cinq villes entières. Quand, par la foi, on se transporte à l'origine de cette mer maudite, et que d'autre part on jette son regard sur les montagnes et la plaine voisines, on ne peut s'empêcher de se sentir le cœur serré. C'est donc ainsi que Dieu punit le péché. Il n'y a qu'en Palestine qu'on apprécie bien les choses : ici tout

(1) La vallée de la Mer Morte, les eaux qu'elle retient captives et qui sont cinq fois plus lourdes que celles de la Méditerranée, et de quatre cents mètres plus basses, est une de celles dont on peut dire avec vérité *qu'elle dévore ses habitants*. La Mer Morte a vingt-cinq lieues de long sur quatre à cinq de large. Les sept millions de tonnes d'eau, que le Jourdain y jette chaque jour, s'évaporent par le fait de la grande chaleur, qui fait monter celle de l'eau jusqu'à vingt-cinq degrés Réaumur et plus.

V. Châteaubriand. Itinéraire de Paris à Jérusalem. 3e artie : *La pomme de Sodome*.

prêche, à celui qui sait voir, les grandes vérités de la religion.

De bonne heure, nous rentrions à notre campement, près de la *Fontaine d'Elisée.*

Si cette source n'avait point été jadis guérie par le prophète, nous eussions grandement souffert, après une journée comme celle que nous avions passée ; mais aucune eau ne saurait être meilleure. Voici le fait, comme il est raconté au 4ᵉ Liv. des Rois (chap. II) : Les habitants de Jéricho se plaignirent un jour à Elisée de ce que la ville de Jéricho était une demeure fort agréable, mais que la terre y était stérile et les eaux très mauvaises. Celui-ci se fit apporter un vase plein de sel et le versa dans la fontaine en disant :

« Voici ce que dit Jéhovah : « J'ai purifié cette « eau et la mort et la stérilité ne sortiront plus « d'elle. » L'expérience donne toujours raison à la parole du prophète. L'Eglise imite chaque dimanche l'acte d'Elisée, en bénissant l'eau, et reproduit dans l'ordre spirituel ce changement merveilleux.

La nuit fut calme et tranquille. Le lendemain, 21 mai 1884, avant de dire adieu à la plaine de Jéricho, nous assistions tous à une messe de *Requiem*, pour le repos de l'âme de celui que nous avions dû laisser dans les eaux du Jourdain. La caravane, en rentrant dans la Ville Sainte, fut chaleureusement accueillie par nos compatriotes et par les Turcs eux-mêmes ; le deuil que nous portions fut partagé de tous : c'est là que se montre la vraie charité des Chrétiens.

CHAPITRE XII

ADIEUX
A JÉRUSALEM

EMMAÜS — RAMLEH — JAFFA

LE RETOUR

Je finis de consigner mes notes et souvenirs sur mon voyage en Palestine. Ce dernier chapitre sera la reproduction de ma lettre écrite à bord de la *Bourgogne*, le 7 juin 1884, et publiée dans la *Semaine religieuse* de Châlons (1re année, nos 39 et 40).

Notre dernière cérémonie à Jérusalem avait été la célébration de la Pentecôte (1er juin) sur le mont Sion ; le soir, je fis mon dernier chemin de croix et ma dernière visite au Saint-Sépulcre. Je sais maintenant deux impressions difficiles à rendre : celle que l'on éprouve en franchissant pour la première fois le seuil du Calvaire, et l'émotion douloureuse qui vous saisit quand vous quittez pour jamais ce lieu béni.

Ce dimanche soir, les pèlerins, chacun en leur hôtel, sont en grande liesse : les chants les plus variés se répondent d'un bout de la ville à l'autre, c'est toujours gloire et reconnaissance à Marie. Néanmoins, nous nous couchons de bonne heure, espérant nous préparer, par une bonne nuit, au départ matinal du lendemain ; mais nous comptions sans nos voisins, mariés de la veille. Dès dix heures, leurs chants se faisaient entendre, pareils à ceux qui, la nuit précédente, nous avaient réveillés.

Je ne sais si je vous ai déjà parlé des noces orientales. La cérémonie se fait la nuit, comme au temps de N. S. A minuit, les amis du marié, tous munis de flambeaux, viennent le chercher à son domicile et vont en procession à la demeure de la fiancée. La fiancée est elle-même entourée de jeunes filles portant des lampes ; alors se forme un cortège splendide qui se dirige vers l'église. Après avoir vu ce spectacle, on comprend mieux la parabole des vierges sages et des vierges folles.

Notre dernière nuit à Jérusalem fut donc peu tranquille : Dieu voulait peut-être nous forcer à recueillir les dernières émotions dont il favorise ses pèlerins de Terre Sainte. Qu'il en soit remercié ! Nous ne regrettons pas le sommeil perdu, d'autant plus que sur le bateau nous aurons le temps de nous dédommager.

J'avais choisi pour le départ la voie d'Emmaüs ; aussi devions-nous partir vingt-quatre heures avant les autres, le lundi, au lieu du mardi. A quatre heures et demie, après un dernier adieu à notre hôtel, nous nous dirigions vers la porte de Jaffa, en prenant la rue qui passe devant le Saint-Sépulcre, pour embrasser une fois encore ses portes bénies. Les Turcs, par amabilité sans doute, avaient déjà ouvert la Basilique. Vite une prière au calvaire, et à cheval.

C'était donc fini : notre pèlerinage était terminé. Maintenant, nous allions vénérer les traces de Jésus ressuscité et des apôtres témoins de la résurrection. La route de Jérusalem à Jaffa, quand on la suit directement, n'offre rien de très remarquable. De distance en distance, on rencontre de vastes pavés qui indiquent la place où était une ville dont on ignore aujourd'hui le nom, comme des pierres funéraires dont l'inscription est effacée. El Latroum (patrie du bon larron) et Ramleh (patrie de Joseph d'Arimathie) sont les seuls villages que l'on rencontre. Pour nous, nous avons vu en outre le tombeau de Samuel et le bourg d'Emmaüs, où nous avons pu dire nos messes (1). Jusqu'à Ramleh, nous traversons la

(1) Au soir de Pâques, deux d'entre les disciples retournaient à Emmaüs, petit bourg situé à 60 stades (2 lieues) N.-O. de Jérusalem. En chemin, ils échangeaient leurs idées sur ce qui s'était passé, et semblaient scandalisés de la fin tragique de Jésus, bien qu'on leur eût affirmé que son tombeau était devenu glorieux.

Un voyageur, qui s'était joint à eux (près la source d'Ain-Beit-Hoûlmeh), dissipa leurs préjugés et leur montra que tout avait eu lieu conformément aux oracles sacrés. Cependant, on était en face d'Emmaüs ; le voyageur feignit de se retirer, mais les disciples le forcèrent de s'arrêter, car la nuit s'avançait.

Ce voyageur n'était autre que Jésus lui-même ; ils le reconnurent à la fraction du pain.

Il existe, en Palestine, trois localités du nom d'Emmaüs : l'une, sur les bords du lac de Tibériade (il ne saurait en être question ici) ; les deux autres aux environs de Jérusalem, *Amoas* (l'*Emmaüs des Machabées*), appelée aussi *Emmaüs-Nicopolis*, et *Emmaüs-Qobébeh*.

J'ai visité l'une et l'autre, *Amoas*, près d'*El-Latroun* (patrie du bon larron), sur la route de Jaffa ; *Emmaüs*, plus près de Jérusalem, à 60 stades ; et maintenant, sans hésiter, je vénère *Qobébeh* comme étant le vrai Emmaüs de saint Luc.

Tout, d'ailleurs, milite en faveur de cette dernière localité.

Les fouilles pratiquées récemment à *Amoas* ou *Emmaüs-Nicopolis*, par Mademoiselle de Saint-Cricq, sous la direction de M. Guillemot, n'ont donné aucun élément qui pût renverser la tradition accréditée en faveur d'*Emmaüs-Qobébeh*.

(a) *Emmaüs* était un bourg (*castellum*) ; *Amoas* était

fameuse *plaine de Saron*, longue de trente lieues sur une largeur de huit à neuf lieues, et dont Isaïe vante la beauté à l'égal de celle du mont Carmel. Elle produit encore du blé comme au temps où Samson y détruisit les moissons des Philistins, au moyen de trois cents renards, qu'il y lâcha avec chacun une torche incendiaire attachée à la queue.

Le mardi matin, je dis ma messe dans l'atelier de Nicodème, je visitai la chambre de Bonaparte et je montai à cheval pour Jaffa. La route devient assez belle ; on nous accorde une seule halte dans le champ d'oliviers plantés par Colbert, et où campa Napoléon.

Vers dix heures, nous étions dans l'allée des *jardins de Jaffa* ; désappointement complet ; la récolte d'oranges était faite depuis quinze jours, nous ne vîmes donc que les orangers. Quelle joie quand, des hauteurs de Jaffa, nous aperçûmes *la Bourgogne*, impatiente de nous recevoir et de nous transporter près de vous !

Pour la voir de plus près, je me laisse entraîner par un ami qui me propose un bain de mer. Je

---

une ville, et l'Evangile parle d'un bourg éloigné de 60 stades de Jérusalem.

(b) *Emmaüs* est à 60 stades de Jérusalem ; *Amoas* est à 130 stades de la Ville Sainte.

(c) *Emmaüs* offre, encadrés dans l'enceinte de son église, les restes d'une maison où il est on ne peut plus naturel de voir la maison de saint Cléophas, puisque, d'après le rapport de M. Guillemot, « on a sacrifié toute l'harmonie et la logique d'une église pour l'y enchâsser. »

Emmaüs-*Qobébeh* est, selon l'expression du Frère Liévin, un de ces heureux sites où l'on aime à s'arrêter et que l'on quitte avec peine. La généreuse famille des Nicolay releva les ruines amoncelées depuis les croisades dans ce coin béni, et maintenant, grâce à ses libéralités, les PP. Franciscains y possèdent un magnifique couvent, une chapelle et les ruines de l'église bâtie par les croisés sur le lieu traditionnel de la cinquième apparition du Sauveur ressuscité aux disciples d'Emmaüs.

laisse là toute ma fatigue. Après ce bain réparateur, je monte déjeuner et je visite la ville, cette ville de Noé, de Jonas, de saint Pierre et des apôtres, la maison de Simon le corroyeur, l'hôpital arménien, ou mieux le couvent que les pestiférés de 1799 ont rendu à jamais célèbre. Puis, au plus vite, je descends au port, pour choisir avant la foule l'embarcation qui doit nous conduire au navire. A force de voyager, on devient prudent, et ici la prudence est de mise, car rien n'est plus dangereux que de traverser les rochers qui barrent l'entrée du port aux navires importants. Adieu, Terre Sainte! Nous la quittions avec peine! Et pourtant, il nous en coûtait déjà d'être éloignés de la France et des nôtres. Une fois sur *la Bourgogne*, je me mis à réfléchir au passé et au présent; je pensai à l'examen de mes enfants de la première communion, je me demandai ce qu'ils étaient, ce qu'ils devenaient.

Trêve aux méditations pour faire sur place l'historique abrégé de Jaffa.

Jaffa, l'ancienne Joppé, à laquelle Japhet aurait donné son nom, est bâtie sur une éminence au bord de la mer. Sa population est de 14.000 habitants, dont un millier environ de catholiques de divers rites. Elle a trois écoles, dont une pour les garçons, fondée par les Franciscains, qui l'ont confiée, en 1882, aux Frères des Ecoles Chrétiennes; les deux écoles de filles appartiennent, la première aux Sœurs de Saint-Joseph de l'Apparition et la seconde aux Tertiaires Franciscaines.

C'est à Jaffa que Noé entra dans l'arche, qu'il y avait construite; que Jonas s'embarqua pour ce triste voyage, où il fuyait la face de Dieu et où il devait être, pendant trois jours, enfermé dans le corps d'un monstre marin. Ce fut dans le port de cette ville qu'on débarqua les cèdres du Liban, envoyés par Hiram, roi de Tyr, pour édifier le temple de Salomon.

Après avoir fait une station à l'église paroissiale latine, dédiée à saint Pierre, dans l'intérieur du couvent des RR. Pères Franciscains, on va visiter à dix minutes de là, près du phare, une mosquée construite sur l'emplacement de la maison de Simon le Corroyeur, où logea le Prince des Apôtres et où il eut la vision des animaux purs et impurs, images de toutes les nations, indistinctement appelées à la connaissance de l'Evangile.

C'est à Jaffa que saint Pierre ressuscita la pieuse veuve Tabitha. C'est à Jaffa encore que furent jetés sur une barque, à la merci des flots, Lazare et ses sœurs, que la main de Dieu allait diriger vers les côtes de Provence; là débarquèrent plus tard les Croisés avec les chefs les plus illustres de la Chrétienté. C'est à Jaffa que saint Louis, qui l'avait reprise sur les infidèles, apprit la mort de la reine Blanche. « Je vous rends grâces, ô mon » Dieu, dit-il à cette nouvelle, de ce que vous » m'avez prêté madame ma mère, tant qu'il a plu » à votre volonté, et de ce que maintenant, selon » votre bon plaisir, vous l'avez retirée à vous. Il » est vrai que je l'aimais sur toutes les créatures » du monde, et elle le méritait; mais puisque » vous me l'avez ôtée, que votre nom soit béni » éternellement. » Ainsi, à de longs siècles d'intervalle, le langage de saint Louis rappelait le langage de Job.

Jaffa a conservé un triste souvenir de Bonaparte, qui la prit en 1799 et la livra pendant trente heures au pillage et au massacre. Elle fut depuis, en 1838, détruite en partie par un tremblement de terre; reconstruite à la hâte et sans ordre, elle offre l'aspect d'une ville sombre et désolée.

Deux choses encore sont à signaler à Jaffa, le *Marché* et l'*Hôpital Saint-Louis.*

Le marché de Jaffa est vraiment une des plus étranges et des plus pittoresques choses du monde. Turcs, Arabes, juifs, nègres, ils sont là tous, dit l'abbé Lespinasse, dans tous les costumes, assis, debout, graves, bruyants, fumant narghilés ou chibouckes, pêle-mêle avec les chameaux, les chevaux, les baudets, devant les corbeilles d'oranges, de citrons, de courges, de caroubes, de figues ; d'autres arrivent, fusil en bandoulière, poignards et pistolets à la ceinture ; nous rencontrons des caravanes, des familles entières, de longues files de chameaux, cette bête étrange qui a une tête et un cou de serpent sur un corps gigantesque, des juives portant leur cruche d'eau sur l'épaule comme aux temps bibliques, des turques voilées de noir, chargées de breloques et d'amulettes : costumes brodés, haillons de misère, tout est là ; c'est l'Orient en raccourci, farouche ou servile, fier ou mendiant, splendide ou déguenillé.

L'hôpital Saint-Louis, c'est, au contraire, la France en raccourci. Un honorable négociant de Lyon, M. Francisque Guinet, a voulu être à Jaffa l'imitateur du comte de Piellat. Sa bienfaisance a doté la Palestine d'une de ces œuvres qui attirent, comme tant d'institutions françaises en Orient, l'attention et le courant vers la Terre Sainte, berceau de notre foi.

L'inauguration solennelle de cet hôpital eut lieu le 29 janvier 1885, sous la présidence de S. E. le Patriarche de Jérusalem.

Le pacha de Jérusalem, empêché, s'y fit représenter par le caïmacan de Jaffa ; toutes les autorités, ainsi que la colonie française de la ville, sans distinction de communion ou d'origine, ont tenu à honorer de leur présence cette fête de bienfaisance.

Plusieurs dignitaires de la Ville Sainte s'étaient fait un devoir de venir exprimer leur hommage au généreux fondateur. M. Destrée, le consul de France à Jérusalem, regrettant de ne pouvoir s'absenter ce jour-là de la Ville Sainte, s'est fait représenter par M. Le Gay, vice-consul de Jaffa, accompagné de son chancelier et de son drogman.

Les honneurs de la primauté ont été délégués à notre vice-consul, dans cette fête nationale ; il y a été l'objet de vives congratulations, qu'il a su adroitement traduire en l'honneur de la France et du fondateur, digne fils de cette patrie bienfaisante, qui est l'écho de tout ce qui souffre dans l'univers.

L'hôpital français, à Jaffa, a été mis sous le vocable de saint Louis, ce grand et saint monarque qui, lors de son séjour en Palestine, occupait l'emplacement même de cette fondation, lorsque lui parvint la nouvelle de la mort de la reine Blanche.

C'est ainsi que se conservent, en Orient, les moindres souvenirs de notre chère France.

Mais quittons vite Jaffa et montons sur la *Bourgogne*.

Le mardi 3 juin, à sept heures, tout le monde était embarqué ; les bateliers qui nous avaient conduits au navire nous font une dernière ovation ; nous leur répondons par le chant de l'*Ave Maris Stella* ; puis la vapeur siffle, un formidable coup de canon retentit, l'ancre est levée, nous gagnons majestueusement la pleine mer. Il était huit heures du soir. Dieu se réservait de nous éprouver dans cette première nuit.

La mer était calme et tranquille : heureux et contents, nous nous plaisions à regarder les derniers feux du port de Jaffa, et nous saluions déjà d'avance les feux de Marseille. Sur le pont, on ne parlait que du bonheur éprouvé en Terre Sainte, on se communiquait ses impressions, on se promettait de revenir en ces lieux bénis dont nous n'avions pas exploré toutes les richesses.

Cependant, la justice divine faisait son œuvre : vers onze heures, une jeune fille de la Vendée succombait à la suite d'un accès de fièvre, dont rien n'avait fait prévoir l'imminente gravité. Avant le réveil, sa dépouille mortelle fut transportée sur le gaillard d'avant et défense fut faite d'aller prier près de son cercueil. Toute la journée du mercredi fut une journée de deuil ; jusqu'à la triste cérémonie de l'immersion, on entendait à chaque instant le *De Profundis* : nous faisions là ce qu'on fait dans une famille au décès d'un de ses membres. A huit heures du soir, nous nous rendîmes tous à la chapelle pour psalmodier les vêpres des morts ; puis une procession se forma au chant du *Miserere* et se dirigea à l'avant du navire. Pendant la récitation des prières liturgiques, une planche mobile est disposée à babord ; sur cette planche est placé le corps de la défunte, le vaisseau s'arrête, et quand le prêtre, au nom de l'Eglise, a formulé son dernier vœu, la planche s'incline et laisse glisser, le long des flancs du navire, son pesant fardeau. L'abîme s'ouvre, engloutit sa victime, puis le vaisseau reprend sa marche. Le lendemain, après le service, le P. Bailly annonça que le règlement serait dès lors observé comme à l'aller, qu'il y aurait chaque jour chapelet médité et chemin de la croix, en actions de grâces des faveurs obtenues en Palestine. L'idée fut accueillie avec joie.

La voie du retour de notre paquebot devait nous offrir plus de variété dans ses aspects : c'est au soir de ce jeudi que nous nous en sommes aperçus. Vers quatre heures, nous étions en vue de l'île de Candie, l'ancienne Crète, à laquelle se rattachent les souvenirs les plus célèbres de l'histoire sacrée et profane. Le vendredi, au salut du Sacré-Cœur, on nous recommanda de prier beaucoup pour les jeunes gens qui, en France, devaient prendre part aux ordinations de la Trinité. Le samedi fut employé à préparer la belle cérémonie du lendemain : d'après les conseils du commandant, l'autel fut pavoisé entièrement ; des faisceaux d'armes, disposés aux quatre coins, complétaient heureusement sa décoration. La nuit parut bien longue, car on avait hâte de voir ce détroit de Messine, dont on parle si avantageusement. Aussi, à trois heures du matin, presque tous les pèlerins étaient déjà sur le pont. Dans le lointain, l'Etna montrait sa grande tête chauve coiffée de nuages; bientôt, nous passions entre la Calabre et la Sicile (1). Au pied de ces rochers verdoyants, peu semblables aux rochers d'Orient, de gracieuses villes, de charmants villages reposaient nos yeux encore fatigués des vilaines maisons de Palestine. A la faveur du soleil qui se lève, tout dans ce beau paysage se détache parfaitement : Messine et son phare, Reggio et son chemin de fer, Charybde et Scylla. Le décor ne semblait-il pas choisi pour la fête que nous avions alors ? C'est entre ces rivages enchanteurs que trois mousses et un matelot firent leur première communion. Jamais nous n'oublierons les émotions que nous éprouvâmes quand, sous les yeux de leurs officiers, ces quatre jeunes gens s'approchèrent de l'autel, le matin pour recevoir leur Dieu, le soir pour renouveler les promesses de leur baptême.

A peine sortis du détroit, nous étions en vue des îles Lipari : le Stromboli jetait à notre passage quelques bouffées de vapeur ; j'ai pu me rendre compte de ce qu'est un volcan et j'admire les gens qui ne craignent pas de fixer leur demeure sur les flancs d'une pareille montagne. En entrant dans la mer Tyrrhénienne, le gros temps se fit un peu sentir : nous avions été trop favorisés depuis Jaffa, il nous fallait un rabat-joie. Nous l'avons eu et les malades furent assez nombreux. Ce matin, lundi, le calme était à peu près rétabli,

(1) Si notre voyage n'eût été qu'un voyage de touriste, nous aurions consigné ici tous les souvenirs classiques qui nous revenaient à la mémoire. L'*Odyssée* à la main, nous aurions suivi Ulysse dans ses voyages sur la Méditerranée.

malgré le vent debout qui nous empêche d'avancer. A onze heures, on signale la Sardaigne ; j'attends pour vous en parler que nous l'ayons vue de plus près.

Lundi 9 juin, 7 heures, soir. — Nous n'avons rien vu et nous ne verrons rien ; à cause du mistral, le commandant n'ose pas nous approcher des côtes, ni affronter le passage du détroit de Bonifacio : mieux vaut, après tout, perdre six heures que s'exposer à un danger. Nous nous écartons, en effet, et, à l'heure où j'écris, nous entrevoyons dans le lointain comme un vallon qui sépare deux montagnes colossales : c'est, nous dit-on, le détroit, objet de tous nos rêves. Nous longerons, pendant la nuit, les côtes de la Corse.

Mardi 10 juin. — Ce matin, à quatre heures, nous étions en vue du phare du cap Corse : là, une dépêche fut envoyée au moyen de signaux, puis transmise par le câble, pour vous informer que nous n'avions point encore fait naufrage. Vers midi, on aperçoit les côtes de Provence : les malades sont tous guéris à la vue de notre chère Patrie, dont nous sommes encore éloignés, car, jusqu'à Marseille, il y a cent vingt-deux milles. C'est donc demain seulement que nous serons débarqués.

Puisque rien ne se présente plus à mon esprit sur la traversée, je veux vous parler de l'honneur dont nous avons été favorisés en Terre Sainte. Il existe, à Jérusalem, une distinction dont Mgr le Patriarche est justement avare. Être armé *chevalier du Saint-Sépulcre;* qui de nous n'a pas frémi au récit des vertus qu'exigeait ce titre et de la cérémonie qui en conférait les insignes (1). Eh bien, deux des nôtres, Mgr Constant, camérier de S. S. Léon XIII, et M. Caffa, commandant de *la*

(1) Appendice-Note 2.

Bourgogne, ont reçu au départ cette décoration. Vous les connaîtrez d'après les vers qui furent composés par un pèlerin, le lendemain du jour où cette bonne nouvelle fut publiée :

AUX NOUVEAUX CHEVALIERS

Le grand chemin tracé par les Francs d'un autre âge,
Vers le tombeau du Christ, nous l'avons retrouvé,
Retrouvé, puis repris ; et dans notre sillage
Des foules marcheront au grand Pèlerinage
Trop longtemps délaissé, maintenant relevé.

Les échos de Sion sont émus d'allégresse ;
La ville du grand deuil tressaille dans ses flancs :
Et pour encourager cette sublime ivresse
Qui ramène les Francs autour de sa détresse
Elle arme chevaliers deux de leurs fiers enfants.

Prêtre aux mâles vertus, apôtre au cœur de flamme,
L'un prêchera la Croix aux Francs désabusés ;
L'autre, soldat des mers, de l'écueil, de la lame,
Intrépide dompteur, fier chrétien et grande âme,
Sera le commandant des modernes croisés.

On n'a pas cherché loin ce qu'on avait tout proche,
C'est bien : puisqu'ils avaient (c'est la commune voix)
Des poitrines sans peur et des cœurs sans reproche,
Ils avaient ce qu'il faut pour honorer la Croix.

Pour nous, leurs compagnons, croisés de la prière,
Trouvons-nous avec eux flattés de leurs honneurs :
Avec eux, rappelons à la Patrie entière
Que la terre du Christ et la France sont sœurs !

Il est sept heures du soir : les côtes de France se détachent nettement à l'horizon ; d'un côté, nous voyons Cannes, Nice, Fréjus ; de l'autre, les îles d'Hyères et leurs riantes montagnes.

Après la prière du soir, le P. Bailly fit chanter le *Super flumina* et nous demanda de renouveler le serment que nous avions fait déjà aux portes de la Ville Sainte. Tous alors, d'une commune voix, nous répétâmes par trois fois : « *O Jérusalem, si je t'oublie, que ma main droite demeure sans mouvement; que ma langue s'attache à mon palais, si je ne fais pas toujours de toi le premier objet de mon allégresse.* »

Notre pèlerinage est accompli ; nous sommes maintenant en vue de Toulon ; nous verrons trop tard N. D. de la Garde pour pouvoir débarquer avant demain.

Mercredi — J'ai dit adieu à *la Bourgogne* : à trois heures, nous avons salué la *Bonne Mère* ; nous étions à terre à neuf heures. Qu'il fait bon sur le sol de France ! Qu'il fera meilleur sur le sol de Champagne ! Merci à tous ceux qui ont prié pour moi.

Magnificat anima mea Dominum.

FIN

ÉPILOGUE

Notre voyage est accompli. Avons-nous rempli le but que nous nous étions assigné ? Au lecteur de répondre et de dire si vraiment l'Œuvre des *Pèlerinages en Terre Sainte* n'est pas une grande œuvre patriotique.

Il est temps que la France le comprenne et s'associe à ces grands mouvements qui rappellent les Croisades.

« Depuis plusieurs années, écrivais-je le 22 juillet 1885, d'après une dépêche de Syrie, l'Allemagne, suivant en cela l'exemple de la Russie, cherche à amoindrir le prestige de la France en Orient. Avec le concours d'une association protestante « Le Temple », elle fonde partout où elle peut, des colonies agricoles et industrielles qui prospèrent de plus en plus. Parmi ces colons, il y en a beaucoup qui, comme à Emmaüs, sont des déserteurs de la guerre de 1870 ; néanmoins, le gouvernement les protège, et leur confie le soin de miner insensiblement notre influence et de nous ravir le protectorat des sanctuaires de Terre Sainte.

Si l'on n'y met bon ordre, ils y arriveront.

Les colons allemands luthériens, établis à Caïffa en 1875, viennent de donner le signal de la lutte. Ils manifestent en ce moment l'intention de s'emparer du couvent du Mont-Carmel.

Ce couvent, répètent-ils et font-ils répéter sur tous les tons, n'appartient pas aux religieux : les titres de propriété sont douteux, il n'est à personne et il est à tout le monde. D'ailleurs, ajoutent-ils, les religieux qui ne sont là que pour recevoir des pèlerins et garder un sanctuaire sont des êtres inutiles, et c'est faire œuvre pie que de les chasser. Arguments de voleurs, qui autoriseront la spoliation successive des catholiques !

Les Turcs, heureux de ces débats entre Européens, qu'ils détestent tous en général, mais surtout les religieux, parce qu'ils représentent davantage l'idée chrétienne, se réjouissent au fond de voir des Allemands ruiner une influence qui les gêne aussi ; la cause du Mont-Carmel étant trop manifestement juste, ils semblent lui faire d'abord des concessions réparatrices, puis aussitôt ils reprennent d'une main ce qu'ils avaient concédé de l'autre. C'est ainsi que le gouvernement turc a d'abord autorisé la *remise en place des limites de propriété détruites par les colons envahisseurs* ; mais en même temps, sous prétexte du maintien de la paix publique, il *interdisait aux religieux de travailler sur la terre envahie* et d'y faire aucun acte de propriété. Les colons allemands, comprenant cette tactique des Turcs, ont alors demandé que cette interdiction partielle s'étendît à toute la propriété du couvent du Mont-Carmel, c'est-à-dire à toute la sainte montagne, terre sainte qu'il garde depuis tant de siècles avec un soin jaloux. Les colons ont obtenu des autorités turques que cette iniquité s'accomplît, et on a interdit aux religieux d'entretenir même leur jardin qui entoure le couvent ; tout ouvrier qui est vu y travaillant est aussitôt mis en prison.

Cependant, en dehors des quatre murs du couvent, qu'on veut bien encore leur laisser, les religieux ont des oratoires isolés, leur cimetière, des hospices pour recevoir les pèlerins indigènes, le couvent lui-même est bâti au milieu de cette propriété, dont on leur enlève l'usage, en attendant qu'on la leur ravisse entièrement. Les routes d'accès, que les religieux ont faites de leurs mains, leur sont contestées, et l'on se demande si ce n'est pas là la réalisation de la menace que, depuis seize ans, les colons allemands de Caïffa font aux religieux d'arriver à les chasser du Mont-Carmel et à s'y établir à leur place.

Ici l'honneur de la France est en jeu. Nos agents diplomatiques auront-ils du gouvernement l'appui nécessaire pour lutter victorieusement contre Bismark, cet homme de fer qui soutient ses colonies envers et contre tous ?

Quoi qu'il en soit, l'union de l'Allemagne protestante (1) avec les Turcs ne présage rien de bon pour l'avenir des communautés catholiques en Terre Sainte : et on voit surgir de là un nouveau péril qui, joint au fanatisme turc toujours latent, pourra compromettre l'action franco-catholique et entraver son extension à l'avenir. »

Qu'a fait la France, depuis cette insulte à notre *protectorat séculaire* ? Rien. Trop occupé à pourchasser les catholiques de l'intérieur, notre gouvernement songe peu à protéger ceux de l'extérieur, et les Francs de Palestine (ainsi s'appellent les catholiques orientaux) partageront peut-être bientôt le sort des Français du Tonkin.

Autre péril pour notre protectorat est l'émi-

(1) Jusqu'à présent, l'Eglise évangélique de Palestine était administrée par un évêque que nommaient, à tour de rôle, les gouvernements anglais et prussien. Aujourd'hui, la Prusse va créer un *évêché évangélique* séparé. (*Gazette de la Croix*, juin 1886.)

gration chaque jour croissante des Juifs en Palestine (1).

Le commerce est déjà, en grande partie, entre leurs mains. Ils ont accaparé toute la monnaie d'appoint, qu'ils ne cèdent qu'à des taux exorbitants. Ils ont une haine profonde, farouche, contre les chrétiens, et ne reculent devant aucun crime pour satisfaire cet abominable sentiment.

Si les peuples catholiques, au lieu de persécuter la religion, se préoccupaient de la civilisation véritable de l'Orient, ils devraient combattre à outrance cette prépondérance sans cesse croissante de l'élément juif. Les nations chrétiennes ne devraient pas tolérer que la Palestine devienne le centre d'un judaïsme rapace, haineux et intolérant.

Puisque rien ne se fait en ce sens de la part des gouvernements, à nous de réagir, car, aussi longtemps que l'Europe verra avec indifférence, pour ne pas dire avec sympathie, l'extension de l'élément israélite en Terre Sainte et, en général, en Orient; aussi longtemps qu'elle protègera cette race d'usuriers et de barbares réfractaires à toute idée de progrès et de civilisation, l'Orient et surtout la Palestine ne sortiront pas de l'état d'abaissement moral et économique où les ont plongés tant de siècles de guerres et de domination musulmane.

A l'œuvre donc, Dieu le veut, Dieu le veut (2).

Au retour du cinquième pèlerinage, un vaillant

---

(1) *Univers* : Feuilleton du 27 août 1885.

(2) *La Palestine* : P. Didon. — Une particularité : Près la porte de Jaffa, à Jérusalem, siège souvent une multitude de juifs, le visage tourné vers Bethléem. J'ai demandé l'explication de cette singularité. On m'a dit que c'était la coutume des juifs de Jérusalem de se rassembler presque tous les soirs sur la route de Bethléem, pour attendre le Messie qui, selon les prophéties, devait sortir de Bethléem !... Pauvres aveugles ! Quand se tourneront-ils vers le Calvaire et le Saint-Sépulcre ? Quel mystère que cette foi opiniâtre dans une religion pétrifiée !

catholique du Nord proposait de ressusciter l'antique *Confrérie des Pèlerins de Jérusalem*, confrérie dont les membres assureraient chaque année le recrutement des *Croisés de la Pénitence*. L'idée est grande et mérite qu'on s'y arrête. C est le sentiment des missionnaires d'Orient. . . . .

« Cette confrérie, écrivait au P. Bailly M. Jonglez de Ligne, avait son siège à Lille, avant les Croisades. On voit figurer dans ses archives les noms les plus illustres des Flandres et de toute notre région du Nord, qui a fourni aux armées des Croisés Godefroy de Bouillon, Robert le Frison, dit Robert de Jérusalem, et plusieurs princes du nom de Baudoin, rois de Jérusalem ou empereurs latins de Constantinople. . . . . .

» Est-ce que, proposait-il, tous les diocèses de France ne pourraient pas établir des confréries analogues à la nôtre et déléguer chaque année des représentants aux Pèlerinages de Jérusalem ? Nous pourrions réaliser ainsi l'idéal que vous poursuivez avec tant de zèle et de patriotisme depuis cinq ans ; nous formerions chaque année une couronne complète et sans lacunes des supplications de toutes les provinces de France autour du Saint-Sépulcre ; ce serait le salut de notre pauvre pays par une Croisade ininterrompue de prières. »

A l'œuvre donc, Dieu le veut ! Dieu le veut !

Les pèlerinages seront la digue opposée aux envahisseurs juifs ou allemands ; ils seront le salut de l'Orient et le salut de la Patrie.

Quel spectacle, écrivait un religieux de Nazareth le 3 juin 1886, quel spectacle nous offrait le dernier pèlerinage français ! Quel spectacle que celui de ce campement rempli d'ordre et de paix ! Cette vue ramenait naturellement sur nos lèvres l'exclamation de ce prophète qui, voulant jadis maudire le peuple de Dieu, ne fut plus maître de sa langue lorsqu'il vit l'ordre et la paix du camp d'Israël ;

mais, cédant à l'impulsion du Saint-Esprit : Qu'ils sont beaux tes tabernacles, ô Jacob ! et combien charmantes tes demeures, ô Israël ! « *Quam pulchra tabernacula tua, Jacob ! Et tentoria tua, o Israel !* » En contemplant ces vrais Israélites, ces chrétiens véritables enfants de la promesse, nous les appelons volontiers avec Balaam : des vallées admirablement fécondées par les eaux de la grâce : « *Ut valles Nemorosæ !* » ; des jardins remplis des fleurs des vertus, résultats de l'irrigation spirituelle : « *Ut horti juxta fluvios irrigui* » ; des demeures mystiques préparées non de main d'homme, mais par le Seigneur lui-même à sa divine majesté : « *Ut tabernacula quæ fecit Dominus* » ; enfin, des cèdres de foi incorruptible recevant la vie des ondes de la grâce qui les environnent de toutes parts : « *Quasi cedri prope aquas* » (1). — Elle a donc été bien grande, continuait-il, la joie que nous a causée le spectacle du pèlerinage de 1886, bien capable de nous consoler des épreuves de cette France catholique, si chère à tout cœur vraiment chrétien. Non, elle ne périra pas, la France catholique ; mais elle deviendra une source de vrais fidèles du Christ : « *Et semen illius erit in aquas multas* ». Cette génération spirituelle du Seigneur Jésus, dont parle Isaïe (2) dévorera ses ennemis : « *devorabunt hostes illius* » ; ils briseront leurs os et les transperceront de leurs flèches : « *Ossaque eorum confringentet perforabunt sagittis* ».

Celui qui te bénira, ô France catholique, sera béni lui aussi : « *Qui benedixerit tibi erit et ipse benedictus.* « Quant à celui qui te maudira, ilsera réputé maudit : « *Qui maledixerit tibi in maledictione reputabitur.* » Ainsi, honneur à vous, ô chers pèlerins, nos frères, dignes enfants des Croisés, venus en Terre Sainte, non seulement

(1) Livre des Nombres, XXIV.

(2) Isaïe, LIII.

pour payer aux lieux saints leur tribut d'hommage et de vénération, mais encore pour combattre, par les armes de la prière, de la pénitence et du bon exemple, les ennemis du Christ qui sont : le démon, la chair et le monde. Votre seule présence a été pour nos indigènes une éloquente prédication, si bien qu'elle tirait de la bouche de plusieurs musulmans de Nazareth cet aveu public : «*Ceux-ci sont les vrais chrétiens* ». Merci, par conséquent, pour tant de bons exemples, pour les dons et les aumônes que votre charité a trouvé le moyen de faire, malgré tant de dépenses préalables, à nos sanctuaires et à notre école. Emportez en France nos sincères actions de grâce, celles de tout le couvent de Nazareth, de nos enfants, de tous en un mot. Revenez au plus tôt nous visiter, et puisse l'œuvre des pèlerinages en Terre Sainte devenir pour notre Orient une source de régénération. *Fiat ! Fiat !*

APPENDICE

NOTE I

(VOIR CHAPITRE III, 2e PARTIE)

LE VRAI CHEMIN DE LA CROIX

A cause de l'importance du sujet, nous publions séparément ce qui se rattache au *Chemin de la Croix*.

Le Vendredi Saint, au matin, de faux témoins ayant accusé Jésus près de Caïphe, le grand-prêtre l'adjura de dire s'il était le Christ, Fils de Dieu. Sur sa réponse affirmative, il l'accusa d'avoir blasphémé et le déclara *digne de mort*. Mais comme les Juifs, en passant sous la domination romaine, avaient perdu le droit de condamner, on le conduisit, vers les sept heures du matin, sur le mont Bézétha, au tribunal du gouverneur romain, Ponce-Pilate; ce fut la IVe STATION, de la *Voie de la Captivité*, éloignée de la précédente d'au moins 1300 pas. Pilate rendait la justice dans une salle de son palais appelée *Prétoire*, à laquelle on arrivait par un escalier de marbre blanc de 28 marches (1).

Comme Pilate ne découvrait aucun crime en Jésus, il fut heureux d'apprendre qu'il était de Galilée, afin de se tirer d'embarras en l'envoyant à Hérode qui, en ce moment, se trouvait à Jérusalem ; ce fut la Ve STATION. On montre les ruines du palais d'Hérode, à cent pas environ de celui de Pilate.

Après avoir été renvoyé honteusement par Hérode comme un insensé, Jésus fut reconduit chez Pilate : VIe STATION. Là, il fut mis par Pilate en parallèle avec un assassin, Barrabas, et le coupable fut préféré à l'innocent. Pilate, qui n'aurait pas voulu condamner Jésus, mais qui craignait le peuple, a recours alors, pour apaiser sa fureur sanguinaire, au sanglant supplice de la Flagellation.

Victor Hugo a traduit en belle poésie cette dernière scène de la *Voie de la Captivité* (2) :

C'était le jour de Pâques, une coutume
Fort ancienne, où les Juifs et Rome étaient d'accord,
Que le peuple, parmi les condamnés à mort,
Choisît un criminel auquel on faisait grâce.
Près du palais, lieu sombre où la foule s'entasse,
Se pressait, comme autour des ruches les essaims,
Le peuple de la ville et des cantons voisins,
Qu'un licteur contenait du manche de sa hache.

Les paysans, menant par la corde leur vache,
Les femmes apportant au marché leurs paniers,
Devant le seuil, gardé par douze centeniers,
S'arrêtaient, éclairés par l'aurore vermeille.

---

(1) Cet escalier (il est connu sous le nom de *Scala Santa*), que Jésus a monté et descendu trois fois pendant sa Passion, a été transporté à Rome par sainte Hélène; on le vénère près saint Jean de Latran. Les 28 marches sont recouvertes de bois de noyer toujours usé par les genoux des pèlerins. — Sur l'emplacement du palais de Ponce-Pilate est établie une caserne turque.

(2) Œuvres posthumes : *La fin de Satan*.

La rumeur de la fête avait depuis la veille
Vers les quatre coteaux de Sion dirigé
Les habitants d'Aser et ceux de Bethphagé,
Ceux de Naïm et ceux d'Emath ; et sur la place
Chaque faubourg avait versé sa populace,

. . . .
. . . .

Tout à coup apparut sur le seuil du palais
Christ couronné d'épine et vêtu d'écarlate ;
Il avait un roseau dans la main ; et Pilate,
Le leur montrant, leur dit : — Voilà l'homme.

Le Christ
Se taisait, l'œil au ciel.

Et Pilate reprit
— C'est aujourd'hui qu'on laisse un misérable vivre.
Peuple, lequel des deux veux-tu que je délivre :
Barrabas, ou Jésus nommé Christ ?

— Barrabas !
Cria le peuple.

Alors, au-dessous de leurs pas,
Ils crurent tous entendre on ne sait quel tonnerre
Rouler... C'était quelqu'un qui riait sous la terre.

Ainsi jugeaient les Juifs sous l'œil froid des Romains.
Ponce-Pilate songe et se lave les mains.

. . . .
. . . .

Barrabas stupéfait est libre.

Le poète fait alors parler le voleur affranchi. Barrabas, ne comprenant rien à la clémence dont il a été l'objet, s'écrie :

L'archange est mort, et moi, l'assassin, je suis libre !
Ils ont mis l'astre avec la fange en équilibre,
Et du côté hideux leur balance a penché.
Quoi, d'une part le ciel, de l'autre le péché ;
Ici, l'amour, la paix, le pardon, la prière,
La foudre évanouie et dissoute en lumière,
Les malades guéris, les morts ressuscités,
Un être tout couvert de vie et de clartés ;
Là, le tueur, sous qui l'épouvante se creuse
Tous les vices, le vol, l'ombre, une âme lépreuse,
Un brigand, d'attentats sans nombre hérissé !

Cette tirade se termine ainsi. C'est toujours Barrabas qui parle :

« Malheur, monde impur, lâche et rude !
Monde où je n'ai de bon que mon ingratitude,
Sois maudit par celui que tu viens d'épargner !
Puisse à jamais ce Christ sur ta tête saigner !
Qu'un déluge d'opprobre et de deuil t'engloutisse,
Homme, plus prompt à choir du haut de la justice
Que l'éclair à tomber du haut du firmament :
Sois maudit dans ces clous, dans ce gibet fumant,
Dans ce fiel ! sois maudit dans ma chaîne brisée !

« Sois damné, monde à qui le sang sert de rosée,
Pour m'avoir délivré, pour l'avoir rejeté,
Monde affreux qui fais grâce avec férocité,
Toi dont l'aveuglement crucifie et lapide,
Toi qui n'hésites pas sur l'abîme, et, stupide,
N'as pas même senti frissonner un cheveu,
Dans ce choix formidable entre Satan et Dieu ! »

L'expédient imaginé par Pilate n'a point réussi : que fera-t-on de Jésus ?

En face de l'Escalier saint, dans le mur opposé de la voie douloureuse, il y a une porte basse par laquelle on pénètre dans une cour et de là dans une petite église appartenant aux religieux Franciscains ; c'est le *sanctuaire de la flagellation*, c'est le lieu où Jésus fut attaché à une colonne et où son sang ruissela et sa chair vola en lambeaux, sous les coups mille fois répétés des verges des bourreaux inhumains. Le supplice de la flagellation n'avait pas suffi, on le sait, pour assouvir la rage des Juifs. Alors, dit l'Evangile, les soldats du gouverneur emmenèrent Jésus dans la cour du prétoire. Ayant convoqué toute la cohorte, ils lui firent une couronne d'épines entrelacées, la lui enfoncèrent impitoyablement sur la tête, lui mirent un manteau de pourpre sur les épaules, dans la main un roseau, pour se moquer de sa royauté et, se prosternant devant lui, ils le souffletaient en disant : « Salut, roi des Juifs ! » Et Jésus ne répondit que par la patience et le silence à tant d'outrages et de tortures La pierre sur laquelle il était assis, et que l'on appelle la colonne des *Impropères*, ou des injures, est conservée religieusement dans une des chapelles de la basilique du Saint-Sépulcre.

Le lieu de ce couronnement d'épines est une petite mosquée que, par une faveur extraordinaire, nous avons eu le bonheur de pouvoir visiter.

Après ces différents supplices, Pilate, jugeant que le lamentable état où il avait fait réduire Jésus était capable d'apaiser les cœurs les plus barbares, le présente au peuple du haut d'une galerie qui domine la cour de son palais (1) en disant : « *Ecce homo !* Voilà l'homme ! » Mais il n'est accueilli que par les cris de : « Crucifiez-le ! Crucifiez-le ! » Pilate étant retourné s'asseoir sur une tribune au dehors, au lieu appelé *Lithostrotos*, essaie encore vainement d'apaiser la populace, à laquelle il livre enfin l'innocent pour être crucifié, après s'être lavé les mains lui-même, en protestant qu'il était innocent du sang de ce juste : vaine formalité qui ne l'a pas absous au tribunal de l'histoire.

Dès lors Jésus n'est plus un captif, il est un condamné ; il va entrer dans la *Voie douloureuse* du Calvaire. Suivons-le jusqu'au pied du Gareb ou Calvaire.

Le chemin *du Calvaire au Saint-Sépulcre* est décrit chapitre v, (2e partie.

« Il y a un homme, dont une portion considé-
» rable de l'humanité reprend les pas sans se

(1) L'arcade de l'Ecce homo s'élève aujourd'hui au-dessus de la Voie douloureuse ; des deux arcs moins élevés qui l'accompagnaient à droite et à gauche, lui servant de contreforts, un seul reste et est aujourd'hui renfermé dans la chapelle des religieuses de Notre-Dame de Sion, dont il encadre le maître-autel, composé lui-même de fragments des dalles du Lithostrotos (place publique), reliques précieuses dont la Providence a ménagé la possession à la pieuse Congrégation fondée par les Pères de Ratisbonne, convertis du judaïsme pour travailler à la conversion de leurs coreligionnaires. On pense que c'est sur cet arc, moins élevé et plus accessible, que Jésus fut montré au peuple.

» lasser jamais ; il y a un homme flagellé, tué, » crucifié, qu'une inénarrable passion ressuscite » de la mort et de l'infamie pour le placer dans la » gloire d'un amour qui ne défaille jamais, et cet » homme c'est vous, ô Jésus. » L'idée du Chemin de la Croix est bien rendue dans ces paroles du P. Lacordaire. Que ne puis-je dépeindre ici le cortège des pèlerins sur la *Voie douloureuse* (1) et dire leurs efforts pour réparer, au lieu même où il les a souffertes, les injures et les ingratitudes dont Jésus fut abreuvé de chez Pilate au Calvaire !

Aucune plume ne décrira jamais la mystérieuse grandeur de ce chemin qu'un Dieu a tracé de son sang, et qu'après Marie des millions de chrétiens ont arrosé de leurs larmes. L'effet ne vient pas de la magnificence des bas-reliefs ; les différentes stations sont marquées par une dalle à terre, par un tronçon de colonne à un coin de rue, par un trou dans une pierre, le plus souvent par un chiffre romain, à peine visible sur la muraille. C'est, à la lettre, *le plus pauvre Chemin de Croix du monde* (2), et néanmoins c'est celui dont un chrétien est le plus jaloux. Aucun obstacle, d'ailleurs, ne s'y présente à la dévotion du pèlerin. Le Chemin de la Croix se fait sans difficulté dans les rues de Jérusalem, car aujourd'hui les Musulmans ont le respect pratique de la liberté de

(1) La Voie douloureuse se dirige, à travers Jérusalem, du nord-est au sud-est, en suivant sept ou huit rues plus ou moins détournées qui lui donnent environ un kilomètre de longueur; une rue droite du palais de Pilate au Calvaire n'aurait pas cinq cents mètres. — Au sous-sol du couvent des Dames de Sion, a été découvert récemment l'ancien pavé de la place publique située devant le prétoire : à voir là combien le sol fut exhaussé par les décombres des diverses ruines qu'a éprouvées Jérusalem, il est aisé de reconstituer le vrai Chemin de la Croix.

(2) Depuis des siècles, les Franciscains travaillent à acheter l'emplacement de ces stations, afin d'y construire des chapelles ; l'argent leur manque.

conscience, quoiqu'ils n'en fassent pas autant de bruit et qu'ils ne songent point à le crier aussi haut que les libérâtres à outrance qui, en pays chrétien, interdisent les processions.

Le jugement de Jésus forme la Ire STATION. Il n'existe plus rien, nous l'avons dit, du Prétoire de Pilate. L'emplacement du tribunal est aujourd'hui la cour d'une caserne turque à laquelle a fait place le sanctuaire élevé jadis par les croisés à la Sagesse Eternelle. Le pacha de Jérusalem en autorise volontiers l'entrée aux pèlerins de la Pénitence.

Du prétoire, un escalier de vingt-huit marches donnait accès sur la voie publique ; quand la condamnation fut prononcée, la croix fut apportée sous le portique et chargée sur les épaules de Jésus ; c'est la IIe STATION. Contre le mur extérieur de la caserne turque, quelques restes d'architecture indiquent la place qu'occupait la *Scala santa*, et fixent le second lieu de réunion aux chrétiens désireux de vénérer les moindres circonstances de la Passion.

Et Jésus s'avance « comme un agneau paisible qu'on traîne à la mort ». Après deux cents pas, Il tombe sous le poids de sa croix : au pied du mur d'une modeste chapelle, sise à l'angle de la rue, une colonne brisée indique le lieu précis de cette première chute. Ce sanctuaire, propriété des Arméniens catholiques, donne entrée sur les ruines d'une antique et belle église, dédiée au *spasme* de la Sainte Vierge, et qu'il s'agit de relever. Nous y avons vénéré, dans le pavé en mosaïque, qui venait d'être découvert, les deux pas de la très Sainte Vierge, s'arrêtant et tombant évanouie à la vue du Sauveur défiguré et accablé sous le poids de sa croix.

La IVe STATION, à une trentaine de mètres de la précédente, consacre le souvenir de la rencontre du Fils et de la Mère sur le Chemin du Calvaire. « Il n'est pas fait mention de cette rencontre dans l'Evangile, dit l'abbé Dehaut, mais tous les Pères en ont parlé, et il est, du reste, infiniment probable que la Sainte Vierge, que nous retrouvons sur le Calvaire, a suivi partout son divin Fils. La foi ne s'oppose point à ces touchantes et pieuses traditions, qui montrent à quel point la merveilleuse et sublime histoire de la Passion s'est gravée dans la mémoire des hommes (1). Dix-huit siècles écoulés, des persécutions cruelles, de continuelles révolutions, des ruines toujours croissantes n'ont pu effacer la trace d'une Mère qui vient pleurer son Fils. » L'église restaurée de Notre-Dame-du-Spasme sera le lieu naturel de cette station.

A quarante pas plus loin, une rue droite, en pente, tombe sur cette dernière. C'est le pied même de la colline qui conduit au Golgotha. L'épuisement de Jésus était si grand, que les Juifs craignirent que, s'ils le forçaient encore à monter cette rue avec la croix sur les épaules, Il ne vînt à expirer dans une nouvelle chute et les priver ainsi de l'horrible plaisir de le voir mourir sur le bois infâme. C'est pourquoi, à la jonction des deux rues, les soldats, en vertu du droit de réquisition militaire, arrêtent un étranger, appelé Simon, qui revenait des champs, lui ordonnent de se charger de la croix, et la lui font porter après Jésus. Le lieu de cette rencontre est indiqué par une petite entaille sur l'angle de la rue nouvelle que le Sauveur dut suivre. Là se fait la Ve STATION (2).

Que de leçons déjà à recueillir sur ce premier tronçon de la Voie douloureuse ! Là ce ne sont point des imaginations, des tableaux ; c'est la réalité vivante, palpitante, qui vous saisit, qui

---

(1) Châteaubriand : *Itinéraire de Paris à Jérusalem.* Introduction : *Second mémoire sur l'authenticité des traditions chrétiennes à Jérusalem.*

(2) C'est non loin de là que la tradition place la masure du pauvre Lazare et le palais du mauvais riche, car selon l'opinion commune, le récit de saint Luc est une histoire vraie et non pas une simple parabole.

vous fait tomber à genoux. On ne prie pas : que dire ? L'âme tout entière s'épanche dans une effusion d'amour et de douleur.

Jésus, aidé par le Cyrénéen, gravissait péniblement la colline qui conduit au Golgotha ; « son visage, selon l'expression du Prophète, était obscurci par les opprobres ». Au bruit du cortège déicide, une femme (1) sort de sa maison (c'était à 86 mètres de la Ve STATION) ; quand elle aperçoit le divin condamné, son cœur est touché d'un vif sentiment de compassion, elle se fait jour à travers la foule, s'approche de Jésus et lui essuie respectueusement le visage. Le voile saint dont elle se se servit alors (*volto santo*) et qui, plié en trois, d'après la tradition, reproduisait trois fois l'image du Sauveur, aurait été partagé en autant de reliques conservées à Jérusalem, à Rome et à Jaën (Espagne). — En 1883, le patriarche grec-uni, de Damas, est devenu acquéreur de l'antique maison que l'on croit être celle de sainte Véronique et près de laquelle un débris de colonne fixé dans le pavé indique le lieu même où cette sainte femme rendit au Sauveur ce généreux service (VIe STATION). Le vendredi 30 mai 1884, j'eus le bonheur de célébrer la messe dans la chapelle provisoire que, sur l'emplacement de la maison de Véronique, les nouveaux propriétaires veulent dédier à la *Sainte-Face*. (V. le Culte de la Sainte-Face, par M. l'abbé Janvier).

A 60 mètres de cette VIe STATION, au sommet de la rue, type des rues longues, étroites, mal pavées et malpropres de la ville déicide, on voit une maison à cheval sur la voie. A l'extrémité de la voûte basse et sombre qui la ferme, s'ouvre l'ancienne *Porte judiciaire*, à laquelle on affichait la sentence des condamnés ; ils passaient par cette

(1) Cette sainte et courageuse femme se nommait, paraît-il, Bérénice ; le monde chrétien l'honore sous le nom glorieux de *Véronique*, d'un mot latin et d'un mot grec *Vera*, *icon* qui signifient *vraie image*.

porte pour aller au dernier supplice qui, d'après la loi, ne pouvait être infligé qu'en dehors de la ville. On aperçoit à plusieurs mètres de hauteur, dans la croisée d'une maison qui fait face à la rue, une colonne dite *colonne des sentences*. Ici, *Jésus tomba pour la deuxième fois* ; c'est la VIIe STATION. Au temps de Notre Seigneur, la Porte judiciaire fermait la ville de ce côté. Le Calvaire était hors des remparts. Les murs reconstruits après la ruine de Jérusalem ont compris cette éminence dans leur enceinte et laissé le mont Sion en dehors. De récentes découvertes ont mis à jour ce point très important. — L'Evangile nous affirme que Jésus fut sacrifié *hors de la ville* ; comme, d'après la tradition chrétienne, le Golgotha et le Saint-Sépulcre sont aujourd'hui centre de la Jérusalem actuelle, une discussion s'éleva il y a cinquante ans sur leur authenticité. Pour y donner une solution décisive, il fallait se reporter à la topographie de la Ville Sainte du temps de N. S. Or, voici ce qui arriva l'an dernier, d'après un journal de Constantinople.

La Russie possède à Jérusalem, dans le voisinage de l'église de la Résurrection (Basilique du Saint-Sépulcre), un terrain inculte et couvert de débris séculaires. Sur la demande et aux frais de son président, le grand-duc Serge, l'œuvre russe y a fait faire des fouilles opérées dans le double but : 1° d'établir le plan des édifices construits par Constantin, sur les lieux de la mort et de la résurrection de Jésus-Christ ; 2° de retrouver les traces de l'ancienne enceinte de Jérusalem (Enceinte d'Ezéchias) (1), traces nécessaires pour affirmer l'authenticité de la grotte qui a servi de

(1) On sait que Jérusalem fut successivement entourée d'une triple enceinte ; mais du temps de Notre Seigneur, il n'y en avait que deux : le mur de la ville de David et le mur attribué à Ezéchias.

Le mur de la ville haute (Sion), cité de David, séparait au nord la ville haute de la ville basse, appelée Akra,

sépulcre au Rédempteur, grotte qui est dans la plus grande vénération parmi toute la chrétienté.

Les fouilles ont réussi au-delà de toute espérance. Lorsque le terrain a été déblayé jusqu'au roc, on a trouvé des restes de l'ancien mur de Jérusalem, ainsi que les soubassements de la porte par laquelle on sortait de la ville au temps de Jésus-Christ. Cette porte étant la plus proche du Golgotha, on peut affirmer de la façon la plus positive que c'est par cette porte que Jésus-Christ a été conduit au crucifiement.

Cette nouvelle ne peut que réjouir les cœurs chrétiens : elle nous fait espérer que la chrétienté aura bientôt un nouveau sanctuaire près de la VIIe STATION, où Jésus-Christ est tombé pour la seconde fois.

La Sainte Ecriture et la tradition chrétienne ont donc encore une fois triomphé de toutes les discussions, dissertations et thèses des savants allemands, anglais et américains, qui ont osé contester les témoignages de l'Evangile et les traditions chrétiennes. La découverte du mur d'Ezéchias et de la porte du Coin, dite aussi *vieille porte, porte judiciaire*, est pour le christianisme un nouveau triomphe, que nous saluons de tout cœur. C'est la conquête du tombeau de Notre Seigneur par la science.

Qu'on nous pardonne cette digression, avant de reprendre les traces de l'Homme-Dieu. Nous sommes donc au lieu où commence la colline du Golgotha jusqu'au sommet de laquelle on compte 400 pas environ.

---

qu'entourait le mur d'Ezéchias. Ce n'est qu'après la mort du Seigneur qu'Agrippa Ier construisit le mur qui engloba à la fois la ville haute et la ville basse, et la ville neuve Bézétha en y comprenant le Golgotha.

L'enceinte d'Akra ou d'Ezéchias avait, d'après la tradition, plusieurs portes, dont une à l'ouest, la *porte du Coin*, celle qu'on vient de découvrir et qui conduit au Golgotha, et une autre, la *porte d'Ephraïm*, conduuisant à Bézétha.

Jésus s'est relevé de sa seconde chute, il a franchi la *Porte judiciaire* : la montée est devenue plus raide. Or, « il était suivi d'une grande foule de peuple et de femmes qui se lamentaient et pleuraient sur lui ». D'après les prescriptions du Talmud, il était interdit de donner même une larme de compassion au condamné qui marchait au supplice : mais il est de ces mouvements généreux que les prohibitions les plus barbares ne sauraient comprimer. A quelques mètres des remparts, Jésus entend donc des sanglots ; il se retourne avec bonté et console, en même temps qu'il les instruit encore, les filles de Jérusalem. Cette VIIIe STATION se fait contre le mur extérieur d'un couvent de Grecs schismatiques.

Il ne nous reste plus à vénérer qu'un souvenir de la Voie douloureuse. Cette station est, à vol d'oiseau, très rapprochée de la précédente, et quand Jésus y fut traîné par ses bourreaux, le trajet demandait bien peu de temps ; mais les schismatiques ayant intercepté le passage direct, il faut revenir sur ses pas, tourner à droite sous une voûte, et gravir une petite éminence pour arriver, après un trajet d'une vingtaine de mètres, devant l'entrée d'un couvent Cophte, au lieu de la *troisième chute du Sauveur*, IXe STATION, désignée par une colonne de marbre rouge. La tradition a conservé le souvenir de ces trois chutes de la divine Victime. — Pour ne pas passer à travers l'habitation des Cophtes, il faut encore revenir sur ses pas et faire un assez long circuit avant d'arriver sur le parvis de la basilique du Saint-Sépulcre, dans laquelle se trouvent les cinq dernières stations.

C'est là tout ce qui reste du passage douloureux : d'anciens pèlerins se plaignent de n'avoir pas vénéré à leur aise ces misérables traces du Sauveur. Nous devons, à l'honneur du gouvernement turc, déclarer que maintenant la piété du chrétien est libre dans les rues de Jérusalem (1). En 1884, non content d'autoriser l'exercice du chemin de la croix, le pacha de Jérusalem envoyait ses janissaires pour précéder notre procession. Chaque vendredi, vers deux heures, les portes de la caserne turque (ancien prétoire) s'ouvraient et les 500 pèlerins de *la Bourgogne* défilaient en chan-

(1) On avait apporté, à Jérusalem, la grande croix du bateau, la 1re année (1882), les ardents pèlerins de la Pénitence avaient porté ce trophée du salut à l'improviste jusqu'à la caserne turque, où se fait la 1re STATION ; mais cet acte avait provoqué des protestations basées sur les choses anciennes ; le consul catholique, M. Langlais, avait demandé avec instance que cela ne se renouvelât point, et, au deuxième pèlerinage de pénitence, il avait envoyé son chancelier jusqu'à Jaffa, pour que cela ne se fit plus. Ce fut, d'ailleurs l'avis de S. E. le Patriarche.

Au troisième pèlerinage de pénitence, les mêmes interdictions accueillirent la croix, et il fallut se résigner à ne la porter que dans le quartier chrétien et trois fois autour du Saint-Sépulcre.

Des pèlerins, peu instruits des difficultés, en écrivirent à la direction des plaintes amères.

En 1885, le nouveau consul, M. Monge, frappé de l'attitude pieuse du pèlerinage, déclara qu'une prière ardente devait toujours trouver grâce devant les musulmans et que Jérusalem, étant considérée par tous comme une ville de prière, un vrai musulman ne pouvait que protéger une prière publique, fussions-nous accompagnés de notre grande croix, comme nous le désirions tant.

En conséquence, confiants dans la sagesse turque, très supérieure à celle de nos sages de la République française, on alla chercher la grande croix que vingt hommes portèrent sur leurs épaules, et, avec ce précieux fardeau, on arriva au pied de la caserne turque, où le R. P. Vicaire de Terre-Sainte, qui ressemble à saint François d'Assise, et qui a dû recevoir de ce patriarche des leçons de prédication, commença à nous parler longuement et avec cœur. Une foule de soldats musulmans et d'autres étaient accourus. La procession se fit lentement et dura quatre heures. Il n'y eut que respect partout pour cette grande démonstration de piété, et nous pûmes féliciter Raouf-Pacha du bel exemple que l'empire turc donne au monde entier, ici comme à Constantinople, où la procession du Saint-Sacrement reçoit toujours une escorte.

(*Un Pèlerin de 1885.*)

tant : *O crux ave*. Arrivés au lieu de la station, tous se prosternaient, baisaient la terre et priaient sans respect humain. Ce spectacle arrachait un jour à un musulman ce cri d'admiration : *Je croyais que les Francs étaient devenus athées, mais je vois qu'ils ont encore de la religion.* (V. la suite 2e partie, chapitre v.)

NOTE II

L'ORDRE DU SAINT-SÉPULCRE

Nous croyons être agréable au lecteur en donnant ici quelques notes sur l'*Ordre du Saint-Sépulcre* : (1)

L'Ordre du Saint-Sépulcre, fondé par Godefroy de Bouillon ou par Baudoin Ier, est un des plus anciens qui existent ; nous voyons déjà ses chevaliers se distinguer à la prise de Ptolémaïs en 1104. Les premiers chevaliers furent des chanoines chargés de prier au pied du Saint Tombeau, mais cette corporation ecclésiastique ne survécut guère au royaume latin de Jérusalem, et les chanoines du Saint-Sépulcre quittèrent la Ville Sainte lorsque Saladin s'en rendit maître en 1187. Alexandre VI rétablit, en 1496, l'Ordre du Saint-Sépulcre, afin d'augmenter la piété des fidèles envers le Tombeau de Jésus-Christ et d'exciter leur zèle pour la reprise des Lieux Saints. Ce pape donna, au gardien du Mont Sion et du Saint-Sépulcre, le droit de créer et d'armer, selon l'ancien usage, les

(1) Ne pas confondre l'*Ordre du Saint-Sépulcre* avec l'ancienne *Archiconfrérie royale du Saint-Sépulcre* qui avait son siège à l'église Saint-Leu, de Paris. (Ste Hélène, sa vie, son culte en Champagne, par M. l'abbé LUCOT, p. 49).

Chevaliers du Saint-Sépulcre, et ce privilège fut confirmé par ses successeurs.

Nous remarquons, déjà à une époque reculée, un grand nombre de personnages de distinction qui ambitionnent la faveur d'être agrégés à cette pieuse et honorable milice ; Mgr Mislin en cite de nombreux exemples. Cette cérémonie, ajoute-t-il, se faisait en secret, de grand matin, avant l'ouverture de l'église à cause des infidèles (1). Les choses restèrent dans le même état jusqu'en 1847, époque du rétablissement du Patriarcat latin à Jérusalem.

Pie IX conféra alors au nouveau Patriarche, Mgr Valerga, tous les droits et privilèges adhérents à sa charge, entre autres celui de créer des Chevaliers du Saint-Sépulcre ; de telle sorte, dit la lettre apostolique accordant de nouveaux insignes à l'Ordre des Chevaliers, que, désormais, administrateur et recteur légitime de cet Ordre, par délégation et au nom du Siège Apostolique, ledit Patriarche ait le pouvoir de conférer ce titre de Chevalier.

Autrefois, cet Ordre n'avait qu'un seul grade, celui de Chevalier ; mais par la même lettre apostolique, le Saint-Père enrichit l'Ordre de deux grades plus élevés : les *Grands-Croix*, qui portent la croix suspendue à un large ruban de soie noire moirée, mis en écharpe ; ils ont seuls le droit de porter la plaque d'argent ornée des insignes de l'Ordre. Ce grade ne peut être conféré qu'à des princes, soit ecclésiastiques, soit séculiers, à des ministres, ambassadeurs, évêques, et à ceux qui sont déjà Grands-Croix d'un autre Ordre.

Les *Commandeurs* portent la croix suspendue en sautoir par un large ruban noir.

Enfin, les *simples Chevaliers* portent une croix d'un plus petit modèle, suspendue à la boutonnière, comme les Chevaliers des autres Ordres.

---

(1) Châteaubriand : *Itinéraire de Paris à Jérusalem*, 5e partie.

L'uniforme est commun aux trois classes pour la forme et la couleur : il est en drap blanc avec cuirasse, collet et parements noirs, plus ou moins ornés suivant le grade.

La décoration consiste en la croix de Godefroy de Bouillon, formée de cinq croix émaillées de rouge sang ; la plus grande croix, à l'exclusion des quatre plus petites, affecte la forme qu'on a coutume d'appeler potencée. Aucune couronne ne la surmonte, en mémoire de ce pieux chef qui ne voulut point porter le diadème royal, là où Jésus-Christ fut ceint d'une couronne d'épines.

Les conditions requises par les statuts pontificaux pour l'obtention de l'Ordre sont :

1° Profession et pratique de la Religion Catholique, jointes à une conduite honorable et irréprochable.

2° Noblesse de naissance, ou au moins position sociale permettant de vivre *More nobilium*.

3° Mérites personnels et services importants rendus à l'Eglise catholique et spécialement aux Lieux Saints.

4° Largesse d'une offrande exclusivement destinée à l'entretien du Patriarcat, de ses missionnaires et de toutes les œuvres pieuses confiées à son administration. Cette offrande a été fixée par le Saint-Siège : à 1.000 francs pour les Chevaliers, à 2.000 francs pour les Commandeurs, et à 3.000 francs pour les Grands-Croix, y compris les frais de Chancellerie.

Les devoirs du Chevalier du Saint-Sépulcre sont :

1° Vivre en bon chrétien et s'éloigner de tout ce qui peut ternir le nom d'un Chevalier de Jésus-Christ ; en outre, s'appliquer à la pratique des bonnes œuvres et à l'acquisition des vertus, afin de se montrer de plus en plus digne de l'honneur obtenu, et de faire resplendir en soi la dignité de la milice religieuse dont on porte les nobles insignes.

2° Travailler avec tout le zèle possible à la cause et à l'accroissement du catholicisme dans la Terre-Sainte, particulièrement dans le but de défendre et de conserver les droits des catholiques sur les Lieux Saints. On compte aujourd'hui plus de mille Chevaliers de cet Ordre.

Les Chevaliers doivent être reçus dans l'église même du Saint-Sépulcre et en face du Saint Tombeau, après s'être préparés, en vrais chrétiens, à cette grande action. Ils se font un devoir de passer la nuit qui la précède dans la vieille basilique, où le Saint Tombeau et le Calvaire sont enfermés, suivant en cela l'antique tradition chevaleresque, selon laquelle les vieux Chevaliers, avant d'être armés, passaient la nuit dans l'église ; cette nuit s'appelait alors la *Veillée des Armes.*

Le Patriarche entonne le *Veni Creator* et, l'hymne sacrée achevée, il interroge en ces termes le récipiendaire agenouillé devant lui :

— « Que demandez-vous ?

— « Je demande d'être reçu Chevalier du Saint-Sépulcre.

— « De quelle condition êtes-vous ?

— « Je suis de noble origine et né de parents honorables.

— « Avez-vous de quoi vivre honnêtement et de quoi maintenir la dignité de la milice sainte ?

— « Grâce à Dieu, j'ai une fortune suffisante pour soutenir l'état et la dignité de Chevalier.

— « Etes-vous prêt à promettre, de cœur et bouche, de garder les règles de la milice sainte ?

— « Je le promets. »

Alors le Patriarche continue :

— « Si tous les hommes doivent tenir à honneur de pratiquer la vertu, à combien plus forte raison un soldat du Christ ne doit-il pas faire en sorte que jamais aucune tache ne vienne souiller son nom, lui qui doit se glorifier d'être Chevalier de Jésus-Christ. De plus, il doit toujours s'appliquer à défendre la cause de la Religion Catholique dans tous les lieux de Terre Sainte. Il doit surtout défendre ses droits sur les monuments sacrés de la Rédemption et principalement sur le Très Saint Sépulcre de Notre Seigneur Jésus-Christ. Enfin, il doit, par ses actions et sa vertu, se montrer digne de l'honneur qu'il reçoit et de la dignité dont il est revêtu.

— « Je déclare et promets, répond le Chevalier, les mains dans les mains du Patriarche, au Dieu Tout-Puissant, à Jésus-Christ son Fils, à la Bienheureuse Vierge Marie, d'observer tout ce que vous venez de m'imposer, comme un véritable soldat du Christ. »

Alors le Patriarche, posant la main sur sa tête, dit :

— « Et toi, sois un fidèle et vaillant soldat de N. S. Jésus-Christ, un Chevalier fort et robuste de son Saint-Sépulcre, afin que tu sois un jour admis dans sa cour céleste avec les soldats qu'Il a choisis. »

Ensuite, le Patriarche remet des éperons dorés que le nouveau Chevalier attache à ses pieds et lui dit :

— « Reçois ces éperons qui seront pour toi un secours salutaire, afin que tu puisses avec eux parcourir cette Ville Sainte, et te livrer librement à la garde du Saint Sépulcre. »

Puis il lui remet une épée nue, que l'on croit être celle de Godefroy de Bouillon, en disant :

— « Reçois ce glaive saint, au nom du Père, et du Fils, et du Saint-Esprit. *Amen.* Tâche de t'en servir toujours pour la défense de la sainte Eglise de Dieu et ta propre défense ; et aussi pour confondre les ennemis de la Croix du Christ et pour la propagation de la foi chrétienne, mais prends bien garde de ne jamais avec elle blesser injustement qui que ce soit. »

Enfin, l'épée ayant été remise dans le fourreau, le Patriarche en ceint le Chevalier en disant :

— « Attache fortement cette épée sur tes reins au nom de N. S. Jésus-Christ, et sache bien que les saints ont conquis des royaumes, non avec le glaive, mais par la foi. »

Cette cérémonie achevée, le nouveau Chevalier tire l'épée de son fourreau et la présente au Patriarche. — Il fléchit le genou et incline respectueusement la tête sur le Saint-Sépulcre. Alors, le Patriarche le frappe trois fois sur les épaules avec le glaive nu, en prononçant ces paroles :

— « Je te constitue et t'ordonne soldat et Chevalier du Saint Sépulcre de N. S. Jésus Christ. — Au nom du Père, et du Fils, et du Saint-Esprit. »

Le Pontife passe enfin au cou du Chevalier une croix suspendue à une chaîne d'or et dit en le baisant au front :

— « Reçois cette chaine d'or à laquelle est suspendue la croix de N. S. Jésus-Christ, afin qu'elle te protège et que tu puisses répéter sans cesse : « Par le signe de la croix, ô mon Dieu, » délivrez-nous de nos ennemis. »

Le *Te Deum* termine cette cérémonie à la fois religieuse et chevaleresque qui a un cachet de grandeur dont est dépourvue même la remise de la Croix de la Légion d'honneur.

NOTE III

ÉCHO DU IIIe PÈLERINAGE DE TERRE SAINTE

Le mardi 10 juin 1884, les pèlerins à bord de *la Bourgogne* voulurent donner aux PP. de l'Assomption, leurs directeurs, un témoignage de leur profonde gratitude. L'un d'eux rédigea et lut, au nom de tous, l'adresse suivante, par laquelle nous voulons finir :

Un dernier flot va nous mettre au rivage,
Puis la vapeur à tous les points des cieux
Nous jettera. Le grand pèlerinage
Sera fini, pèlerins des Saints Lieux.

C'est l'heure du retour, heure mêlée
De doux plaisirs ensemble et de regrets :
On a vécu cette vie isolée
Du bord, prié, chanté sous les agrès.

On a bravé les dangers de la terre
Après la mer, mus par la même foi,
Portant au cœur une même prière,
Un même hommage aux traces du Christ-Roi.

On a formé cette famille rare
Des fils du Christ, reprenant son chemin
Pour le baiser ; et lorsqu'on se sépare
C'est à regret qu'on se serre la main.

Avant l'adieu, pourtant, qu'on nous permette
Un doux plaisir, comme à des débiteurs
Jaloux et fiers d'acquitter une dette,
Dette sacrée envers nos directeurs.

Ils ont été la prodigue phalange
Qui donna tout : forces, jours et repos,
Toujours debout, n'attendant nul échange,
Sans se douter qu'ils étaient des héros.

L'un, de Paris, croix en main, nous rallie ;
Un autre au port prépare un bâtiment,
Un autre au loin nous fait une patrie ;
Tout s'organise avec leur dévouement (1).

On leur fait peur, mais jamais ils ne doutent ;
De ces terreurs ne faisant aucun cas,
Sans être émus, tous les jours ils écoutent
De bons conseils qu'ils ne demandent pas.

Du grand départ voici que l'heure sonne,
C'est le triomphe : ils vont être à l'honneur ?
Non, ils seront plus humbles que personne :
A s'effacer ils mettront le bonheur.

Toujours, partout ils céderont leur place ;
Ils ne sauront que veiller et souffrir.
Ils auront tous un cœur que rien ne lasse,
Comme s'ils étaient là pour nous servir.

Et cependant le grand pèlerinage
Ne s'en va pas, vaisseau désemparé,
Sans son pilote : une main ferme et sage
Le tient sans cesse au chemin préparé.

Maître dans l'art de gouverner ses frères,
Notre pilote a, sans même y songer,
Ce grand secret qu'on ne connaît plus guère
De les gagner pour les mieux diriger.

Soldat ailleurs, soldat de la parole
Et de la plume, intrépide lutteur,
Je le rêvais dans ce sublime rôle,
Moine à l'œil fier, ardent, l'œil du dompteur ; (2)

Un revivant des siècles héroïques,
Où sous le froc le bras tenait l'acier,
Austère et sombre, avec des mots magiques,
Soufflant le feu sur l'univers entier.

Je m'en faisais cette farouche image,
Et, subissant l'empire de sa voix,
Je m'embarquai pour le pèlerinage :
J'allais donc voir *le moine de la Croix*.

---

(1) Le P. Picard ; le P. Bailly : M. le comte de Piélat.

(2) Le P. Vincent de Paul Bailly, principal rédacteur de *La Croix*.

Je ne vis point le moine de mon rêve,
Mais franchement je l'aime mieux ainsi :
Bon, souriant, se dévouant sans trêve,
Se prodiguant sans repos, sans merci.

Et dans son cœur puisant tout le prestige
Qui l'enveloppe et le fait si puissant,
Quand son regard comme il veut nous dirige
Et que sa voix nous parle comme il sent.

C'était le soir, durant la traversée,
Fête toujours pour l'oreille et le cœur
Que d'écouter le vol de sa pensée,
De se livrer aux mains de ce charmeur.

En son regard, brillaient parfois des flammes
Et ses éclairs en allumaient en nous ;
Comme une mère, il avait pour nos âmes
Souvent aussi des mots pieux et doux.

Aussi fut-il, durant tout le voyage,
Le maître à bord ; car toujours ici-bas,
Le sceptre fort est le sceptre du sage,
Trempé d'amour et qui ne frappe pas.

Maintenant c'est fini ; c'est l'heure où l'on se quitte.
Saluons ce grand œuvre une dernière fois.
Un homme s'est levé, nouveau Pierre l'Ermite,
Soufflant sur le pays le culte de la Croix (1).
Il n'est point là : pourtant cette voix qui l'acclame
Lui parviendra, salut des Croisés au retour,
Vœu puissant, cri du cœur, prière de notre âme,
Pour que l'œuvre grandisse encore de jour en jour.
Là sera le salut du pays en souffrance,
Auquel chacun de nous voudrait donner son sang ;
Là sera le salut du cher pays de France :
C'est au pied de la Croix qu'il reprendra son rang
C'est en s'agenouillant qu'un peuple se relève ;
L'épreuve vient du ciel : elle est un châtiment,
Mais la prière est forte, elle impose la trêve
A Dieu qu'elle désarme et qu'elle rend clément.
Nous aurons notre part de cette œuvre de gloire,
L'ayant eue aux dangers où Dieu nous appela,
Nous serons fiers de dire, au jour de la victoire:
Quand on priait, souffrait, alors nous étions là.

Et vous, Pères, allez : la sublime folie
De la Croix, prêchez-la, Dieu vous donne succès !
Pour votre grande part, vous servez la patrie ;
Vous êtes parmi nous de grands, de vrais Français.

LESPINASSE, du diocèse d'Agen.

(1) Le P. Picard.

NOTE IV

LE Ve PÈLERINAGE DE PÉNITENCE

HIPPONE — SAINTE-ANNE D'AURAY

Depuis 1884, l'année de notre voyage en Palestine, *la Bourgogne* a conduit deux fois, au port de Caïffa, les *Pèlerins de la Pénitence.*

Cette année, le cinquième Pèlerinage eut un caractère de grandeur à part. Au moment où tout s'organisait, les Directeurs recevaient de S. E. le Cardinal Lavigerie la lettre suivante :

ARCHEVÊCHÉ
DE
CARTHAGE

Paris, le 11 avril 1886.

Mon Révérend Père,

J'apprends que le bateau qui doit conduire à Jaffa les membres de votre pèlerinage annuel en Terre Sainte quittera Marseille le mois prochain. Or, dans ce même mois, l'Eglise célèbre la fête de la Conversion de saint Augustin, et cette année 1886 est le QUINZIÈME ANNIVERSAIRE SÉCULAIRE d'un évènement qui a eu pour la foi catholique dans le monde de si heureuses conséquences.

Il semble donc que tout nous invite à en célébrer le souvenir d'une manière spéciale.

Ce souvenir intéresse particulièrement l'Afrique et Hippone, dont « le fils des larmes de sainte Monique » a été si longtemps l'évêque. Il y est mort, en effet, après quarante ans d'épiscopat, pleurant encore les erreurs de sa jeunesse, comme s'il eût voulu manifester durant sa vie entière les sentiments de son repentir.

Circonstance plus touchante encore :

C'est la première fois, depuis quinze siècles, que le centenaire de la conversion de saint Augustin sera célébré dans son Hippone. On sait, en effet, qu'elle fut détruite par les Vandales, après la mort de ce grand Docteur, et qu'il n'eut point de successeur sur le siège qu'il avait illustré, pas même celui qu'il s'était choisi durant sa vie, comme si la Providence eût voulu montrer que nul n'était digne d'occuper le siège qu'il venait de couvrir d'une gloire immortelle.

Plus tard, lorsque Hippone fut reconstruite par les Arabes, en conservant toujours son nom à peine modifié par la prononciation indigène (1), le christianisme avait disparu de ces contrées et, depuis le jour où elle a repris, grâce à la France, sa place dans le monde chrétien, l'anniversaire séculaire de la conversion de saint Augustin se présente pour la première fois.

C'est donc, je le répète, une circonstance particulièrement intéressante pour tous qu'un tel centenaire.

Il ne l'est pas moins pour le but que se propose le pèlerinage que vous allez conduire aux Lieux Saints. Ses membres vont y prier pour la France. Ils vont demander, au pied du Calvaire, miséricorde pour leur patrie affaiblie et menacée. Ils vont y représenter sa foi et réveiller ainsi, aux

(1) Bône, le nom actuel, n'est, en effet, autre que Hippone ou *Hibouna*, comme disent les indigènes.

yeux des religieuses populations de l'Orient, son ancien prestige qui a identifié, dans leur langue, la foi catholique et la France, en désignant sous le nom de *Francs* tous les enfants de l'Eglise, à quelque nationalité qu'ils appartiennent d'ailleurs.

Rien n'est, ce semble, plus propre à augmenter, à fortifier leur confiance dans l'efficacité de leurs pénitences et de leurs prières, que le souvenir de la conversion de saint Augustin. Sa conversion fut due, tout entière, aux pénitences et aux larmes de Monique, et c'est à elle que fut adressée, par un vieil évêque d'Afrique, cette parole qui a traversé les siècles comme une espérance, pour tous ceux qui prient en faveur des pécheurs, si égarés qu'ils soient : « Il est impossible que l'objet de telles larmes puisse périr ».

Qu'est-ce qui peut mieux répondre, je le répète, au sentiment qui vous guide vers le tombeau du Sauveur ?

Or, votre bateau, en se rendant à Jérusalem, va passer près des côtes de notre Afrique. En quelques heures, il peut aborder à Hippone. Vos pèlerins peuvent s'agenouiller sur cette même terre où a vécu Augustin converti ; où, durant quarante années, il a tout renouvelé par sa pénitence, par ses vertus, par son génie, et d'où il est monté au pied du trône de Dieu, se souvenant, à coup sûr, jusque dans la gloire, de la miséricorde dont il fut l'objet, et plus puissant que tout autre à favoriser les vœux de ceux qui implorent, à leur tour, le pardon d'en Haut.

Comprenez-vous maintenant ma pensée ?

Pourquoi, à l'occasion de ce centenaire, vos Français ne viendraient-ils pas unir leurs prières aux nôtres pour le salut de la France, sur le tombeau d'Augustin, que les armes de la France ont reconquis ?

Je ne doute pas qu'ils ne fussent tous heureux d'accomplir un tel acte de patriotisme chrétien.

Je ne doute même pas qu'ils ne fussent heureux

de voir de leurs yeux, dans cette ville de Bône, l'une des plus florissantes de notre Afrique, ce que notre France nouvelle a déjà réalisé de progrès dans tous les ordres de l'activité et de l'industrie humaines, sur une terre que protège encore l'ombre d'Augustin et où les indigènes musulmans gardent eux-mêmes son souvenir.

C'est à vous de décider, mon Révérend Père.

Tout ce que je puis dire au nom de Mgr l'évêque de Constantine et d'Hippone, *c'est que si vous répondez à ce vœu, il sera heureux de vous recevoir*, accompagné de son vénérable prédécesseur, Mgr Robert, évêque de Marseille.

Moi-même je me rendrais près de vous pour vous bénir, pour unir mes ardentes prières aux vôtres en faveur de notre pauvre France, dont les passions d'un fanatisme impie et les divisions, chaque jour plus profondes, que ce fanatisme amène, compromettent si tristement l'avenir.

Croyez, mon Révérend Père, à tous mes sentiments dévoués en Notre Seigneur.

† Ch. cardinal Lavigerie,
Archevêque de Carthage et d'Alger.

Une telle proposition ne pouvait pas ne pas être accueillie favorablement. Aussi, le 16 mai 1886, à sept heures du matin, après une traversée orageuse, *la Bourgogne* entrait au port de Bône; les 400 pèlerins de Jérusalem, fatigués mais heureux, se dirigeaient aussitôt près de l'estrade (1), où S. E. le cardinal Lavigerie, assisté des huit prélats présents, devait officier pontificalement. Grandiose fut le spectacle qu'offrit alors la cité d'Augustin; ainsi devait-elle tressaillir, quand le saint évêque y prononçait ses remarquables homélies.

(1) L'autel était dressé au milieu des fondations de la Basilique qui s'élèvera bientôt sur l'emplacement où mourut saint Augustin.

Déjà, en 1842, le premier successeur d'Augustin sur le siège de Constantine et d'Hippone, Mgr Dupuch, avait ressuscité à Hippone même l'illustre évêque. Il avait demandé à Pavie ses restes vénérés qu'elle conservait depuis la ruine d'Hippone par les Vandales, et sept évêques français assistaient à leur translation solennelle. Mgr de Prilly, évêque de Châlons, était du nombre. Nous possédons dans ses œuvres pastorales le Mandement (2 février 1843) où il communiquait au diocèse les impressions de son pèlerinage, sur cette vieille terre d'Afrique. Qu'on nous permette d'en reproduire le début (1) :

« Ils retentissent encore à nos oreilles et dans notre cœur, les noms d'Hippone, d'Augustin, de l'ancienne église d'Afrique, et de la nouvelle qui vient de s'établir sous les auspices de Marie, conçue sans péché, et de cet admirable saint. Il nous semble fouler encore cette terre qu'il a sanctifiée et qui est toute remplie de son souvenir ; elles sont, quoique bien loin de nous, toujours présentes à nos yeux, ces plaines immenses qu'il a arrosées de ses sueurs, ces fières montagnes qu'il a gravies tant de fois, cette terre où il a semé le grain de la parole et a recueilli des fruits abondants. La nature n'a pas changé depuis ce temps ; c'est toujours la même terre et le même ciel ; c'est toujours le même soleil dont on ressent les feux, et qui brûle ceux qui vivent sous son influence. Mais qu'est devenu le siècle d'Augustin, ce siècle fécond en merveilles ? Il a disparu comme tous les autres, ne léguant après lui que des ruines ou d'obscures traditions où l'on se perd et qui laissent un vaste champ à toutes les conjectures. Toutefois, ce qui en reste nous en dit assez pour nous

(1) Mgr de Prilly avait, d'Alger, le 7 novembre 1842, écrit à son diocèse les moindres détails de la cérémonie à laquelle il était si heureux de prendre part. — Voir encore Lettres aux Religieuses de la Congrégation ; Lettres XXVI, XXVII, XXVIII.

apprendre ce que fut Hippone, et quelle gloire fut attachée au nom d'Augustin. L'Arabe croit encore l'honorer à de certains jours par des sacrifices ; il a conservé la mémoire d'un grand homme, d'un *Roumi*, célèbre entre tous les autres, et dont la gloire ne périra point (1).

» Qu'Hippone, en effet, devait être illustre dans ces anciens temps ! Alors, sur ces rivages grandioses, au bord de la Seybouse, dans ces mêmes lieux que parcourent des tribus nomades, vivaient une multitude de chrétiens, et quels chrétiens ! Des hommes de foi, qui pratiquaient toutes les vertus et qui offraient, dans ces ravissantes contrées, une vraie image du ciel. Là se rencontraient, presque à chaque pas, des asiles ouverts à la piété, des monastères, où des milliers de saints religieux, d'anachorètes, de vierges chrétiennes, chantaient la nuit et le jour le cantique de l'Agneau, ces psaumes divins qu'Augustin ne pouvait entendre sans verser des larmes.

» Ah ! que c'était là, N. T. C. F., un spectacle attendrissant et digne de Dieu ! Qui nous le rendra ? Verrons-nous jamais renaître de si heureux temps ? Aujourd'hui, ces vastes plages ne sont presque plus qu'un désert. Les arbres, si riches en feuillage, mais qui ont cessé de recevoir la culture, sont stériles ou ne produisent que des fruits amers ; l'œil en est attristé ; on n'y voit plus que de pauvres tentes qui servent d'abri à un peuple misérable ; ce sont des mœurs qui souvent répugnent, non seulement à la loi de Dieu, mais à la simple raison ; ce sont des hommes, en un mot, étrangers au grand bienfait de la Rédemption, qui pratiquent sans doute dans leur intérieur

---

(1) Le nom de Bou-Djedma, le *Père de l'Eglise,* a été gardé par les indigènes, au fleuve qui traverse les ruines d'Hippone, en souvenir, dit-on, de saint Augustin, et ils offrent des ex-voto et allument des cierges en son honneur dans les ruines des anciennes citernes. (Cardinal Lavigerie.)

quelques vertus, mais qui vivent, pour ce qui est essentiel, dans l'ignorance la plus profonde et l'oubli de tous les devoirs.

» Or, qui a pu amener sur cette terre d'Afrique un si étonnant et si déplorable changement (1) ? Vous le savez, ce fut l'extinction de la foi et l'anéantissement du christianisme ; ce furent des maximes sauvages et antisociales qu'un imposteur substitua par la violence à celles de l'Evangile, qui ne respirent que douceur ; ce fut l'envahissement total de ces contrées si heureuses et si renommées dont à peine on connaît l'histoire : dès lors, tout y tomba dans l'esclavage et l'avilissement, tout y fut mis à feu et à sang, tout y périt. Telle est, N. T. C. F., la destinée d'un Etat d'où Dieu s'est retiré, et où il n'est plus compté pour rien ; l'ennemi de tout bien, le démon prend sa place et se rend maître de l'empire, se jouant de la vie des hommes, les rendant cruels et superstitieux, asservissant le sexe le plus faible, et traînant à sa suite le fanatisme, l'ignorance, la désolation et la mort (2). »

Cette destinée, ajouterons-nous avec *La Croix*, ne sera point la destinée de la France, qui pourtant a rejeté Dieu de son sein. « Les Barbares feront de grandes ruines, disait S. E. le cardinal aux pèlerins d'Hippone (3), mais la France ne peut périr. Ne redoutons ni les divisions du dedans, ni les complications du dehors. Rappelons-nous les

(1) L'Afrique subit, dans l'espace de quelques siècles, de grands changements ; elle fut prise et reprise successivement par les Vandales et les empereurs d'Orient. Elle demeura chrétienne pendant plus de cent cinquante ans après la mort de saint Augustin, qui arriva en 430, cinquante-et-un ans avant l'établissement de la monarchie française.

(2) Lettre et Mandement de Mgr Victor Monyer de Prilly, évêque de Châlons (2 février 1843), n°s 92 et 93.

(3) Allocutions prononcées à Hippone, le 16 mai, par S. E. le cardinal Lavigerie et par Mgr Combes, évêque de Constantine.

merveilles accomplies par la France dans le passé et, en particulier, sur cette terre d'Afrique. Le mal est sans doute décourageant, mais l'injure à Dieu, l'iniquité triompheraient-elles, protestons. Ne craignez pas, l'épreuve n'est pas pour ceux qui font le mal. » « Notre patrie, disait Mgr Combes, égarée comme Augustin, a aussi des Ambroise pour l'instruire et une mère sainte, l'Eglise, pour pleurer. Serait-il possible qu'elle périsse? Non. C'est l'année jubilaire, c'est l'année du retour. »

(*Semaine religieuse* de Châlons, 3e année, nº 34.)

Six jours après cette cérémonie, le 22 mai, les pèlerins d'Hippone chantaient sur le Carmel les gloires de Marie. Nous ne voulons pas entreprendre le récit de ce cinquième pèlerinage : d'ailleurs, l'itinéraire suivi par les pèlerins de 1886 fut exactement celui que nous avons suivi nous-même.

Il avait été arrêté que la croix de *la Bourgogne* serait, au retour, plantée à Sainte-Anne d'Auray (1). Un jour de l'Octave de la Nativité, le 14 septembre, fut choisi ponr cette cérémonie, car, selon la réflexion du R. P. Bailly, sainte Anne a deux fêtes, celle du ciel que nous aimons à célébrer, le 26 juillet, et celle où elle a reçu sa fille sur la terre, à la Nativité de l'Immaculée, le 8 septembre.

La Bretagne eut alors comme un écho des fêtes de Palestine : à d'autres le soin de recueillir ces souvenirs ; nous ne recueillerons, nous, que la parole de Mgr l'Evêque de Vannes, pour en faire le couronnement de notre modeste ouvrage : « Je me plais, s'écria-t-il, après la messe du 14, je me plais à écouter une voix mystérieuse qui sollicite

(1) Sainte-Anne d'Auray, autrefois Keranna, date du VIIe siècle. La chapelle dédiée, en ce coin de la Bretagne, à la mère de Marie, fut élevée par des Bretons à leur retour des Lieux Saints ; ruiné au VIIe siècle, ledit sanctuaire fut reconstruit au XVIIe siècle. (*Le Pèlerin*, nos 505 et 506.)

puissamment mon cœur. Ne l'entendez-vous pas vous-mêmes ? C'est peut être l'ange gardien de notre célèbre sanctuaire, qui plane sur cette immense assemblée, en nous criant : *Depositum custodi*, gardez le dépôt, gardez-le fidèlement, gardez-le toujours...

» De quel dépôt s'agit-il, mes Frères ? De cet étendard du Roi Jésus que voilà exposé à nos regards attendris. Depuis dix-neuf siècles, il a fait le tour du monde chrétien, mais, hélas ! le monde moderne n'en veut plus, malgré les victoires qu'il a remportées, malgré les bienfaits qui lui sont dus.

» Vous, mes Frères, vous le saluez avec d'autant plus de respect. Vous voulez que, après avoir protégé votre berceau, il s'élève sur votre tombe, comme un symbole d'espérance et d'immortalité.

» Mais, jurez-vous de le défendre coûte que coûte ? »

Ce fut alors, raconte un témoin oculaire, une scène d'une incomparable grandeur. L'auditoire, saisi d'une émotion profonde, répondit tout d'une voix : Nous le jurons !

Eh bien, nous aussi, nous le jurons :

Vive la Croix ! Vive la Croix ! (1).

(1) Allocution du P. Marie Antoine. (*Le Pèlerin* du 20 septembre 1886.

ERRATA

Page 61, ligne 32 : au ; lire : chez le.
Page 74, ligne 31 : monumentée ; lire : confirmée.
Page 109, ligne 2 : ajouter : (Voir *Sem. rel.* de Châlons, 2e année, p. 759 : *La Décollation de S. J.-B.*)
Page 109, ligne 20 : témoins ; lire : souvenirs.
Page 148, ligne 1 : ajouter : différentes nations paraissent s'entendre.
Page 168, ligne 23 : ajouter : (Continuation du *Chemin de la Passion*, voir Appendice, Note I.)
Page 187, ligne 16 : ajouter : de la Voie douloureuse.
Page 242, ligne 23 : a ; lire : au.

TABLE DES MATIÈRES

DEUXIÈME PARTIE

JÉRUSALEM ET LA JUDÉE

APPENDICE

URBS ANTIQU
SEZANNORUM
HUOT
50 R. VIVIENNE, PARIS

www.ingramcontent.com/pod-product-compliance
Ingram Content Group UK Ltd.
Pitfield, Milton Keynes, MK11 3LW, UK
UKHW020200250726
13967UKWH00003B/1168